高职高专土建类工学结合"十二五"规划教材

建筑材料与检测

主　　编	李柱凯	余荣春	胡　驰
副 主 编	李江华	彭　佳	
参编人员	李柱凯	颜子博	安　宁
	李江华	彭　佳	胡　驰
	吴金花	胡　敏	

华中科技大学出版社

中国·武汉

内 容 提 要

　　全书共分十二章,主要内容有:建筑材料的基本性质,建筑石材,气硬性胶凝材料,水泥,混凝土,建筑砂浆,墙体材料,建筑钢材,防水材料,建筑陶瓷,木材,建筑玻璃,以及建筑材料检测技术。

　　本书可作为高等职业学院、高等专科学校及应用型本科的材料工程技术、建筑工程、工程造价、工程监理、工程检测等专业的教材,也可供相关专业的工程技术人员参考。

图书在版编目(CIP)数据

建筑材料与检测/李柱凯,余荣春,胡驰主编. —武汉:华中科技大学出版社,2013.7
ISBN 978-7-5609-9260-0

Ⅰ.①建…　Ⅱ.①李…　②余…　③胡…　Ⅲ.①建筑材料-检测-高等职业教育-教材　Ⅳ.①TU502

中国版本图书馆 CIP 数据核字(2013)第 170157 号

建筑材料与检测　　　　　　　　　　　　　　　　李柱凯　余荣春　胡　驰　主编

责任编辑:金　紫
封面设计:李　嫚
责任校对:李　琴
责任监印:张贵君
出版发行:华中科技大学出版社(中国·武汉)　　　电话:(027)81321913
　　　　　武汉市东湖新技术开发区华工科技园　　　邮编:430223
录　　排:华中科技大学惠友文印中心
印　　刷:北京虎彩文化传播有限公司
开　　本:787mm×1092mm　1/16
印　　张:12.75
字　　数:330千字
版　　次:2019年1月第1版第3次印刷
定　　价:29.80元

前　　言

本书根据建筑类高等职业教育及应用型本科院校人才培养目标进行定位，重点编写了建筑材料的技术性质及材料的验收、储存、检测、选用等与施工实际紧密联系的内容。编写过程主要依据了国家及相关行业的技术标准，一律采用了最新标准和规范。

建筑材料是建筑工程中的主要材料，是人类文明建设中不可或缺的物质基础。随着社会的发展和进步，人民的物质文化水平不断提高，带动了国家基本建设项目的空前发展，人们对建筑材料的品质指标和经济指标提出了更高的要求。在建筑工程中严格控制建筑材料的质量是确保工程质量的前提条件，对建筑材料进行质量检测是保证建筑材料合格性的重要手段。本书对建筑工程中的主要建筑材料做了介绍，并阐述了建筑材料的检测方法，可供高职院校学生学习和参考。

"建筑材料与检测"是建筑工程的主要专业课之一，四川建筑职业技术学院对材料工程技术专业经过 3 年教学总结，期间经过教研室老师不断补充和完善，编写了本书。

本书由李柱凯、余荣春、胡驰担任主编，李江华、彭佳担任副主编并统稿。参编人员及编写分工如下：李柱凯编写绪论和第 1 章；颜子博编写第 2、12 章；安宁编写第 3、4 章；李江华编写第 5 章；彭佳编写第 6、7 章；胡驰编写第 8、11 章；吴金花编写第 9 章；胡敏编写第 10 章。

本书在编写过程中得到了四川建筑职业技术学院相关老师的大力协助，得到了华中科技大学出版社的大力支持和帮助，在此致以衷心感谢。由于编者水平有限，书中不当之处在所难免，敬请广大读者批评指正。

编　者
2014 年 1 月于四川建筑职业技术学院

目　　录

0 绪 论

»»→ ▌学习目标与重点▌ ....

(1) 了解建筑材料的定义和分类。
(2) 了解建筑材料的标准、建筑材料检测目的及数据处理要求。
(3) 重点掌握建筑材料的分类。
(4) 掌握建筑材料的技术标准。

0.1 建筑材料的定义

建筑材料是用于建筑工程中的所有材料的总称。按材料所使用的不同工程部位,一般可将建筑材料分为建筑材料和建筑装饰装修材料。建筑材料通常指用于建筑工程且构成建筑物组成部分的材料,是建筑工程的物质基础。而建筑装饰装修材料主要指用于装饰工程的材料。本书主要讨论应用于建筑工程的建筑材料。

0.2 建筑材料的分类

建筑材料的种类繁多,且性能和组分各异,用途不同,可按多种方法进行分类,通常有以下几种分类方法。

1. 按化学成分分类

按建筑材料的化学成分,可将建筑材料分为无机材料、有机材料以及复合材料三大类,见表 0.1。

表 0.1 建筑材料按化学成分分类

分 类			实 例
无机材料	金属材料	黑色金属	铁、钢及其合金等
		有色金属	铜、铝及其合金等
	非金属材料	天然石材	砂、石及石材制品等
		烧土制品	烧结砖、瓦、陶瓷制品等
		胶凝材料及制品	石灰、石膏及制品、水泥及混凝土制品、硅酸盐制品等
		玻璃	普通平板玻璃、装饰玻璃、特种玻璃等
		无机纤维材料	玻璃纤维、矿棉纤维、岩棉纤维等
有机材料	植物材料		木材、竹、植物纤维及其制品等
	沥青类材料		石油沥青、煤沥青及其制品等
	有机合成高分子材料		塑料、涂料等

续表

分　类		实　例
复合材料	有机与无机非金属材料复合	聚合物混凝土、玻璃纤维增强塑料等
	金属与无机非金属材料复合	钢筋混凝土、钢纤维混凝土等
	金属与有机材料复合	PVC 钢板、有机涂层铝合金板等

2. 按用途分类

建筑材料按用途可分为:结构材料,如梁、板、柱、基础、框架及其他受力构件和结构等所用的材料;墙体材料如砌墙砖、混凝土砌块、加气混凝土砌块以及品种繁多的各类墙用板材,特别是轻质多功能的复合墙板;屋面材料、地面材料以及其他用途的材料等。

0.3　建筑材料在建筑工程中的地位和作用

第一,建筑材料是建筑工程的物质基础。一方面,不论是高楼大厦,还是普通临时建筑,都是由各种散体建筑材料经缜密设计和复杂施工而建成的;另一方面,建筑材料在建筑工程中体现出巨量性,形成了建筑材料在生产、运输、使用等方面与其他材料的不同之处,因此,作为一名建筑工程技术人员,无论是从事设计、施工或管理工作,均必须掌握建筑材料的基本性能。第二,建筑材料的发展赋予了建筑物以时代的特征和风格,中国古代的木结构宫廷建筑,西方古典石廊建筑,当代钢筋混凝土结构、钢结构超高层建筑,呈现出鲜明的时代感。第三,新型建筑材料的诞生推动了建筑结构设计方法和施工工艺的变化,而新的建筑结构设计方法和施工工艺又对建筑材料品种和质量提出了更高和多样化的要求。第四,建筑材料的合理选用直接影响到建筑工程的造价和投资。建筑工程中,建筑材料的费用占土建工程总投资的 60% 左右,建筑材料的价格直接影响到建设投资。因此,对建筑材料特性的深入认识和了解,最大限度地发挥其效能,达到经济效益最大化,具有非常重要的意义。

0.4　建筑材料的发展方向

社会发展对建筑材料的发展提出了更高的要求,可持续发展理念已逐渐深入到建筑材料中,具有节能、环保、绿色和健康等特点的建筑材料应运而生。建筑材料正向着追求功能多样性、全寿命周期经济性以及可循环再生利用性等方向发展。

1. 绿色健康建筑材料

绿色健康建材是指对环境起到有益作用或对环境负荷很小,且在使用过程中能满足舒适、健康功能的建筑材料。绿色健康材料首先要保证其在使用过程中是无害的,并在此基础上实现其净化及改善环境的功能。根据其作用,绿色健康材料可分为抗菌材料,净化空气材料,防噪音、防辐射材料和产生负离子材料。

2. 节能建筑材料

建筑物节能是世界各国建筑学、建筑技术、材料学和相应空调技术研究的重点和方向。目前我国已经制定出台了相应的建筑节能设计标准,并对建筑物的能耗作出了相应的规定。建筑物的能耗是由室内环境所要求的温度与室外环境温度的差异造成的,因此有效降低建筑物的能耗主要有两种途径:一是改善室内采暖、空调设备的能耗效率;二是增强建筑物围护结构的保温隔热性能,从而使建筑节能材料广泛应用于建筑物的围护结构当中。

3. 具有全寿命周期经济性的建筑材料

建筑材料全寿命周期经济性就是指建筑材料从生产加工、运输、施工、使用到回收全寿命过程的总体经济效益,用最低的经济成本达到预期的功能。自重轻材料、高性能材料以及地产材料是目前的发展趋势。

4. 具有可循环再生利用性的建筑材料

根据可持续发展要求,新型建筑材料的生产、使用及回收全过程都要考虑其对环境和资源的影响,实现材料的可循环再生利用。包括建筑废料及工业废料的利用,它将成为建筑材料发展的重要方向。

0.5 建筑材料的产品标准及检测

0.5.1 建筑材料的产品标准

产品标准化是现代工业发展的产物,是组织现代化大生产的重要手段,也是科学管理的重要组成部分。世界各国对材料的标准化都很重视,均制订了各自的标准。

与建筑材料生产、应用有关的标准包括产品标准和工程建设标准两类。产品标准是为了保证建筑材料产品的适用性,对该产品必须达到的某些或全部要求所制定的标准一般包括产品规格、分类、技术要求、检验方法、验收规则、标志、运输和储存等方面的内容。工程建设标准是对工程建设中的勘察、规划、设计、施工、安装、验收等需要协调统一的事项所制定的标准,其中结构设计规范、施工验收规范中包含了与建筑材料的选用相关的内容。

我国建筑材料的技术标准分为国家标准、行业标准、地方标准和企业标准四级。各级标准都有各自的代号,见表0.2。

表 0.2　我国各级标准代号

标　准　种　类		代　　号		表示方法(例)
1	国家标准	GB	国家强制性标准	由标准名称、部门代号、标准编号、颁布年份等组成。例如: 国家强制性标准《通用硅酸盐水泥》(GB175—2007); 国家推荐性标准《建筑用卵石、碎石》(GB/T14685—2011); 中华人民共和国住房和城乡建设部行业标准《普通混凝土配合比设计规程》(JGJ55—2011)
1	国家标准	GB/T	国家推荐性标准	
1	国家标准	JC	建材行业标准	
1	国家标准	JGJ	建设部行业标准	
2	行业标准	YB	冶金行业标准	
2	行业标准	JT	交通标准	
2	行业标准	SD	水电标准	
3	地方标准	DB	地方强制性标准	
3	地方标准	DB/T	地方推荐性标准	
4	企业标准	QB	企业标准指导本企业的生产	

建筑材料的技术标准,是产品质量的技术依据。对于生产企业,必须按标准生产合格的产品,同时,它可促进企业改善管理,提高生产率,实现生产过程合理化。对于使用部门,则应当按标准选用材料,使设计和施工标准化,从而加速施工进度,降低建筑造价。技术标准

又是供需双方对产品质量进行验收的依据。

建筑材料的标准内容大致包括材料的质量要求和检验两大方面。由于有些标准的分工细,且相互渗透、联系,有时一种材料的检验要涉及多个标准和规范。

我国加入 WTO 后,采用和参考国际通用标准是加快我国建筑材料工业与国际接轨的重要措施,对促进建筑材料工业的科技进步,提高产品质量和标准化水平,扩大建筑材料的对外贸易有重要作用。

常用的国际标准主要有以下几类:

美国材料与试验协会标准(ASTM),属于国际团体和公司标准;

联邦德国工业标准(DIN)、欧洲标准(EN),属于区域性国家标准;

国际标准化组织标准(ISO),属于国际性标准化组织的标准。

0.5.2 建筑材料检测

1. 建筑材料检测的目的

(1) 建筑材料检测就是根据有关标准的规定和要求,采取科学合理的检测手段,对建筑材料的性能参数进行测定的过程。

(2) 建筑材料品种多样,性能各异,通过建筑材料检测,可以获得建筑材料性能参数,判断建筑材料的质量合格性,并据此判定建筑材料的正确使用。

(3) 建筑材料检测是推动材料科技进步,合理选择使用建筑材料,降低生产成本,提高企业经济效益的有效途径。

(4) 建筑材料检测是建筑类职业技术学院培养学生检测技能的重要环节之一,要求学生掌握常用建筑材料性能的检测方法。

2. 数字修约原则

根据国家标准规定,按以下方法对数字进行修约。

(1) 在拟舍弃的数字中,保留数后边(右边)第一个数字小于 5(不包括 5)时,则舍去,保留数的末位数字不变。

(2) 在拟舍弃的数字中,保留数后边(右边)第一个数字大于 5(不包括 5)时,则进一,保留数的末位数字加一。

(3) 在拟舍弃的数字中,保留数后边(右边)第一个数字等于 5 时,5 后边的数字并非全部为零时,保留数的末位数字加一。

(4) 在拟舍弃的数字中,保留数后边(右边)第一个数字等于 5 时,5 后边的数字全部为零时,保留数的末位数字为奇数时则进一,保留数的末位数字为偶数时(包括"0")则不进。

(5) 所有拟舍弃的数字,若为两位以上的数字,不得连续进行多次(包括两次)修约。应根据保留数字后边(右边)第一个数字的大小,按上述规定一次修约出结果。

示例见表 0.3。

表 0.3　数字修约原则示例

序　号	示　　例	修约前	修约后
1	将 14.2432 修约到保留一位小数	14.2432	14.2
2	将 14.4843 修约到保留一位小数	14.4843	14.5
3	将 14.4501 修约到保留一位小数	14.4501	14.5

序　号	示　　例		修约前	修约后
4	将 0.3500,0.4500,1.0500 修约到保留一位小数		0.3500	0.4
			0.4500	0.4
			1.0500	1.0
5	将 15.4546 修约成整数	正确方法	15.4546	15
		错误方法	15.4546	一次 15.455 二次 15.46 三次 15.5 四次 16

0.6　本课程的内容和任务

建筑材料是一门实用性很强的专业基础课,主要内容包括常用建筑材料的原材料、生产、组成、性质、技术标准、特点与应用、运输与储存等方面。材料的基本性质、水泥、混凝土、防水材料、建筑钢材为重点章节,学生在学习过程中应引起足够重视。

本课程的主要任务是使学生通过学习,获得建筑材料的基本知识,掌握建筑材料的技术性质和应用技术及试验检测技能,同时对建筑材料的储运和保管也有相应了解,以便在今后的工作中能正确选择和合理使用建筑材料。为学习建筑、结构、施工等后续专业课打下基础。

【思考题】

1.建筑材料按化学成分和功能分为哪几类?

2.为什么行业和地方标准中的技术标准一般要高于国家标准中的相关要求?

第1章 建筑材料的基本性质

▶▶▶ ▌学习目标与重点▐ ……

（1）掌握材料基本物理性质、力学性质、耐久性质。

（2）重点掌握材料质量性质、水工性质、热工性质，掌握材料的强度性质。

建筑物是由各种建筑材料建筑而成，这些材料在建筑物的各个部位要承受各种各样的作用，因此要求建筑材料必须具备相应性质。如结构材料必须具备良好的力学性质；墙体材料应具备良好的保温隔热性能、隔声吸声性能；屋面材料应具备良好的抗渗防水性能；地面材料应具备良好的耐磨损性能等。一种建筑材料要具备哪些性质，要根据材料在建筑物中的功用和所处环境来决定。一般而言，建筑材料的基本性质包括物理性质、化学性质、力学性质和耐久性。

1.1 材料的物理性质

1.1.1 材料与质量有关的性质

1.实际密度

材料在绝对密实状态下，单位体积的质量称为密度。用公式表示如下：

$$\rho = \frac{m}{V}$$

式中　ρ——材料的密度，g/cm^3；

m——材料在干燥状态下的质量，g；

V——干燥材料在绝对密实状态下的体积，cm^3。

材料在绝对密实状态下的体积是指不包括孔隙在内的固体物质部分的体积，也称实体积。在自然界中，绝大多数固体材料内部都存在孔隙，因此固体材料的总体积 V_0 应由固体物质部分体积 V 和孔隙体积 V_p 两部分组成，材料内部的孔隙又根据是否与外界相连通分为开口孔隙（浸渍时能被液体填充，其体积用 V_k 表示）和封闭孔隙（与外界不相连通，其体积用 V_b 表示）。固体材料的体积构成见图1.1。

测定固体材料的密度时，须将材料磨成细粉（粒径小于0.2 mm），经干燥后采用排开液体法测得固体物质部分体积。材料磨得越细，测得的密度值越精确。工程所使用的材料绝大部分是固体材料，但需要测定其密度的并不多。大多数材料，如拌制混凝土的砂、石等，一般直接采用排开液体的方法测定其体积——固体物质体积与封闭孔隙体积之和，此时测定的密度为材料的近似密度（又称为颗粒的视密度）。

2.表观密度

材料在自然状态下，单位体积的质量称为表观密度。用公式表示如下：

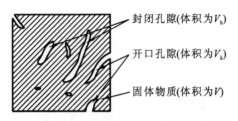

材料在自然状态下总体积：$V_0 = V + V_p$　　V_p——孔隙体积
孔隙体积：$V_p = V_b + V_k$

图 1.1　固体材料的体积构成

$$\rho_0 = \frac{m}{V_0}$$

式中　ρ_0——材料的表观密度，kg/m^3；

m——材料的质量，kg；

V_0——材料在自然状态下的体积，m^3。

材料在自然状态下的体积是指材料的固体物质部分体积与材料内部所含全部孔隙体积之和，即 $V_0 = V + V_p$。对于外形规则的材料，其体积密度的测定只需测定其外形尺寸；对于外形不规则的材料，要采用排开液体法测定。在测定前，材料表面应用薄蜡密封，以防液体进入材料内部孔隙而影响测定值。

一定质量的材料，孔隙越多，则表观密度值越小；材料体积密度大小还与材料含水多少有关，含水越多，其值越大。通常所指的表观密度，是指干燥状态下的表观密度。

3. 堆积密度

散粒状（粉状、粒状、纤维状）材料在自然堆积状态下，单位体积的质量称为堆积密度。用公式表示如下：

$$\rho_0' = \frac{m}{V_0'}$$

式中　ρ_0'——材料的堆积密度，kg/m^3；

m——散粒材料的质量，kg；

V_0'——散粒材料在自然堆积状态下的体积，又称堆积体积，m^3。

散粒状材料在自然堆积状态下的体积（V_0'），是指含有孔隙在内的颗粒材料的总体积（V_0）与颗粒之间空隙体积（V_k'）之和，即：

$$V_0' = V_0 + V_k'$$

式中　V_0'——堆积体积，m^3；

V_0——材料在自然状态下的体积，m^3；

V_k'——颗粒之间空隙体积，m^3。

测定堆积密度时，采用一定容积的容器，将散粒状材料按规定方法装入容器中，测定材料质量，容器的容积即为材料的堆积体积，见图 1.2。

在建筑工程中，计算材料的用量、构件的自重、配料计算、确定材料堆放空间，以及材料运输时，需要用到材料的堆积密度。

4. 材料的密实度与孔隙率

1）密实度

密实度是指材料内部固体物质填充的程度。用公式表示如下：

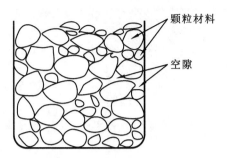

颗粒材料

空隙

图1.2 堆积体积示意图

$$D = \frac{V}{V_0} \times 100\% = \frac{\rho_0}{\rho} \times 100\%$$

2）孔隙率

孔隙率是指材料内部孔隙体积占自然状态下总体积的百分率。用公式表示如下：

$$P = \frac{V_0 - V}{V_0} \times 100\% = \left(1 - \frac{V}{V_0}\right) \times 100\% = \left(1 - \frac{\rho_0}{\rho}\right) \times 100\%$$

孔隙率一般是通过试验确定的材料密度和体积密度求得。

材料的孔隙率与密实度的关系为：

$$P + D = 1$$

材料的孔隙率与密实度是相互关联的性质，材料孔隙率的大小可直接反映材料的密实程度，孔隙率越大，则密实度越小。

孔隙按构造可分为开口孔隙和封闭孔隙两种；按尺寸的大小又可分为微孔、细孔和大孔三种。材料孔隙率大小、孔隙特征对材料的许多性质会产生一定影响，如材料的孔隙率较大，且连通孔较少，则材料的吸水性较小，强度较高，抗冻性和抗渗性较好，导热性较差，保温隔热性较好。

5.材料的填充率与空隙率

1）填充率

填充率是指装在某一容器的散粒材料，其颗粒填充该容器的程度。用公式表示如下：

$$D' = \frac{V_0}{V_0'} \times 100\% = \frac{\rho_0'}{\rho_0} \times 100\%$$

2）空隙率

空隙率是指散粒材料（如砂、石等）颗粒之间的空隙体积占材料堆积体积的百分率。用公式表示如下：

$$P' = \frac{V_0' - V_0}{V_0'} \times 100\% = \left(1 - \frac{V_0}{V_0'}\right) \times 100\% = \left(1 - \frac{\rho_0'}{\rho_0}\right) \times 100\%$$

散粒材料的空隙率与填充率的关系为：

$$P' + D' = 1$$

空隙率与填充率也是相互关联的两个性质，空隙率的大小可直接反映散粒材料的颗粒之间相互填充的程度。散粒状材料，空隙率越大，则填充率越小。在配制混凝土时，砂、石的空隙率是作为控制集料级配与计算混凝土砂率的重要依据。

1.1.2　材料与水有关的性质

1. 亲水性与憎水性

材料与水接触时,根据材料是否能被水润湿,可将其分为亲水性和憎水性两类。亲水性是指材料表面能被水润湿的性质;憎水性是指材料表面不能被水润湿的性质。

当材料与水在空气中接触时,将出现图 1.3 所示的两种情况。在材料、水、空气三相交点处,沿水滴的表面作切线,切线与水和材料接触面所成的夹角称为润湿角,用 θ 表示。当 θ 越小,表明材料越易被水润湿。一般认为,当 $\theta \leqslant 90°$ 时,如图 1.3(a)所示,材料表面吸附水分,能被水润湿,材料表现出亲水性;当 $\theta > 90°$ 时,如图 1.3(b)所示,则材料表面不易吸附水分,不能被水润湿,材料表现出憎水性。

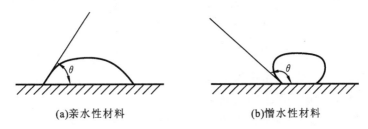

(a)亲水性材料　　　　　　　　(b)憎水性材料

图 1.3　材料被水润湿示意图

亲水性材料易被水润湿,且水能通过毛细管作用而被吸入材料内部。憎水性材料则能阻止水分渗入毛细管中,从而降低材料的吸水性。建筑材料大多数为亲水性材料,如水泥、混凝土、砂、石、砖、木材等,只有少数材料为憎水性材料,如沥青、石蜡、某些塑料等。建筑工程中憎水性材料常被用作防水材料,或作为亲水性材料的覆面层,以提高其防水、防潮性能。

2. 吸水性

材料在水中吸收水分达到饱和的性质称为吸水性。吸水性的大小用吸水率表示,吸水率有两种表示方法:质量吸水率和体积吸水率。

(1) 质量吸水率。

质量吸水率即指材料在吸水饱和时,所吸收水分的质量占材料干质量的百分率。用公式表示如下:

$$W_{\text{m}} = \frac{m_{湿} - m_{干}}{m_{干}} \times 100\%$$

式中　W_{m}——材料的质量吸水率,%;

$\quad\quad m_{湿}$——材料在吸水饱和状态下的质量,g;

$\quad\quad m_{干}$——材料在干燥状态下的质量,g。

(2) 体积吸水率。

体积吸水率即指材料在吸水饱和时,所吸收水分的体积占干燥材料总体积的百分率。用公式表示如下:

$$W_{\text{v}} = \frac{m_{湿} - m_{干}}{V_0} \cdot \frac{1}{\rho_水} \times 100\%$$

式中　W_{v}——材料的体积吸水率,%;

$\quad\quad V_0$——干燥材料的总体积,cm^3;

$\rho_水$——水的密度，g/cm^3。

常用的建筑材料，其吸水率一般采用质量吸水率表示。对于某些轻质材料，如加气混凝土、木材等，由于其质量吸水率往往超过 100%，一般采用体积吸水率表示。

材料吸水率的大小，不仅与材料的亲水性或憎水性有关，而且与材料的孔隙率和孔隙特征有关。材料所吸收的水分是通过开口孔隙吸入的。一般而言，孔隙率越大，开口孔隙越多，则材料的吸水率越大；但如果开口孔隙粗大，则不易存留水分，即使孔隙率较大，材料的吸水率也较小；另外，封闭孔隙水分不能进入，吸水率也较小。

3. 吸湿性

材料在潮湿空气中吸收水分的性质称为吸湿性。吸湿性的大小用含水率表示，用公式表示如下：

$$W_含 = \frac{m_含 - m_干}{m_干} \times 100\%$$

式中　$W_含$——材料的含水率，%；

　　　$m_含$——材料在吸湿状态下的质量，g；

　　　$m_干$——材料在干燥状态下的质量，g。

含水率随空气的温度、湿度变化而改变。材料既能在空气中吸收水分，又能向外界释放水分，当材料中的水分与空气的湿度达到平衡，此时的含水率就称为平衡含水率。一般情况下，材料的含水率多指平衡含水率。当材料内部孔隙吸水达到饱和时，此时材料的含水率等于吸水率。材料吸水后，会导致自重增加，保温隔热性能降低，强度和耐久性产生不同程度的下降。材料含水率的变化会引起体积的变化，影响使用。

4. 耐水性

材料长期在饱和水作用下不破坏，强度也不显著降低的性质称为耐水性。材料耐水性用软化系数表示，用公式表示如下：

$$K_软 = \frac{f_饱}{f_干}$$

式中　$K_软$——材料的软化系数；

　　　$f_饱$——材料在吸水饱和状态下的抗压强度，MPa；

　　　$f_干$——材料在干燥状态下的抗压强度，MPa。

软化系数的大小反映材料在浸水饱和后强度降低的程度。材料被水浸湿后，强度一般会有所下降，因此软化系数在 0~1 之间。软化系数越小，说明材料吸水饱和后的强度降低越多，其耐水性越差。工程中将 $K_软 > 0.80$ 的材料称为耐水性材料。对于经常位于水中或潮湿环境中的重要结构的材料，必须选用 $K_软 > 0.85$ 的耐水性材料；对于用于受潮较轻或次要结构的材料，其软化系数不宜小于 0.75。

5. 抗渗性

材料抵抗压力水渗透的性质称为抗渗性。材料的抗渗性通常采用渗透系数表示。渗透系数是指一定厚度的材料，在单位压力水头作用下，单位时间内透过单位面积的水量，用公式表示如下：

$$K = \frac{W \times d}{A \times t \times H}$$

式中　K——材料的渗透系数,cm/h;

　　　W——透过材料试件的水量,cm^3;

　　　d——材料试件的厚度,cm;

　　　A——透水面积,cm^2;

　　　t——透水时间,s;

　　　H——静水压力水头,cm。

渗透系数反映了材料抵抗压力水渗透的能力,渗透系数越大,则材料的抗渗性越差。

对于混凝土和砂浆,其抗渗性常采用抗渗等级表示。抗渗等级是以规定的试件,采用标准的试验方法测定试件所能承受的最大水压力来确定,以"P_n"表示,其中 n 为该材料所能承受的最大水压力(MPa)的 10 倍值。

材料抗渗性的大小,与其孔隙率和孔隙特征有关。材料中存在连通的孔隙,且孔隙率较大,水分容易渗入,故这种材料的抗渗性较差。孔隙率小的材料具有较好的抗渗性。封闭孔隙水分不能渗入,因此对于孔隙率虽然较大,但以封闭孔隙为主的材料,其抗渗性也较好。对于地下建筑、压力管道、水工构筑物等工程部位,因经常受到压力水的作用,要选择具有良好抗渗性的材料;作为防水材料,则要求其具有更高的抗渗性。

6. 抗冻性

材料在饱和水状态下,能经受多次冻融循环作用而不破坏,且强度也不显著降低的性质,称为抗冻性。材料的抗冻性用抗冻等级表示。抗冻等级是以规定的试件,采用标准试验方法,测得其强度降低不超过规定值,并无明显损害和剥落时所能经受的最大冻融循环次数来确定,以"F_n"表示,其中 n 为最大冻融循环次数。

材料经受冻融循环作用而破坏,主要是因为材料内部孔隙中的水结冰所致。水结冰时体积要增大,若材料内部孔隙充满了水,则结冰产生的膨胀会对孔隙壁产生很大的应力,当此应力超过材料的抗拉强度时,孔壁将产生局部开裂;随着冻融循环次数的增加,材料逐渐被破坏。

材料抗冻性的好坏,取决于材料的孔隙率、孔隙的特征、吸水饱和程度和自身的抗拉强度。材料的变形能力大,强度高,软化系数大,则抗冻性较高。一般认为,软化系数小于 0.80 的材料,其抗冻性较差。在寒冷地区及寒冷环境中的建筑物或构筑物,必须要考虑所选择材料的抗冻性。

1.1.3　材料与热有关的性质

为保证建筑物具有良好的室内小气候,降低建筑物的使用能耗,因此要求材料具有良好的热工性质。通常考虑的热工性质有导热性、热容量。

1. 导热性

当材料两侧存在温差时,热量将从温度高的一侧通过材料传递到温度低的一侧,材料这种传导热量的能力称为导热性。材料导热性的大小用导热系数表示。导热系数是指厚度为 1 m 的材料,当两侧温差为 1 K 时,在 1 s 时间内通过 $1\ m^2$ 面积的热量。用公式表示如下:

$$\lambda = \frac{Q\alpha}{At(T_2 - T_1)}$$

式中　λ——材料的导热系数,W/(m·K);

Q——传递的热量,J;

$α$——材料的厚度,m;

A——材料的传热面积,m²;

t——传热时间,s;

T_2-T_1——材料两侧的温差,K。

材料的导热性与孔隙率大小、孔隙特征等因素有关。孔隙率较大的材料,内部空气较多,由于密闭空气的导热系数很小($λ=0.023$W/(m·K)),其导热性较差。但如果孔隙粗大,空气会形成对流,材料的导热性反而会增大。材料受潮以后,水分进入孔隙,水的导热系数比空气的导热系数高很多($λ=0.58$W/(m·K)),从而使材料的导热性大大增加;材料若受冻,水结成冰,冰的导热系数是水导热系数的 4 倍,为 $λ=2.3$W/(m·K),材料的导热性将进一步增加。

建筑物要求具有良好的保温隔热性能。保温隔热性和导热性都是指材料传递热量的能力,在工程中常把 $1/λ$ 称为材料的热阻,用 R 表示。材料的导热系数越小,其热阻越大,则材料的导热性能越差,其保温隔热性能越好。

2. 热容量

材料容纳热量的能力称为热容量,其大小用比热表示。比热是指单位质量的材料,温度每升高或降低 1K 时所吸收或放出的热量。用公式表示如下:

$$c = \frac{Q}{m(T_2 - T_1)}$$

式中　c——材料的比热,J/(kg·K);

Q——材料吸收或放出的热量,J;

m——材料的质量,kg;

T_2-T_1——材料加热或冷却前后的温差,K。

比热的大小直接反映出材料吸热或放热能力的大小。比热大的材料,能在热流变动或采暖设备供热不均匀时,缓和室内的温度波动。不同的材料其比热不同,即使是同种材料,由于物态不同,其比热也不同。

1.2　材料的力学性质

材料的力学性质是指材料在外力作用下的变形性和抵抗破坏的性质,它是选用建筑材料时首要考虑的基本性质。

1.2.1　材料的强度

材料在荷载(外力)作用下抵抗破坏的能力称为材料的强度。

当材料受到外力作用时,其内部就产生应力,荷载增加,所产生的应力也相应增大,直至材料内部质点间结合力不足以抵抗所作用的外力时,材料即发生破坏。材料破坏时,达到应力极限,这个极限应力值就是材料的强度,又称极限强度。

强度的大小直接反映材料承受荷载能力的大小。由于荷载作用形式不同,材料的强度主要有抗压强度、抗拉强度、抗弯(抗折)强度及抗剪强度等,见表1.1。

表 1.1 材料受力作用示意图及计算公式

强　度	受力示意图	计算公式	附　注
抗压强度 f_c,MPa		$f_c = \dfrac{F}{A}$	
抗拉强度 f_t,MPa		$f_t = \dfrac{F}{A}$	F——破坏荷载,N; A——受荷面积,mm^2; l——跨度,mm; b——试件宽度,mm; h——试件高度,mm。
抗剪强度 f_v,MPa		$f_v = \dfrac{F}{A}$	
抗弯强度 f_m,MPa		$f_m = \dfrac{3Fl}{2bh^2}$	

　　试验测定的强度值除受材料本身的组成、结构、孔隙率大小等内在因素的影响外,还与试验条件有密切关系,如试件形状、尺寸、表面状态、含水率、环境温度及试验时加荷速度等。为了使测定的强度值准确且具有可比性,必须按规定的标准试验方法测定材料的强度。

　　材料的强度等级是按照材料的主要强度指标划分的级别。掌握材料的强度等级,对合理选择材料,控制工程质量十分重要。

　　对不同材料要进行强度大小的比较可采用比强度。比强度是指材料的强度与其体积密度之比,它是衡量材料是轻质高强的一个主要指标。以钢材、木材和混凝土为例,如表 1.2所示。

表 1.2 钢材、木材和混凝土的强度比较

材　料	体积密度/(kg/m^3)	抗压强度 f_c/MPa	比强度 f_c/ρ_0
低碳钢	7860	415	0.053
松木	500	34.3(顺纹)	0.069
普通混凝土	2400	29.4	0.012

　　由表中数值可见,松木的比强度最大,是轻质高强材料。混凝土的比强度最小,是质量大而强度较低的材料。

1.2.2 材料的弹性与塑性

　　材料在外力作用下产生变形,当外力取消后,能够完全恢复原来形状的性质称为弹性,这种变形称为弹性变形,其值的大小与外力成正比;不能自动恢复原来形状的性质称为塑性,这种不能恢复的变形称为塑性变形,塑性变形属永久性变形。

　　完全弹性材料是没有的。一些材料在受力不大时只产生弹性变形,而当外力达到一定

限度后,既产生塑性变形,如低碳钢,其变形曲线如图 1.4(a)所示。很多材料在受力时,弹性变形和塑性变形同时产生,如普通混凝土,其变形曲线如图 1.4(b)所示。

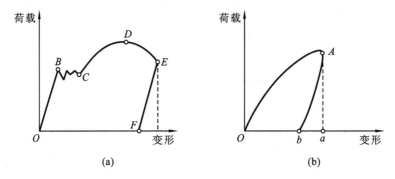

图 1.4　弹性材料的变形曲线

1.2.3　材料的脆性与韧性

材料受外力作用,当外力达到一定限度时,材料发生突然破坏,且破坏时无明显塑性变形,这种性质称为脆性,具有脆性的材料称为脆性材料。脆性材料的抗压强度远大于其抗拉强度,因此其抵抗冲击荷载或震动作用的能力很差。建筑材料中大部分无机非金属材料均为脆性材料,如混凝土、玻璃、天然岩石、砖瓦、陶瓷等。

材料在冲击荷载或震动荷载作用下,能吸收较大的能量,同时产生较大的变形而不破坏的性质称为韧性。材料的韧性用冲击韧性指标表示。

在建筑工程中,对于要求承受冲击荷载和有抗震要求的结构,如吊车梁、桥梁、路面等所用材料,均应具有较高的韧性。

1.3　材料的耐久性

材料在使用过程中能长久保持其原有性质的能力,称为耐久性。

材料在使用过程中,除受到各种外力作用外,还长期受到周围环境因素和各种自然因素的破坏作用。这些破坏作用主要有以下几个方面。

(1) 物理作用。包括环境温度、湿度的交替变化,即冷热、干湿、冻融等循环作用。材料经受这些作用后,将发生膨胀、收缩或产生应力,长期的反复作用,将使材料逐渐被破坏。

(2) 化学作用。包括大气和环境水中的酸、碱、盐等溶液或其他有害物质对材料的侵蚀作用,以及日光、紫外线等对材料的作用。

(3) 生物作用。包括菌类、昆虫等的侵害作用,导致材料发生腐朽、虫蛀等破坏。

(4) 机械作用。包括荷载的持续作用,如交变荷载对材料引起的疲劳、冲击、磨损等。

耐久性是对材料综合性质的一种评述,它包括抗冻性、抗渗性、抗风化性、抗老化性、耐化学腐蚀性等内容。对材料耐久性进行可靠判断,需要很长的时间。一般采用快速检验法,这种方法是模拟实际使用条件,将材料在试验室进行有关的快速试验,根据试验结果对材料的耐久性作出判定。在试验室进行快速试验的项目主要有:冻融循环、干湿循环、碳化等。

提高材料的耐久性,对节约建筑材料、保证建筑物长期正常使用、减少维修费用、延长建筑物使用寿命等,均具有十分重要的意义。

【思考题】

1.孔隙率和孔隙特征对材料性质有何影响?

2.建筑材料是否强度越高越好?

3.什么是材料的导热性? 材料导热系数的大小与哪些因素有关?

4.材料的抗渗性好坏主要与哪些因素有关? 怎样提高材料的抗渗性?

5.材料的强度按通常所受外力作用不同分为哪几个(画出示意图)? 分别如何计算? 单位如何?

6.为什么冬季新建成的房屋墙体保温性能比较差?

7.实验室测定砂的表观密度,首先称量干砂 300 g,装入容量瓶中,加水至 500 mL 刻度线,称取质量为 856 g,然后倒出砂和水,再用该容量瓶加水至 500 mL 刻度线,称取质量为 668 g。试计算砂的表观密度。

第 2 章　建 筑 石 材

»→ ▌学习目标与重点▌ ……

（1）了解建筑石材的种类。

（2）掌握天然石材及其放射性危害。

（3）天然石材的检测方法。

2.1　建筑石材的概述

通常称具有一定的物理、化学性能，可用作建筑材料的岩石为建筑石材。根据石材的用途不同，可将石材分为砌筑用石材、建筑装饰用石材、颗粒状石料。

1. 砌筑用石材

砌筑用石材有毛石和料石。毛石是在采石场爆破后直接得到的形状不规则的石块，按其表面的平整程度又分为乱毛石和平毛石两种。毛石常用作基础、勒脚、墙体、挡土墙等处。而毛石的抗压强度取决于其母岩的抗压强度，它是以三个边长为 70 mm 的立方体试块的抗压强度的平均值表示。

料石又称条石，是用毛石经人工斩凿或机械加工而成的石块。按料石表面加工的平整程度可分为以下四种。

（1）毛料石。表面不经加工或稍加修整的料石。

（2）粗料石。表面加工成凹凸深度不大于 20 mm 的料石。

（3）半细料石。表面加工成凹凸深度不大于 10 mm 的料石。

（4）细料石。表面加工成凹凸深度不大于 2 mm 的料石。

料石一般由致密、均匀的砂岩、石灰岩、花岗岩开凿而成，所以常用于建筑物基础、勒脚、墙体等部位。

2. 建筑装饰用石材

装饰用石材主要是指各类和各种形状的天然石质板材或者少量的人造石材。

1）天然石材

石材饰面板是用致密岩石凿平或锯解而成的厚度不大的石材称为板材。常见的主要有天然大理石板材、天然花岗石板材、青石装饰板材。

（1）大理石。

大理石是指具有装饰功能，并可磨光、抛光的各种沉积岩和变质岩，其主要的化学成分为碳酸盐类（碳酸钙或碳酸镁）。从矿体开采出来的大理石荒料经锯切、研磨、抛光等加工而成为大理石装饰面板，主要用于建筑物的室内饰面，如墙面、地面、柱面、台面、栏杆、踏步等。当用于室外时，由于大理石抗风化能力差，易受空气中二氧化硫的腐蚀，而失去表面光泽，变色并逐渐被破坏。因此大理石板材除极少数品种如汉白玉外，一般不宜用于室外饰面。大理石板材一般均加工成镜面板材,供室内饰面用。

(2) 花岗石。

花岗石是指具有装饰功能,并可磨光、抛光的各类岩浆岩及少量其他岩石,主要是岩浆岩中的深成岩和部分喷出岩以及变质岩。这类岩石的构造非常致密,矿物全部结晶,且晶粒粗大,呈块状结构或粗晶嵌入玻璃质结构中的斑状构造。它们经研磨、抛光后形成的镜面呈斑点状花纹。花岗石板材按形状分类,有普型板、圆弧板和异型板。饰面板材要求耐久、耐磨,色彩花纹美观,表面应无裂缝、翘曲、凹陷、色斑、污点等。花岗石板材按表面加工程度不同又分为粗面板材、细面板材、亚光板材和镜面板材(是经研磨抛光而具有镜面光泽的板材)。粗面板材和细面板材主要用于建筑物外墙面、柱面、台阶、勒脚等部位。镜面板材主要用于室内外墙面、柱面和地面。

天然石材是构成地壳的基本物质,可能存在含有放射性物质。石材中的放射性物质主要是指镭、钍等放射性元素,在衰变中会产生对人体有害的物质。近年来,一些住宅建筑使用了不安全的装饰材料后,使人民的身体健康受到极大的损害。对装修材料放射性水平大小划分为 A、B、C 三类。其中,A 类最安全,其使用范围不受限制;B 类的放射性高于 A 类,不可用于 I 类民用建筑的内饰面,但可以用于 I 类民用建筑的外饰面及其他一切建筑物的内、外饰面;C 类的放射性较高,只可用于建筑物外饰面及室外其他用途。放射性超过 C 类标准控制的装饰材料,只可用于海堤、桥墩及碑石等远离人群密集的地方。

2) 人造石材

人造石材为人工合成的装饰材料。按照所用黏结剂不同,可分为有机类人造石材和无机类人造石材两类。按其生产工艺过程的不同,又可分为聚酯型人造大理石、复合型人造大理石、硅酸盐型人造大理石、烧结型人造大理石四种类型。

3. 颗粒状石料

颗粒状石料主要用作配制混凝土的集料,按其形状的不同,分为卵石、碎石和石渣三种,其中卵石、碎石应用最多,具体内容见第五章有关内容。

2.2　建筑石材的检测

2.2.1　建筑石材强度检测

1. 试样要求

1) 压缩强度

试样为边长 50 mm 的正方体或 Φ50 mm×50 mm 的圆柱体,尺寸偏差±0.5 mm。每种试验条件下的试样取五个为一组。若进行干燥、水饱和、冻融循环的垂直和平行层理的压缩强度试验需制备 30 个。

2) 弯曲强度

试样厚度 H 可按实际情况确定。当试样厚度 $H \leqslant 68$ mm 时宽度为 100 mm;当试样厚度 $H > 68$ mm 时宽度为 1.5H。试样长度为 10×H+50 mm,长度偏差±1 mm,宽度、厚度尺寸偏差±0.3 mm。每种试验条件下的试样取五个为一组。如对干燥、水饱和条件下的垂直和平行层理的弯曲强度试验需制备 20 个试样。

2. 试验步骤

1）干燥状态下的压缩强度

将试样在(105±2)℃的干燥箱内干燥 24 h,放入干燥器中冷却到室温。

用游标卡尺分别测量试样两受力面的边长或直径并计算其面积,以两个受力面面积的平均值作为试样的受力面面积,边长测量值精确到 0.5 mm。

将试样放置于材料试验机压析的中心部位,施加载荷至试样破坏并记录试样破坏时的载荷值,读数值准确到 500 N。加载速率为(1500±100)N/s 或压板移动的速率不超过 1.3 mm/min。

2）水饱和状态下的压缩强度

将试样放置于(20±2)℃的清水中,浸泡 48 h 后取出,拧干的湿毛巾擦去试样表面水分。用游标卡尺分别测量试样两受力面的边长或直径并计算其面积,以两个受力面面积的平均值作为试样的受力面面积,边长测量值精确到 0.5 mm。

将试样放置于材料试验机压析的中心部位,施加载荷至试样破坏并记录试样破坏时的载荷值,读数值准确到 500 N。加载速率为(1500±100)N/s 或压板移动的速率不超过 1.3 mm/min。

3）冻融循环后的压缩强度

用清水洗净试样,并将其置于(20±2)℃的清水中浸泡 48 h,取出立即放入(−20±2)℃的冷冻箱内冷冻 4 h,再将其放入流动的清水中融化 4 h。反复冻融 25 次后用拧干的湿毛巾将试样表面水分擦去。

用游标卡尺分别测量试样两受力面的边长或直径并计算其面积,以两个受力面面积的平均值作为试样的受力面面积,边长测量值精确到 0.5 mm。

将试样放置于材料试验机压析的中心部位,施加载荷至试样破坏并记录试样破坏时的载荷值,读数值准确到 500 N。加载速率为(1500±100)N/s 或压板移动的速率不超过 1.3 mm/min。

4）干燥状态下的弯曲强度

在(105±2)℃的干燥箱内干燥 24 h 后,放入干燥器中冷却到室温。

调节支架下支座之间的距离($L=10×H$)和上支座之间的距离($L/2$),误差±1.0 mm 内。按照试样上标记的支点位置将其放在上下支架之间。一般情况下应使试样装饰面处于弯曲拉伸状态,即装饰面朝下放在下支架支座上。

以每分钟(1800±50)N 的速度对试样施加载荷至试样破坏,并记录试样破坏时的载荷值(F),读数值精确到 10 N。

用游标卡尺测量试样断裂面的宽度(K)和厚度(H),精确到 0.1 mm。

5）水饱和状态下的弯曲强度

将试样放在(20±2)℃的清水中浸泡 48 h 后取出,用拧干的湿毛巾擦去试样表面水分,立即进行试验。

调节支架下支座之间的距离($L=10×H$)和上支座之间的距离($L/2$),误差±1.0 mm 内。按照试样上标记的支点位置将其放在上下支架之间。一般情况下应使试样装饰面处于弯曲拉伸状态,即装饰面朝下放在下支架支座上。

以每分钟(1800±50)N 的速度对试样施加载荷至试样破坏,并记录试样破坏时的载荷值(F),读数值精确到 10 N。

用游标卡尺测量试样断裂面的宽度(K)和厚度(H),精确到 0.1 mm。

将试样置于(105 ± 2) ℃的干燥箱内干燥至恒重,连续两次质量之差小于 0.02%,放入干燥器中冷却至室温。称其质量(m_0),精确至 0.02 g。

将试样放在(20 ± 2) ℃的蒸馏水中浸泡 48 h 后取出,用拧干的湿毛巾擦去试样表面水分,立即称其质量(m_1),精确至 0.02 g。

立即将水饱和的试样置于网篮内与试样一起浸入(20 ± 2) ℃的蒸馏水中,称其试样在水中质量(m_2)(在称量时须先小心除去附着在网篮和试样上的气泡),精确至 0.02 g。

3. 结果计算

1)压缩强度计算

$$P = \frac{F}{S}$$

式中　P——压缩强度,MPa;

　　　F——试样破坏载荷,N;

　　　S——试样受力面面积,mm²。

以每组试样压缩强度的算术平均值作为该条件下的压缩强度,数值修约到 1 MPa。

2)弯曲强度计算

$$P_{\mathrm{w}} = \frac{3FL}{4KH^2}$$

式中　P_{w}——弯曲强度,MPa;

　　　F——试样破坏载荷,N;

　　　L——支点距离,mm;

　　　K——试样宽度,mm;

　　　H——试样厚度,mm。

2.2.2　建筑石材放射性检测

石材在民用建筑及居民家庭装饰中被广泛使用,大量石灰、水泥、黏土砖、煤渣砖、花岗岩、大理石、釉面砖、地板砖等是必用材料,使用这些建筑、装饰材料的同时,也带来一些放射性污染问题。石材中的放射性来自其含有的放射性物质,而这些放射性物质主要来源于铀系、钍系和天然钾,它不仅是构成室内 β、γ 辐射场的主要因素,而且是室内空气中 222Rn 的主要来源。因此,测定石材中的放射性核素 226Ra、232Th、40K 具有十分重要的意义。

1. 实验目的

(1)测定建筑石材的放射性核素含量。

(2)熟练使用各种测量仪器,掌握其工作原理。

2. 实验原理

每个放射性核素都具有自身特有的衰变纲图,各个能级之间的跃迁将产生具有特定能量的射线,且衰变的分支比也是固定的,因此可以根据样品产生的射线的能量和强度对样品进行放射性核素分析。γ 能谱分析就是通过测量样品中放射性核素特征 γ 射线的能量和强度,从而确定样品中含有的放射性核素以及该核素的含量。

测量 γ 射线的能谱仪器简称 γ 能谱仪,其一般结构如图 2.1 所示。

γ 射线在探测器中沉积能量,形成电信号脉冲,电压脉冲经线性放大、A/D 转换等处理

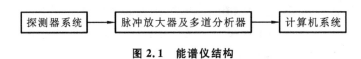

图 2.1 能谱仪结构

后,被计算机系统采集。根据射线能量沉积形成的方式,可分为多种不同的探测器。目前应用的主要为 NaI 闪烁体探测器和高纯锗半导体探测器。

γ 射线入射至闪烁体时,通过三种基本相互作用过程——光电效应、康普顿效应和电子对效应——产生次级电子,这些次级电子将能量消耗在闪烁体中,使闪烁体中原子电离、激发而后产生荧光。光电倍增管的光阴极将收集到的这些光子转换成光电子,光电子再在光电倍增管中倍增,最后经过倍增的电子在管子阳极收集起来,通过阳极负载电阻形成电压脉冲信号。此电压脉冲的幅度与 γ 射线在闪烁体内消耗的能量及产生的光强成正比,所以根据脉冲幅度大小可以确定入射 γ 射线的能量。由于 γ 射线在闪烁体中产生的光子数具有一定的统计涨落,近似服从泊松分布,光电倍增管的光阴极光子收集效率具有统计涨落,以及光电倍增管的光电转换效率和倍增系数也存在统计涨落,使得同一能量的 γ 射线产生的脉冲幅度,具有一定的分布。通常把分布曲线极大值一半处的宽度称为半宽度 FWHM,也用 E 表示。半宽度反映了能谱仪对能量的分辨本领。因为有些涨落因素与能量有关,使用相对分辨本领即能量分辨率 η 更为确切。能量分辨率 η 定义为

$$\eta = \frac{\Delta E}{E}$$

闪烁体探测器的能量分辨率一般在 10% 左右。一定能量 E 的入射带电粒子在半导体中产生的总电子-空穴对数 N 也是涨落的,其相对涨落与数目成反比。由于半导体的电离能很小,因此产生的电子-空穴对数目也很大,半导体探测器可以获得很高的能量分辨率,并且具有很好的能量线性。目前最好的高纯锗探测器,对 60Co 的 1.33MeV 的 γ 射线全能峰半宽度可达 1.3keV;能量在 0.1MeV 到几个 MeV 范围内能量线性偏离约为 0.1%。但对 γ 射线的探测效率不如 NaI 晶体高,且半导体探测器必须在真空和低温条件下进行测量,这使得在某些场合下不方便使用。由于 γ 射线与探测器的相互作用有多种方式,实际测量中的 γ 能谱是非常复杂的。所测谱中多种能量的强度不同的 γ 射线的单能谱叠加在一起出现,能量很接近的 γ 射线往往以重峰形式出现,而强度弱的 γ 谱线又容易被本底掩盖。复杂的 γ 谱往往包含几十条甚至上千条入射 γ 射线的信息。所以对所测 γ 射线的能谱进行分析和处理是很重要的。对于 γ 能谱仪,为了实现实验测量,首先需要进行能量刻度,以便正确地识别放射源的核素。对能量进行刻度是基于谱仪中多道分析器的线性放大原理,即道数的高低对应着能量的大小,道数与能量之间的关系是线性的。确定此线性关系,一般需要至少两个已知能量的坐标点,即在能量和道数的坐标系中,标定出两点,进而确定通过此两点的直线,这个步骤就称为 γ 谱仪的能量刻度。进行能量刻度之后,系统分析软件会保存此结果,把初步测量得到的道数转换成能量,进而从核素库中得到放射性核素的信息。完成能量刻度后,γ 谱仪即可甄别出样品中的核素,但无法给出活度值。定量的活度测量有两种方法:相对测量与效率刻度测量。相对测量方法为本实验采用的方法,它是通过测量样品源与标准源中被测核素某个 γ 射线全能峰的净面积,与标准源中该核素活度比较,从而得到样品中被测核素的活度。这种方法优点是测量准确,误差小;缺点是测量范围窄,只能测出标准源所含的核素。

3. 实验仪器

锤子、研磨机、筛子、天平、样品盒 6 个、NaI 谱仪，放射性核素铀-镭、钍、钾及混合平衡标准源一套、建材样品。

4. 实验步骤

（1）采样：从实验室附近及实验指导老师处获取砖块、混凝土、绣石、西点红、印度红、浅啡网六种不同的建筑石材。

（2）对不同石材分别进行破碎、研磨、过筛、称量装样，每种样品 500 g。

（3）制样后放置几个小时以致其放射性平衡。

（4）测量：每个样品测量时间为一个小时，先测量本底和标准样，并进行能量刻度，其次将六个样品分别依次测量，得出谱图。

（5）结果分析（依据《建筑材料放射性核素限量》（GB6566—2001）标准对实验结果进行分析，并判定样品属于哪一类）。

【思考题】

1. 测定建筑石材弯曲强度有何意义？

2. 建筑石材弯曲强度测试时应该注意哪些方面？

3. 建筑石材的放射性元素测定有什么意义？为什么要进行建筑石材的放射性测试？

4. 建筑石材在建筑领域上的应用有哪些？

第3章 气硬性胶凝材料

学习目标与重点

（1）本章主要介绍石灰与石膏技术要求、试验方法、检验规则。

（2）掌握石灰、石膏等常用气硬性胶凝材料的技术要求、试验方法。

（3）了解石灰、石膏、检验规则。

3.1 气硬性胶凝材料概述

在物理、化学作用下，用来把块状、颗粒状或纤维状材料黏结为整体并具有一定力学强度的材料，称为胶凝材料。

胶凝材料按其化学组成可分为有机胶凝材料和无机胶凝材料两大类。

无机胶凝材料按硬化条件的不同可分为气硬性胶凝材料和水硬性胶凝材料。气硬性胶凝材料是只能在空气中凝结、硬化、保持和发展强度的胶凝材料，如石灰、石膏、水玻璃；水硬性胶凝材料是指既能在空气中硬化，更能在水中凝结、硬化、保持和发展强度的胶凝材料，如各种水泥。

石灰是在建筑及装饰工程上最早使用的胶凝材料之一，属于气硬性胶凝材料。具有原料广泛，工艺简单，成本低廉等特点，所以目前被广泛地应用于建筑及装饰工程中。

石膏是我国一种应用历史悠久的气硬性胶凝材料。石膏及石膏制品具有许多优良性能，如轻质、高强、隔热、耐火、吸声、容易加工、形体饱满、线条清晰、表面光滑等，因此是建筑室内工程常用的装饰材料。特别是近年来在建筑中广泛采用框架轻板结构，作为轻质板材主要品种之一的石膏板受到普遍重视，其生产和应用都得到迅速发展。生产石膏胶凝材料的原料有二水石膏和天然无水石膏以及来自化学工业的各种副产物化学石膏。

3.2 石灰

3.2.1 石灰的品种及技术要求

石灰的品种很多，通常有以下两种分类方法。

1. 按石灰中氧化镁的含量分类

按石灰中氧化镁的含量不同，石灰可分为生石灰和熟石灰两类。

（1）生石灰可分为钙质生石灰（MgO 含量小于等于 5%）和镁质生石灰（MgO 含量大于 5%）。镁质生石灰的熟化速度较慢，但硬化后其强度较高。

（2）熟石灰分为钙质消石灰粉（MgO 含量小于等于 4%）、镁质消石灰粉（MgO 含量在 4% 到 24% 之间）和白云石质消石灰粉（MgO 含量在 25% 到 30% 之间）。

2. 按石灰加工方法不同分类

按石灰加工方法不同,石灰可分为块灰和磨细生石灰粉。

1）块灰

块灰是指直接高温煅烧所得的块状生石灰,其主要成分是 CaO。块灰是所有石灰品种中最传统的一个品种。

2）磨细生石灰粉

磨细生石灰粉是指将块灰破碎、磨细并包装成袋的生石灰粉。它克服了一般生石灰熟化时间较长,且在使用前必须陈伏等缺点。磨细生石灰粉在使用前不用提前熟化,直接加水即可使用,无须进行陈伏。使用磨细生石灰粉不仅能提高施工效率,节约场地,改善施工环境,加快硬化速度,而且还可以提高石灰的利用率。但其缺点是成本高,且不易储存。

3.2.2 石灰的技术性能要求

1. 石灰的技术要求

生石灰的质量是以石灰中活性氧化钙和氧化镁含量高低,过火石灰和欠火石灰及其他杂质含量的多少作为主要指标来评价其质量优劣的。根据建材行业标准(JC/T479 和 JC/T480),将建筑生石灰和建筑生石灰粉划分为三个等级,具体指标见表 3.1、表 3.2。

表 3.1　建筑生石灰技术指标(JC/T479—1992)

项　　目	钙质石灰			镁质石灰		
	优等品	一等品	合格品	优等品	一等品	合格品
CaO＋MgO 含量不小于(%)	90	85	80	85	80	75
未消化残渣含量(5 mm 圆孔筛筛余)不大于(%)	5	10	15	5	10	15
CO_2 含量不大于(%)	5	7	9	6	8	10
产浆量不小于(L/kg)	2.8	2.3	2.0	2.8	2.3	2.0

表 3.2　建筑生石灰粉技术指标(JC/T480—1992)

项　　目		钙质石灰			镁质石灰		
		优等品	一等品	合格品	优等品	一等品	合格品
CaO＋MgO 含量不小于(%)		90	85	80	85	80	75
CO_2 含量不大于(%)		5	7	9	6	8	10
细度	0.90 mm 筛筛余(%)不大于	0.2	0.5	1.5	0.2	0.5	1.5
	0.125 mm 筛筛余(%)不大于	7.0	12.0	18.0	7.0	12.0	18.0

建筑消石灰(熟石灰)按氧化镁含量分为:钙质消石灰、镁质消石灰和白云石消石灰粉等,其分类界限见表 3.3。

表 3.3　建筑消石灰粉按氧化镁含量的分类界限

品 种 名 称	指　　标
钙质消石灰粉	MgO≤4%
镁质消石灰粉	MgO 4%～24%
白云石消石灰粉	MgO 25%～30%

熟化石灰粉的品质与有效物质和水分的相对含量及细度有关,熟石灰粉颗粒愈细,有效

成分愈多,其品质愈好。建筑消石灰粉的质量按《建筑消石灰粉》(JC/T481—1992)规定也可分为三个等级,具体指标见表 3.4。

表 3.4 建筑消石灰粉的技术指标(JC/T481—1992)

项 目		钙质消石灰粉			镁质消石灰粉			白云石消石灰粉		
		优等品	一等品	合格品	优等品	一等品	合格品	优等品	一等品	合格品
CaO+MgO 含量不小于/(%)		70	65	60	65	60	55	65	60	55
游离水/(%)		0.4~2	0.4~2	0.4~2	0.4~2	0.4~2	0.4~2	0.4~2	0.4~2	0.4~2
体积安定性		合格	合格	—	合格	合格	—	合格	合格	—
细度	0.90 mm 筛筛余/(%)不大于	0	0	0.5	0	0	0.5	0	0	0.5
	0.125 mm 筛筛余/(%)不大于	3	10	15	3	10	15	3	10	15

2. 石灰的主要技术性质

1)良好的保水性

石灰具有较强的保水性(即材料保持水分不泌出的能力),这是由于生石灰熟化为石灰浆时,氢氧化钙粒子呈胶体分散状态。其颗粒极细,直径约为 1 μm,颗粒表面吸附一层较厚的水膜。由于粒子数量很多,其总表面积很大,这是它保水性良好的主要原因。利用这一性质,将其掺入水泥砂浆中,配合成混合砂浆,克服了水泥砂浆容易泌水的缺点。

2)凝结硬化慢、强度低

由于空气中的 CO_2 含量低,而且碳化后形成的碳酸钙硬壳阻止 CO_2 向内部渗透,也阻止水分向外蒸发,结果使 $CaCO_3$ 和 $Ca(OH)_2$ 结晶体生成量少且缓慢。已硬化的石灰强度更低,如 1:3 的石灰砂浆 28 d 的强度只有在 0.2 MPa 到 0.5 MPa 之间。

3)吸湿性强

生石灰吸湿性强,保水性好,是传统的干燥剂。

4)体积收缩大

石灰浆体凝结硬化过程中,蒸发大量水分,由于硬化石灰中的毛细管失水收缩,引起体积收缩,使制品开裂。因此,石灰不宜单独用来制作建筑构件及制品。

5)耐水性差

若石灰浆体尚未硬化之前,就处于潮湿环境中,石灰中水分不能蒸发出去,则其硬化停止;若是已硬化的石灰,长期受潮或受水浸泡,而 $Ca(OH)_2$ 易溶于水,会使已硬化的石灰溃散。因此,石灰不宜用于潮湿环境及易受水浸泡的部位。

6)化学稳定性差

石灰是碱性材料,与酸性物质接触时,容易发生化学反应,生成新物质。因此,石灰及含石灰的材料长期处在潮湿空气中,容易与二氧化碳作用生成碳酸钙,即"碳化"。石灰材料还容易遭受酸性介质的腐蚀。

3.3　建筑石灰检测

3.3.1　检验规则

1. 批量

建筑生石灰受检批量规定如下:

日产量 200 t 以上每批量不大于 200 t;

日产量不足 200 t 每批量不大于 100 t;

日产量不足 100 t 每批量不大于日产量。

2. 取样

建筑生石灰的取样按规定的批量,从整批的物料的不同部位选取。取样点不少于 25 个,每个点的取样量不少于 2 kg,缩分至 4 kg 装入密封容器内。

3. 判断

产品技术指标均达到要求的相应等级时判定为该等级,有一项指标低于合格品要求时,判断为不合格品。

3.3.2 试验方法

1. 细度

1) 仪器设备

(1) 试验筛:符合《试验筛技术要求和检验 第 2 部分:金属穿孔板试验筛》(GB 6003.2—2012)规定,R20 主系列 0.900 mm、0.125 mm 一套。

(2) 羊毛刷:4 号。

(3) 天平:称量为 100 g,分度值 0.1 g。

2) 试样

生石灰粉或消石灰粉。

3) 试验步骤

称取试样 50 g,倒入 0.900 mm、0.125 mm 方孔套筛内进行筛分。筛分时一只手握住试验筛,并用手轻拍敲打,在有规律的间隔中,水平旋转试验筛,并在固定的基座上轻拍试验筛,用羊毛刷轻轻地从筛上面刷,直至 2 min 内通过量小于 0.1 g 时为止。分别称量筛余物质量 m_1、m_2。

4) 结果计算

筛余百分含量 x_1、x_2 按下式计算:

$$x_1 = m_1/m_2 \times 100\%$$
$$x_2 = m_1 + m_2/m \times 100\%$$

式中 x_1——0.900 mm 方孔筛筛余百分含量,%;

      x_2——0.125 mm 方孔筛、0.900 mm 方孔筛,两筛上的总筛余百分含量,%;

      m_1——0.900 mm 方孔筛筛余物质量,g;

      m_2——0.125 mm 方孔筛筛余物质量,g;

      m——样品质量,g。

计算结果保留小数点后两位。

2. 生石灰产浆量,未消化残渣含量

1) 仪器设备

(1) 圆孔筛:孔径 5 mm,20 mm。

(2) 生石灰浆渣测定仪。

(3) 玻璃量筒:500 mL。

(4) 天平:称量 1000 g,分度值 1 g。

（5）搪瓷盘：200 mm×300 mm。

（6）钢板尺：300 mm。

（7）烘箱：最高温度 200 ℃。

（8）保温套。

2）试样制备

将 4 kg 试样破碎全部通过 20 mm 圆孔筛，其中小于 5 mm 以下粒度的试样量不大于 30%，混合均匀，备用，生石灰粉样混合均匀即可。

3）试验步骤

称取已制备好的生石灰试样 1 kg 倒入装有 2500 mL(20±5)℃清水的筛筒（筛筒置于外筒内）内，盖上盖，静置消化 20 min，用圆木棒连续搅动 2 min，继续静置消化 40 min，再搅动 2 min。提起筛筒用清水冲洗筛筒内残渣，至水流不浑浊（冲洗用清水仍倒入筛筒内，水总体积控制在 3000 mL），将渣移入搪瓷盘（或蒸发皿）内，在 100～105 ℃烘箱中，烘干至恒重，冷却至室温后用 5 mm 圆孔筛筛分。称量筛余物，计算未消化残渣含量。浆体静置 24 h 后，用钢板尺量出浆体高度（外筒内总高度减去筒口至浆面的高度）。

4）结果计算

（1）产浆量 X_3 按下式计算：

$$X_3 = R^2 \cdot \pi \cdot H/1 \times 10^6$$

式中　X_3——产浆量，L/kg；

　　　π——取 3.14；

　　　H——浆体高度，mm；

　　　R——浆筒半径，mm。

（2）未消化残渣百分含量按下式计算：

$$X_4 = m_3/m \times 100\%$$

式中　X_4——未消化残渣含量，%；

　　　m_3——未消化残渣质量，g；

　　　m——样品质量，kg。

以上计算结果保留小数点后两位。

3. 消石灰粉体积安定性

1）仪器设备

（1）天平：称量 200 g，分度值 0.2 g。

（2）量筒：250 mL。

（3）牛角勺。

（4）蒸发皿：300 mL。

（5）石棉网板：外径 125 mm，石棉含量 72%。

（6）烘箱：最高温度 200 ℃。

2）试验用水

试验用水必须是(20±2)℃清洁自来水。

3）试验步骤

称取试样 100 g，倒入 300 mL 蒸发皿内，加入(20±2)℃清洁淡水约 120 mL，在 3 min 内拌和稠浆。一次性浇注于两块石棉网板上，其饼块直径 50～70 mm，中心高 8～10 mm。

成饼后在室温下放置 5 min 后,将饼块移至另两块干燥的石棉网板上,然后放入烘箱中加热到 100～105 ℃烘干 4 h 取出。

4)结果评定

烘干后饼块用肉眼检查无溃散、裂纹、鼓包称为体积安定性合格;若出现三种现象之一者,表示体积安定性不合格。

3.4　建筑石膏

3.4.1　石膏的技术要求

1.组分

建筑石膏组成中 β 型半水硫酸钙(β-CaSO$_4$ · 1/2H$_2$O)的含量(质量分数)应不小于 60.0%。

2.物理性能

建筑石膏呈洁白粉末状,建筑石膏的技术要求主要有:细度、凝结时间和强度。根据国家标准 DB/T9776—2008,建筑石膏分为 3.0、2.0 和 1.6 三个等级。建筑石膏技术要求的具体指标见表 3.5。

表 3.5　建筑石膏等级标准(DB/T9776—2008)

等　　级	细度(0.2 mm 方孔筛筛余)/(%)	凝结时间/min		2 h 强度/MPa	
		初凝	终凝	抗折	抗压
3.0				≥3.0	≥6.0
2.0	≤10	≥3	≤30	≥2.0	≥4.0
1.6				≥1.6	≥3.0

3.4.2　石膏的技术性质

1)凝结硬化快

建筑石膏的初凝和终凝时间很短,加水后 3 min 即开始凝结,终凝不超过 30 min,在室温自然干燥条件下,约 1 周时间可完全硬化。为施工方便,常掺加适量缓凝剂,如硼砂、纸浆废液、骨胶、皮胶等。

2)孔隙率大,表观密度小,保温、吸声性能好

建筑石膏水化反应的理论需水量仅为其质量的 18.6%,但施工中为了保证浆体有必要的流动性,其加水量常达 60%～80%,多余水分蒸发后,将形成大量孔隙,硬化体的孔隙率可达 50%～60%。由于硬化体的多孔结构特点,而使建筑石膏制品具有表观密度小、质轻、保温隔热性能好和吸声性强等优点。

3)具有一定的调湿性

由于多孔结构的特点,石膏制品的热容量大、吸湿性强,当室内温度变化时,由于制品的"呼吸"作用,使环境温度、湿度能得到一定的调节。

4)耐水性、抗冻性差

石膏是气硬性胶凝材料,吸水性大。长期在潮湿环境中,其晶体粒子间的结合力会削

弱,直至溶解,因此不耐水、不抗冻。

5)凝固时体积微膨胀

建筑石膏在凝结硬化时具有微膨胀性,其体积膨胀率为 0.05% 到 0.15%。这种特性可使成型的石膏制品表面光滑、轮廓清晰、线角饱满、尺寸准确。干燥时不产生收缩裂缝。

6)防火性好

二水石膏遇火后,结晶水蒸发,形成蒸汽幕,可阻止火势蔓延,起到防火作用。但建筑石膏不宜长期在 65 ℃以上的高温部位使用,以免二水石膏缓慢脱水分解而降低强度。

3.5　建筑石膏检测

3.5.1　检验规则

1.批量

对于年产量小于 15 万 t 的生产厂,以不超过 60 t 的产品为一批;对于年产量等于或大于 15 万 t 的生产厂,以不超过 120 t 的产品为一批,产品不足一批时以一批统计。

2.抽样

产品袋装时,从一批产品中随机抽取 10 袋,每袋抽取约 2 kg 试样,总共不少于 20 kg;产品散装时,在产品卸料处或产品输送机上每 3 min 抽取约 2 kg 试样,总共不少于 20 kg。将抽取的试样搅拌均匀,一分为二,一份做试验,另一份密封三个月,以备复验用。

3.判定

抽取做试验用的试样处理后分为三等份,以其中一份试样进行试验。检验结果若均符合相应的技术性能要求时判定为该批产品合格。若有一项以上指标不符合要求时,即判该批产品为不合格品。若只有一项指标不符合要求时,则可用其他两份试样对不合格指标进行重新检验。重新检验结果,若两份试样均合格,则判定为该批产品合格;如仍有一份试样不合格,则判该批产品不合格。

3.5.2　试验方法

1.组分的测定

称取试样 50 g,在蒸馏水中浸泡 24 h,然后在(40±4)℃下烘干至恒重(烘干时间相隔 1 h 的两次称量之差不超过 0.05 g 时,即为恒重),研碎试样,过 0.02 mm 筛,再测定结晶水含量。以测得的结晶水含量乘以 4.0278,即为 β 型半水硫酸钙含量。

2.细度

称取约 200 g 试样,在(40±4)℃下烘干至恒重(烘干时间相隔 1 h 的两次称量之差不超过 0.05 g 时,即为恒重),并在干燥器中冷却至室温。将筛孔尺寸为 0.02 mm 的筛下安上接收盘,称取 50 g 试样倒入其中,盖上筛盖,进行筛分。当 1 min 的过筛试样质量不超过 0.1 g 时,则认为筛分完成。称量筛上物,作为筛余量。细度以筛余量与试样原始质量之比的百分数形式表示。精确至 0.1%。

3.凝结时间

首先测定试样的标准稠度用水量,然后测定其凝结时间。

1)仪器设备

(1)稠度仪。

由内径(50±0.1) mm,高(100±0.1) mm 的不锈钢质筒体,240 mm×240 mm 的玻璃板以及筒体提升机构所组成。筒体上升速度为 150 mm/s,并能下降复位。

(2) 搅拌器具。

① 搅拌碗:用不锈钢制成,碗口内径 180 mm,碗深 60 mm。

② 拌和棒:由三个不锈钢丝弯成的椭圆形套环所组成,钢丝直径 1~2 mm,环长约 100 mm。

2) 试验步骤

(1) 标准稠度用水的测定。

将试样按下述步骤连续测定两次。

先将稠度仪的筒体内部及玻璃板擦净,并保持湿润,将筒体复位,垂直放置于玻璃板上。将估计的标准稠度用水量的水倒入搅拌碗中。称取试样 300 g,在 5 s 内倒入水中。用拌和棒搅拌 30 s,得到均匀的石膏浆,然后边搅拌边迅速注入稠度仪筒体内,并用刮刀刮去溢浆,使浆面与筒体上端面齐平。从试样与水接触开始至 50 s 时,开动仪器提升按钮。待筒体提去后,测定料浆扩展成的试饼两垂直方向上的直径,计算其算术平均值。

记录料浆扩展直径等于(180±15) mm 时的加水量。该加入的水的质量与试样的质量之比,以百分数表示。

取二次测定结果的平均值作为该试样标准稠度用水量,精确至 1%。

(2) 凝结时间的测定。

将试样按下述步骤连续测定两次。

按标准稠度用水量称量水。并把水倒入搅拌碗中。称取试样 200 g,在 5 s 内将试样倒入水中。用拌和棒搅拌 30 s,得到均匀的料浆,倒入环模中,然后将玻璃底板抬高约 10 mm,上下震动五次。用刮刀刮去溢浆,并使料浆与环模上端齐平。将装满料浆的环模连同玻璃底板放在仪器的钢针下,使针尖与料浆的表面相接触,且离开环模边缘大于 10 mm。迅速放松杆上的固定螺丝,钢针即自由地插入料浆中。每隔 30 s 重复一次,每次都应改变插点,并将钢针擦净、校直。

记录从试样与水接触开始,至钢针第一次碰不到玻璃底板所经历的时间,此即试样的初凝时间。记录从试样与水接触开始,至钢针第一次插入料浆的深度不大于 1 mm 所经历的时间,此即试样的终凝时间。

取二次测定结果的平均值,作为该试样的初凝时间和终凝时间,精确至 1 min。

4. 强度

1) 仪器设备

(1) 感量 1 g 的电子秤。

(2) 成型试模。

(3) 搅拌容器。

(4) 拌和棒由三个不锈钢丝弯成的椭圆形套环所组成,钢丝直径 1~2 mm,环长约 100 mm。

2) 试验步骤

(1) 一次调和制备的建筑石膏量,应能填满制作三个试件的试模,并将损耗计算在内,所需料浆的体积为 950 mL,采用标准稠度用水。

在试模内侧薄薄地涂上一层矿物油,并使连接缝封闭,以防料浆流失。

先把所需加水量的水倒入搅拌容器中,再把已称量的建筑石膏倒入其中,静置 1 min,然后用拌和棒在 30 s 内搅拌 30 圈。接着,以 3 r/min 的速度搅拌,使料浆保持悬浮状态,然后用勺子搅拌至料浆开始稠化(即当料浆从勺子上慢慢落到浆体表面刚能形成一个圆锥为止)。

一边慢慢搅拌、一边把料浆舀入试模中。将试模的前端抬起约 10 mm,再使之落下,如此重复五次以排除气泡。

当从溢出的料浆判断已经初凝时,用刮平刀刮去溢浆,但不必反复刮抹表面。终凝后,在试件表面做上标记,并拆模。

(2)试件的存放。遇水后 2 h 就将作力学性能试验的试件,脱模后存放在试验室环境中。

需要在其他水化龄期后作强度试验的试件,脱模后立即存放于封闭处。在整个水化期间,封闭处空气的温度为(200±2)℃、相对湿度为 90%±50%。每一类建筑石膏试件都应规定试件龄期。

(3)到达规定龄期后,用于测定湿强度的试件应立即进行强度测定。用于测定干强度的试件先在(40±4)℃的烘箱中干燥至恒重,然后迅速进行强度测定。

(4)试件的数量。每一类存放龄期的试件至少应保存三条,用于抗折强度的测定。做完抗折强度测定后得到的不同试件上的三块半截试件用作抗压强度测定,另外三块半截试件用于石膏硬度测定。

(5)分别测定试样与水接触后 2 h 试件的抗折强度和抗压强度,但抗压强度试件应为 6 块。试件抗压强度用最大量程为 50 kN 的抗压强度试验机测定。试件的受压面积为 40 mm×40 mm。

【思考题】

1.在没有检验仪器的条件下,欲初步鉴别一批生石灰的质量优劣可采取什么简易方法?

2.某办公楼室内抹灰采用的是石灰砂浆,交付使用后墙面逐渐出现普遍鼓包开裂,试分析其原因。欲避免这种事故发生应采取什么措施?

3.石灰熟化成石灰浆使用时一般应在储灰坑中"陈伏"两周以上,为什么?

4.简述气硬性胶凝材料和水硬性胶凝材料的区别。

第4章 水　　泥

»—➔ |学习目标与重点| ......

（1）本章主要介绍通用水泥组分与材料、技术要求、试验方法、检验规则。

（2）掌握通用水泥技术要求、试验方法。

（3）理解通用水泥的组分与材料。

（4）了解通用水泥的检验规则。

　　水泥是指细磨材料与水混合后成为塑性浆体，经一系列物理化学作用凝结硬化变成坚硬的石状体，并能将砂石等散粒状材料胶结成为整体的水硬性胶凝材料。水泥作为建筑工业的主要材料，在工业、农业、国防、交通等领域应用广泛。

　　水泥品种繁多，一般按照用途及性能分为三大类：通用水泥、专用水泥、特性水泥。本章主要介绍通用水泥相关内容。

4.1　通用水泥概述

　　通用硅酸盐水泥按混合材料的品种和掺量分为硅酸盐水泥、普通硅酸盐水泥、矿渣硅酸盐水泥、火山灰质硅酸盐水泥、粉煤灰硅酸盐水泥和复合硅酸盐水泥。各品种的组分和代号应符合下面的规定。

4.1.1　组分与材料

1. 组分

通用硅酸盐水泥的组分应符合表 4.1 的规定。

表 4.1　通用硅酸盐水泥的组分（％）（GB175—2007）

品　　　种	代号	组　　分				
		熟料＋石膏	粒化高炉矿渣	火山灰质混合材料	粉煤灰	石灰石
硅酸盐水泥	P·Ⅰ	100	—	—	—	—
	P·Ⅱ	≥95	≤5	—	—	—
		≥95	—	—	—	≤5
普通硅酸盐水泥	P·O	≥80 且＜95	>5 且≤20①			—
矿渣硅酸盐水泥	P·S·A	≥50 且＜80	>20 且≤50②	—	—	—
	P·S·B	≥30 且＜50	>50 且≤70②	—	—	—
火山灰质硅酸盐水泥	P·P	≥60 且＜80	—	>20 且≤40③	—	—

品　　种	代号	组　分				
		熟料＋石膏	粒化高炉矿渣	火山灰质混合材料	粉煤灰	石灰石
粉煤灰硅酸盐水泥	P·F	≥60 且<80	—	—	>20 且≤40④	—
复合硅酸盐水泥	P·C	≥50 且<80	>20 且≤50⑤			

注：①本组分材料为符合标准的活性混合材料，其中允许用不超过水泥质量8％且符合标准的非活性混合材料或不超过水泥质量5％且符合本标准的窑灰代替。

②本组分材料为符合《用于水泥和混凝土中的粒化高炉矿渣粉》(GB/T18046—2008)的活性混合材料，其中允许用不超过水泥质量8％且符合标准的活性混合材料或符合标准的非活性混合材料或符合本标准的窑灰中的任一种材料代替。

③本组分材料为符合《用于水泥中的火山灰质混合材料》(GB/T2847—2005)的活性混合材料。

④本组分材料为符合《用于水泥和混凝土中的粉煤灰》(GB/T1596—2005)的活性混合材料。

⑤本组分材料为由两种(含)以上符合标准的活性混合材料或符合本标准的非活性混合材料组成，其中允许用不超过水泥质量8％且符合本标准的窑灰代替。掺矿渣时混合材料掺量不得与矿渣硅酸盐水泥重复。

2. 组成材料

通用硅酸盐水泥由硅酸盐水泥熟料、石膏和混合材料等组成。

1）硅酸盐水泥熟料

硅酸盐水泥熟料是由主要含 CaO、SiO_2、Al_2O_3、Fe_2O_3 的原料，按适当比例磨成细粉烧至部分熔融所得以硅酸钙为主要矿物成分的水硬性胶凝物质。其中硅酸钙矿物不小于66％，氧化钙和氧化硅质量比不小于2.0。

硅酸盐水泥熟料主要由四种矿物组成，其名称、分子式、简写代号和含量范围如下：

硅酸三钙　$3CaO \cdot SiO_2$，简写为 C_3S，含量37％～60％；

硅酸二钙　$2CaO \cdot SiO_2$，简写为 C_2S，含量15％～37％；

铝酸三钙　$3CaO \cdot Al_2O_3$，简写为 C_3A，含量7％～15％；

铁铝酸四钙　$4CaO \cdot Al_2O_3 \cdot Fe_2O_3$，简写为 C_4AF，含量10％～18％。

以上主要四种熟料矿物单独与水作用时的特性，见表4.2。

表4.2　各种熟料矿物组成单独与水作用时表现出的特性

名　　称	硅酸三钙	硅酸二钙	铝酸三钙	铁铝酸四钙
凝结硬化速度	快	慢	最快	快
28 d 水化放热量	多	少	最多	中
强度	高	早期低、后期高	低	低

2）石膏

石膏在通用硅酸盐水泥中起调节凝结时间的作用，如天然石膏、工业副产石膏。

天然石膏应为符合《天然石膏》(GB/T 5483—2008)中规定的 G 类或 M 类二级(含)以上的石膏或混合石膏。

工业副产石膏是以硫酸钙为主要成分的工业副产物。采用前应经过试验证明对水泥性能无害。

3）混合材料

（1）活性混合材料

活性混合材料是指常温下能与氢氧化钙和水发生水化反应，生成水硬性水化产物，并能逐渐凝结硬化产生强度的混合材料。

活性混合材料包括符合《用于水泥中的粒化高炉矿渣》（GB/T18046—2008）、《用于水泥和混凝土中的粉煤灰》（GB/T1596—2005）、《用于水泥中的火山灰质混合材料》（GB/T2847—2005）标准要求的粒化高炉矿渣、粒化高炉矿渣粉、粉煤灰、火山灰质混合材料。

（2）非活性混合材料

非活性混合材料在水泥中起填充作用，而又不损害水泥性能的矿物质材料。非活性混合材料掺入水泥中主要起调节水泥强度，增加水泥产量及降低水化热等作用。

非活性混合材料包括活性指标分别低于《用于水泥中的粒化高炉矿渣》（GB/T18046—2008）、《用于水泥和混凝土中的粉煤灰》（GB/T1596—2005）、《用于水泥中的火山灰质混合材料》（GB/T2847—2005）标准要求的粒化高炉矿渣、粒化高炉矿渣粉、粉煤灰、火山灰质混合材料；石灰石和砂岩，其中石灰石中的三氧化二铝含量应不大于 2.5%。

3. 窑灰

窑灰是回转窑在生产硅酸盐水泥熟料时，从窑尾废气中经收尘设备收集下来的干燥粉状材料，其排放量相当于熟料的 10%～20% 并符合《掺入水泥中的回转窑窑灰》（JC/T742—2009）的规定。

4. 助磨剂

水泥粉磨时允许加入助磨剂，其加入量应不大于水泥质量的 0.5%，助磨剂应符合《水泥助磨剂》（JC/T667—2004）的规定。

4.1.2　技术要求

1. 化学指标

1）化学组成

通用硅酸盐水泥的化学指标应符合表 4.3 的规定。

表 4.3　通用硅酸盐水泥的化学指标(%)《通用硅酸盐水泥》（GB175—2007）

品　种	代号	不溶物（质量分数）	烧失量（质量分数）	三氧化硫（质量分数）	氧化镁（质量分数）	氯离子（质量分数）
硅酸盐水泥	P·Ⅰ	≤0.75	≤3.0	≤3.5	≤5.0①	≤0.06③
	P·Ⅱ	≤1.50	≤3.5			
普通硅酸盐水泥	P·O	—	≤5.0			
矿渣硅酸盐水泥	P·S·A	—	—	≤4.0	≤6.0②	
	P·S·B	—	—		—	
火山灰质硅酸盐水泥	P·P	—	—	≤3.5	≤6.0②	
粉煤灰硅酸盐水泥	P·F	—	—			
复合硅酸盐水泥	P·C	—	—			

注：①如果水泥压蒸试验合格，则水泥中氧化镁的含量（质量分数）允许放宽至 6.0%。

②如果水泥中氧化镁的含量（质量分数）大于 6.0% 时，需进行水泥压蒸安定性试验并合格。

③当有更低要求时，该指标由买卖双方协商确定。

2）碱含量（选择性指标）

水泥中碱含量按 $Na_2O+0.658K_2O$ 计算值表示。若使用活性骨料，用户要求提供低碱水泥时，水泥中的碱含量应不大于 0.60% 或由买卖双方协商确定。

2. 物理指标

1）凝结时间

水泥从加水开始到失去流动性，即从可塑性状态发展到固体状态所需要的时间称为凝结时间。凝结时间又分为初凝时间和终凝时间。初凝时间是指从水泥加水拌和起到水泥浆开始失去塑性所需的时间；终凝时间是从水泥加水拌和时起到水泥浆完全失去可塑性，并开始具有强度所需的时间。

规定水泥的凝结时间，在施工中具有重要意义。初凝时间不宜过早是为了有足够的时间对混凝土进行搅拌、运输、浇注和振捣；终凝时间不宜过长是为了使混凝土尽快硬化，产生强度，以便尽快拆去模板，提高模板周转率。

硅酸盐水泥初凝时间不小于 45 min，终凝时间不大于 390 min；

普通硅酸盐水泥、矿渣硅酸盐水泥、火山灰质硅酸盐水泥、粉煤灰硅酸盐水泥和复合硅酸盐水泥初凝不小于 45 min，终凝不大于 600 min。

2）体积安定性

水泥凝结硬化过程中，体积变化是否均匀适当的性质称为体积安定性。一般来说，硅酸盐水泥在凝结硬化过程中体积略有收缩，这些收缩绝大部分是在硬化之前完成的，因此水泥石（包括混凝土和砂浆）的体积变化比较均匀适当，即体积安定性良好。如果水泥中某些成分的化学反应不能在硬化前完成而在硬化后进行，并伴随体积不均匀的变化便会在已硬化的水泥石内部产生内应力，达到一定程度时会使水泥石开裂，从而引起工程质量事故，即体积安定性不良。

引起水泥安定性不良的原因有很多，主要有以下三种：熟料中所含的游离氧化钙过多、熟料中所含的游离氧化镁过多或掺入的石膏过多。熟料中所含的游离氧化钙或氧化镁都是过烧的，熟化很慢，在水泥硬化后才进行熟化，这是一个体积膨胀的化学反应，会引起不均匀的体积变化，使水泥石开裂。当石膏掺量过多时，在水泥硬化后，它还会继续与固态的水化铝酸钙反应生成高硫型水化硫铝酸钙，体积约增大 1.5 倍，也会引起水泥石开裂。

国家标准规定：水泥安定性经沸煮法检验（CaO）必须合格；水泥中氧化镁（MgO）含量不得超过 5.0%，如果水泥经压蒸安定性试验合格，则水泥中氧化镁的含量允许放宽到 6.0%；水泥中三氧化硫（SO_3）的含量不得超过 3.5%。

安定性不合格的水泥应作废品处理，不能用于工程中。

3）强度

水泥作为胶凝胶材料，强度是它最重要的性质之一，也是划分强度等级的依据。水泥强度一般是指水泥胶砂试件单位面积上所能承受的最大外力，根据外力作用方式的不同，把水泥强度分为抗压强度、抗折强度、抗拉强度等，这些强度之间既有内存的联系又有很大的区别。水泥的抗压强度最高，一般是抗拉强度的 10～20 倍，实际建筑结构中主要是利用水泥的抗压强度较高的特点。

硅酸盐水泥的强度主要取决于四种熟料矿物的比例和水泥细度，此外还和试验方法、试验条件、养护龄期有关。

国家标准规定：将水泥、标准砂及水按规定比例（水泥∶标准砂∶水＝1∶3∶0.5，用规定方法制成的规格为 40 mm×40 mm×160 mm 的标准试件,在标准条件(1 d 内为(20±1)℃、相对湿度 90% 以上的养护箱中,1 d 后放入(20±1)℃的水中)下养护,测定其 3 d 和 28 d 龄期时的抗折强度和抗压强度。根据 3 d 和 28 d 时的抗折强度和抗压强度划分硅酸盐水泥的强度等级,并按照 3 d 强度的大小分为普通型和早强型(用 R 表示)。

不同品种不同强度等级的通用硅酸盐水泥,其不同各龄期的强度应符合表 4.4 的规定。

表 4.4 通用硅酸盐水泥各强度等级、各龄期强度值 （单位:MPa）

品 种	强度等级	抗 压 强 度		抗 折 强 度	
		3 d	28 d	3 d	28 d
硅酸盐水泥	42.5	≥17.0	≥42.5	≥3.5	≥6.5
	42.5R	≥22.0		≥4.0	
	52.5	≥23.0	≥52.5	≥4.0	≥7.0
	52.5R	≥27.0		≥5.0	
	62.5	≥28.0	≥62.5	≥5.0	≥8.0
	62.5R	≥32.0		≥5.5	
普通硅酸盐水泥	42.5	≥17.0	≥42.5	≥3.5	≥6.5
	42.5R	≥22.0		≥4.0	
	52.5	≥23.0	≥52.5	≥4.0	≥7.0
	52.5R	≥27.0		≥5.0	
矿渣硅酸盐水泥 火山灰质硅酸盐水泥 粉煤灰硅酸盐水泥 复合硅酸盐水泥	32.5	≥10.0	≥32.5	≥2.5	≥5.5
	32.5R	≥15.0		≥3.5	
	42.5	≥15.0	≥42.5	≥3.5	≥6.5
	42.5R	≥19.0		≥4.0	
	52.5	≥21.0	≥52.5	≥4.0	≥7.0
	52.5R	≥23.0		≥4.5	

4）细度（选择性指标）

水泥细度是指水泥颗粒粗细的程度。

水泥与水的反应从水泥颗粒表面开始,逐渐深入到颗粒内部。水泥颗粒越细,其比表面积越大,与水的接触面积越多,水化反应进行的越快和越充分,一般认为,粒径小于 40 μm 的水泥颗粒才具有较高的活性,大于 90 μm 的颗粒则几乎接近惰性。因此水泥的细度对水泥的性质有很大影响。通常水泥越细,凝结硬化越快,强度(特别是早期强度)越高,收缩也增大。但水泥越细,越易吸收空气中水分而受潮形成絮凝团,反而会使水泥活性降低。此外,提高水泥的细度要增加粉磨时的能耗,降低粉磨设备的生产率,增加成本。

硅酸盐水泥和普通硅酸盐水泥以比表面积表示,不小于 300 m^2/kg;矿渣硅酸盐水泥、火山灰质硅酸盐水泥、粉煤灰硅酸盐水泥和复合硅酸盐水泥以筛余表示,80 μm 方孔筛筛余不大于 10% 或 45 μm 方孔筛筛余不大于 30%。

5）水化热

水泥在水化过程中放出的热称为水化热。水化放热量和放热速度不仅取决于水泥的矿物组成,而且还与水泥细度、水泥中掺混合材料及外加剂的品种、数量等有关。硅酸盐水泥水化放热量大部分在早期放出,以后逐渐减少。

大型基础、水坝、桥墩等大体积混凝土构筑物,由于水化热聚集在内部不易散热,内部温度常上升到 50～60 ℃以上,内外温度差引起的应力,可使混凝土产生裂缝,因此水化热对大体积混凝土是有害因素。在大体积混凝土工程中,不宜采用硅酸盐水泥这类水化热较高的水泥品种。

4.1.3　水泥石的腐蚀与防护

硅酸盐水泥硬化后,在通常使用条件下具有较好的耐久性。但在某些腐蚀性液体或气体介质中,会逐渐受到腐蚀而导致破坏,强度下降以致全部崩溃,这种现象称为水泥石的腐蚀。

1. 水泥石的腐蚀

1）软水侵蚀(溶出性侵蚀)

当水泥石长期处于软水中,最先溶出的是氢氧化钙。在静水及无水压的情况下,由于周围的水易被溶出的氢氧化钙所饱和,使溶解作用中止,所以溶出仅限于表层,影响不大。但在流水及压力水作用下,氢氧化钙会不断溶解流失,而且,由于氢氧化钙浓度的继续降低,还会引起其他水化产物的分解溶蚀。使水泥石结构遭受进一步的破坏。

2）盐类腐蚀

（1）硫酸盐腐蚀。

硫酸盐腐蚀为膨胀性化学腐蚀。在海水、湖水、沼泽水、地下水、某些工业污水中常含钠、钾、铵等硫酸盐,它们与水泥石中的氢氧化钙起化学反应生成硫酸钙,硫酸钙又继续与水泥石中的水化铝酸钙作用,生成比原来体积增加 1.5 倍的高硫型水化硫铝酸钙(即钙矾石),而产生较大体积膨胀,对水泥石起极大的破坏作用。高硫型水化硫铝酸钙呈针状晶体,通常称为"水泥杆菌"。

（2）镁盐腐蚀。

在海水及地下水中,常含大量的镁盐,主要是硫酸镁和氯化镁。它们与水泥石中的氢氧化钙发生化学反应,生成的氢氧化镁松软而且无胶凝能力,氯化钙易溶于水,二水石膏则引起硫酸盐的破坏作用。

3）酸类腐蚀

（1）碳酸腐蚀。

在工业污水、地下水中常溶解有较多的二氧化碳,对水泥石会产生腐蚀作用,二氧化碳与水泥石中的氢氧化钙作用生成碳酸钙;碳酸钙再与含碳酸的水作用转变成重碳酸钙而易溶于水,该水化反应是可逆反应。当水中含有较多的碳酸,并超过平衡浓度,则反应向正反应方向进行。因此水泥石中的氢氧化钙,通过转变为易溶的重碳酸钙而溶失,从而使水泥石结构破坏。

（2）一般酸性腐蚀。

在工业废水、地下水、沼泽水中常含无机酸和有机酸,工业窑炉中的烟气常含有氧化硫,遇水后即生成亚硫酸。各种酸类对水泥石都有不同程度的腐蚀作用。它们与水泥石中的氢氧化钙作用后生成的化合物,或者易溶于水,或者体积膨胀,导致水泥石破坏。腐蚀作用最快的是无机酸中的盐酸、氢氟酸、硝酸、硫酸和有机酸中的醋酸、蚁酸和乳酸。

4）强碱腐蚀

碱类溶液如浓度不大时一般对水泥石是无害的。但铝酸盐含量较高的硅酸盐水泥遇到强碱（如氢氧化钠）作用后也会破坏。氢氧化钠与水泥熟料中未水化的铝酸盐作用，生成易溶的铝酸钠。当水泥石被氢氧化钠浸透后又在空气中干燥，与空气中的二氧化碳作用而生成碳酸钠，碳酸钠在水泥石毛细孔中结晶沉积，而使水泥石胀裂。

除上述腐蚀类型外，对水泥石有腐蚀作用的还有一些其他物质，如糖、氨盐、动物脂肪、含环烷酸的石油产品等。

综上所述，引起水泥石腐蚀的原因主要有两方面：一是外因，即有腐蚀性介质存在的外界环境因素；二是内因，即水泥石中存在的易腐蚀物质，如氢氧化钙、水化铝酸钙等。水泥石本身不密实，存在毛细孔通道，侵蚀性介质会进入其内部，从而产生破坏。

2. 防止水泥石腐蚀的措施

根据以上对腐蚀原因的分析，在工程中要防止水泥石的腐蚀，可采用下列措施。

（1）根据所处环境的侵蚀性介质的特点，合理选用水泥品种。

对处于软水中的建筑部位，应选用水化产物中氢氧化钙含量较少的水泥，这样可提高其对软水等侵蚀作用的抵抗能力；而对处于有硫酸盐腐蚀的建筑部位，则应选用铝酸三钙含量低于 5% 的抗硫酸盐水泥。水泥中掺入活性混合材料，可大大提高其对多种腐蚀性介质的抵抗作用。

（2）提高水泥石的密实程度。

提高水泥石的密实程度，可大大减少侵蚀性介质渗入内部。在实际工程中，提高混凝土或砂浆密实度有各种措施，如合理设计混凝土配合比，降低水胶比，选择质量符合要求的集料或掺入外加剂，以及改善施工方法等，另外在混凝土或砂浆表面进行碳化或氟硅酸处理，生成难溶的碳酸钙外壳，或氟化钙及硅胶薄膜，也可以起到减少腐蚀性介质渗入，提高水泥石抵抗腐蚀的能力。

（3）加做保护层。

当侵蚀作用较强时，可在混凝土及砂浆表面加做耐腐蚀性高且不透水的保护层，一般可用耐酸石料、耐酸陶瓷、玻璃、塑料、沥青等材料，以避免腐蚀性介质与水泥石直接接触。

4.1.4　通用水泥的特性及应用

1. 硅酸盐水泥的特性及应用

（1）凝结硬化快、强度高。

快硬、早强，适应于高强混凝土、预应力混凝土工程。

（2）水化热高。

利于冬季施工，但不宜用于大体积混凝土工程。

（3）抗冻性好。

适用于严寒地区（不泌水，密实度高）。

（4）碱度高，抗碳化能力强。

钢筋在碱性环境中表面生成钝化膜，可保护钢筋免受锈蚀，可保持几十年不生锈，适用于重要的钢筋混凝土。

（5）干缩小。

（6）耐磨性好：适用于路面和地面工程。

（7）耐侵蚀性差。

$Ca(OH)_2$、$3CaO$、Al_2O_3、$6H_2O$ 含量高，易于受侵蚀，不宜用于流动水、压力水、酸类、盐类侵蚀工程。

（8）耐热性差。

水泥石结构在 250 ℃开始脱水，强度下降，700 ℃以上完全破坏，不宜用于耐热混凝土工程。

（9）湿热养护效果差。

2. 普通水泥的特性及应用

基本与硅酸盐水泥相同。

3. 矿渣、粉煤灰、火山灰、复合硅酸盐水泥的特性及应用

1）共性

（1）凝结硬化速度较慢，早期强度较低，后期强度增长较快。

（2）水化热较低。

（3）对湿热敏感性较高，适合蒸汽养护。

（4）抗硫酸盐腐蚀能力较强。

（5）抗冻性、耐磨性较差。

2）各自特性

（1）矿渣水泥：保水性、抗渗性、抗冻性差，耐热性好，适合于耐热工程。

（2）火山灰水泥：易吸水，易反应，结构致密，抗渗性、耐水性好。

（3）粉煤灰水泥：需水量少，抗裂性好，适合于大体积混凝土和地下工程。

（4）复合水泥：多种掺和料取长补短，应注明复合材质。

4.2 通用水泥检测

4.2.1 检验规则

1. 编号及取样

水泥出厂前按同品种、同强度等级编号和取样。袋装水泥和散装水泥应分别进行编号和取样。每一编号为一取样单位。水泥出厂编号按年生产能力规定为：

$200×10^4$ t 以上，不超过 4000 t 为一编号；

$120×10^4$ t～$200×10^4$ t，不超过 2400 t 为一编号；

$60×10^4$ t～$120×10^4$ t，不超过 1000 t 为一编号；

$30×10^4$ t～$60×10^4$ t，不超过 600 t 为一编号；

$10×10^4$ t～$30×10^4$ t，不超过 400 t 为一编号；

$10×10^4$ t 以下，不超过 200 t 为一编号。

取样方法按 GB12573 进行。可连续取，亦可从 20 个以上不同部位取等量样品，总量至少 12 kg。当散装水泥运输工具的容量超过该厂规定出厂编号吨数时，允许该编号的数量超过取样规定吨数。

2. 试样

取的试样应充分拌匀，分成两份，其中一份密封保存 3 个月，试验前，将水泥通过

0.9 mm的方孔筛,并记录筛余百分率及筛余物情况。

3. 水

试验用水必须是洁净的淡水。

4. 试验室温、湿度

试验室温度应为(20±2)℃,相对湿度应不低于50%;湿气养护箱温度为(20±1)℃,相对湿度应不低于90%;养护池水温为(20±1)℃。

水泥试样、标准砂、拌和水及仪器用具的温度应与试验室温度相同。

4.2.2 水泥细度试验

水泥细度检验分负压筛法和水筛法,如对两种方法检验的结果有争议时,以负压筛法为准。硅酸盐水泥的细度用比表面积表示,采用透气式比表面积仪测定。

1. 负压筛法

1) 主要仪器设备

负压筛析仪(由0.045 mm方孔筛、筛座(见图4.1)、负压源及收尘器组成);天平(感量0.1 g)。

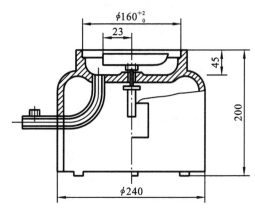

图4.1 负压筛析仪示意图

2) 试验步骤

(1) 检查负压筛析仪系统,调节负压至4000~6000 Pa范围内。

(2) 称取水泥试样25 g,精确至0.1 g。置于负压筛中,盖上筛盖并放在筛座上。

(3) 启动负压筛析仪,连续筛析2 min,在此间若有试样黏附于筛盖上,可轻轻敲击使试样落下。

(4) 筛毕,取下筛子,倒出筛余物,用天平称量筛余物的质量,精确至0.1 g。

3) 结果计算

以筛余物的质量克数除以水泥试样总质量的百分数,作为试验结果。本试验以一次试验结果作为检验结果。

2. 水筛法

1) 主要仪器设备

水筛及筛座采用边长为0.080 mm的方孔铜丝筛网制成,筛框内径125 mm,高80 mm(见图4.2);喷头直径55 mm,面上均匀分布90个孔,孔径0.5~0.7 mm,喷头安装高度离筛网35~75 mm为宜(见图4.3);天平(称量为100 g,感量为0.05 g);烘箱等。

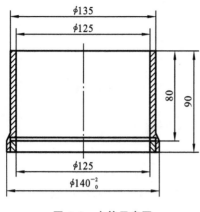

图 4.2 水筛示意图

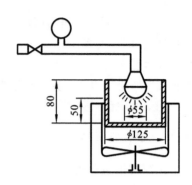

图 4.3 筛座示意图

2）试验步骤

（1）称取水泥试样 50 g，倒入水筛内，立即用洁净的自来水冲至大部分细粉过筛，再将筛子置于筛座上，用水压 0.03～0.07 MPa 的喷头连续冲洗 3 min。

（2）将筛余物冲到筛的一边，用少量的水将其全部冲至蒸发皿内，沉淀后将水倒出。

（3）将蒸发皿在烘箱中烘至恒重，称量筛余物，精确至 0.1 g。

3）结果计算

以筛余物的质量克数除以水泥试样质量克数的百分数，作为试验结果。本试验以一次试验结果作为检验结果。

4.2.3 水泥标准稠度用水量测定（标准法）

1. 主要仪器设备

水泥净浆搅拌机（由主机、搅拌叶和搅拌锅组成）；标准法维卡仪主要由试杆和盛装水泥净浆的试模两部分组成（见图 4.4）；天平、铲子、直边刀、平板玻璃底板、量筒等。

2. 试验步骤

（1）调整维卡仪并检查水泥净浆搅拌机。使得维卡仪上的金属棒能自由滑动，并调整至试杆（见图 4.4(c)）接触玻璃板时的指针对准零点。搅拌机运行正常，并用湿布将搅拌锅和搅拌叶片擦湿。

（2）称取水泥试样 500 g，拌和水量按经验确定并用量筒量好。

（3）将拌和水倒入搅拌锅内，然后在 5～10 s 内将水泥试样加入水中。将搅拌锅放在锅座上，升至搅拌位，启动搅拌机，先低速搅拌 120 s，停 15 s，再快速搅拌 120 s，然后停机。

（4）拌和结束后，立即取适量水泥净浆一次性地装入已置于玻璃底板上的试模中，浆体超过试模上端，用宽约 25 mm 的直边刀轻轻拍打超出试模部分的浆体 5 次以排除浆体中的孔隙，然后在试模上表面约 1/3 处，略倾斜于试模分别向外轻轻锯掉多余净浆，再从试模边沿轻抹顶部一次，使净浆表面光滑。在锯掉多余净浆和抹平的操作过程中，注意不要压实净浆；抹平后迅速将试模和底板移到维卡仪上，并将其中心定在试杆下，调整试杆至与水泥净浆表面接触，拧紧螺丝 1～2 s 后，然后突然放松，试杆垂直自由地沉入水泥净浆中。

（5）在试杆停止沉入或释放试杆 30 s 时记录试杆距底板之间的距离。整个操作应在搅

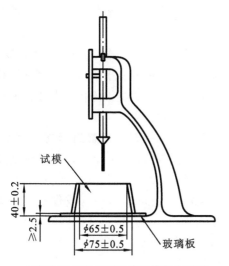

(a)初凝时间测定用立式试模的侧视图

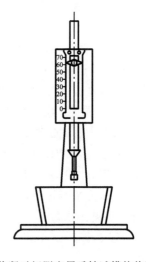

(b)终凝时间测定用反转试模的前视图

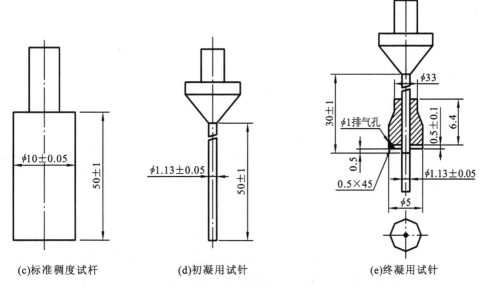

(c)标准稠度试杆　　　(d)初凝用试针　　　(e)终凝用试针

图 4.4　测定水泥标准稠度和凝结时间用的维卡仪

拌后 1.5 min 内完成。

3.试验结果

以试杆沉入净浆并距底板(6±1) mm 的水泥净浆为标准稠度水泥净浆。标准稠度用水量(P)以拌和标准稠度水泥净浆的水量除以水泥试样总质量的百分数为结果。

4.2.4　水泥标准稠度用水量测定(代用法)

1.试验前注意事项

(1)维卡仪的金属棒能自由滑动;

(2)调整至试锥接触锥模顶面时指针对准零点。

2.标准稠度的测定

(1)采用代用法测定水泥标准稠度用水量可用调整水量和不变水量两种方法的任一种

测定。采用调整水量方法时拌和量按经验找水,采用不变水量方法时拌和水量用142.5 mL。

(2) 拌和结束后,立即将拌制好的水泥净浆装入锥模中,用小刀插捣,轻轻振动数次,刮去多余的净浆;抹平后迅速一言堂到试锥下面固定的位置上同,将试锥降至净浆表面,拧紧螺丝1～2 s后,突然放松,让试锥垂直自由地沉入水泥净浆中。到试锥停止下沉或释放试锥30 s时记录试锥下沉深度。整个操作应在搅拌后1.5 min内完成。

(3) 用调整水量方法测定时,以试锥下沉深度(28±2) mm时的净浆为标准稠度净浆。其拌和水量为该水泥的标准稠度用水量P(%),按水泥质量的百分比计。如下沉深度超出范围需另称试样,调整水量,重新试验,直至达(28±2) mm为止。

(4) 用不变水量方法测量时,根据测得的试锥下沉深度S(mm)按(1)(或仪器上对应标尺)计算得到标准稠度用水量P(%)。

当试锥下沉深度小于13 mm时,应改用调整水量法测定。

$$P=33.4-0.185S$$

式中　P——标准稠度用水量,%;

　　　S——试锥下沉深度,mm。

4.2.5　水泥净浆凝结时间测定

1. 主要仪器设备

标准法维卡仪(将试杆更换为试针,仪器主要由试针和试模两部分组成(如图4.4所示));其他仪器设备同标准稠度测定。

2. 试验步骤

(1) 称取水泥试样500 g,按标准稠度用水量制备标准稠度水泥净浆,并一次装满试模,振动数次刮平,立即放入湿气养护箱中。记录水泥全部加入水中的时间作为凝结时间的起始时间。

(2) 初凝时间的测定。首先调整凝结时间测定仪,使其试针(见图4.4(d))接触玻璃板时的指针为零。试模在湿气养护箱中养护至加水后30 min时进行第一次测定:将试模放在试针下,调整试针与水泥净浆表面接触,拧紧螺丝,然后突然放松,试针垂直自由地沉入水泥净浆中。观察试针停止下沉或释放30 s时指针的读数。临近初凝时,每隔5 min测定一次,当试针沉至距底板(4±1) mm时为水泥达到初凝状态。

(3) 终凝时间的测定。为了准确观察试针(见图4.4(e))沉入的状况,在试针上安装一个环形附件。在完成水泥初凝时间测定后,立即将试模连同浆体以平移的方式从玻璃板取下,翻转180°,直径大端向上,小端向下放在玻璃板上,再放入湿气养护箱中继续养护,临近终凝时间时每隔15 min测定一次,当试针沉入水泥净浆只有0.5 mm时,既环形附件开始不能在水泥浆上留下痕迹时,为水泥达到终凝状态。

(4) 达到初凝或终凝时应立即重复一次,当两次结论相同时才能定为到达初凝或终凝状态。每次测定不能让试针落入原针孔,每次测定后,须将试模放回湿气养护箱内,并将试针擦净,而且要防止试模受振。

3. 试验结果

(1) 由水泥全部加入水中至初凝状态的时间为水泥的初凝时间,用"min"表示。

(2) 由水泥全部加入水中至终凝状态的时间为水泥的终凝时间,用"min"表示。

4.2.6 水泥体积安定性的测定

1. 主要仪器设备

雷式夹(由铜质材料制成,其结构见图 4.5。当用 300 g 砝码校正时,两根针的针尖距离增加应在(17.5±2.5) mm 范围内,见图 4.6);雷式夹膨胀测定仪(其标尺最小刻度为 0.5 mm,见图 4.7)。沸煮箱(能在(30±5) min 内将箱内的试验用水由室温升至沸腾状态并保持 3 h 以上,整个过程不需要补充水量);水泥净浆搅拌机、天平、湿气养护箱、直边刀等。

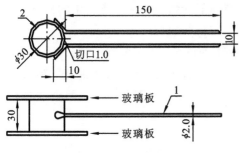

图 4.5 雷式夹示意图

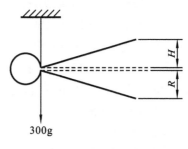

图 4.6 雷式夹校正图

2. 试验步骤

(1) 测定前准备工作:每个试样需成型两个试件,每个雷式夹需配备两块质量为 75～85 g 的玻璃板,一垫一盖,并先在与水泥接触的玻璃板和雷式夹表面涂一层机油。

(2) 将制备好的标准稠度水泥净浆立即一次装满雷式夹,装浆时一手轻轻扶持雷氏夹,另一只手用宽度约 25 mm 的直边刀在浆体表面轻轻插捣 3 次,然后抹平,并盖上涂油的玻璃板,然后将试件移至湿气养护箱内养护(24±2) h。

(3) 脱去玻璃板取下试件,先测量雷式夹指针尖的距离(A),精确至 0.5 mm。然后将试件放入沸煮箱水中的试件架上,指针朝上,调好水位与水温,接通电源,在(30±5) min 之内加热至沸腾,并保持 3 h±5 min。

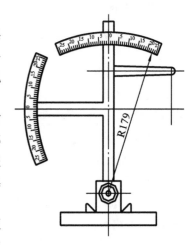

图 4.7 雷式夹膨胀测定仪示意图

(4) 取出沸煮后冷却至室温的试件,用雷式夹膨胀测定仪测量试件雷式夹两指针尖的距离(C),精确至 0.5 mm。

3. 试验结果

当两个试件沸煮后增加的距离(C−A)的平均值不大于 5.0 mm 时,既认为水泥安定性合格。当两个试件的(C−A)值相差超过 4.0 mm 时,应用同一样品立即重做一次试验。再如此,则认为该水泥为安定性不合格。

4.2.7 水泥体积安定性的测定(代用法)

1. 测定前的准备工作

每个样品需准备两块 100 mm×100 mm 的玻璃板,凡与水泥净浆接触的玻璃板都要稍稍涂上一层油。

2.试饼的成型方法

将标准稠度净浆取出一部分分成两等份,使之成球形,放在预先准备好的玻璃板上,轻轻振动玻璃板并用湿布擦过的小刀边缘向中央抹,做成直径 70～80 mm、中心厚约 10 mm、边缘渐薄、表面光滑的试饼,接着将试饼放入湿气养护箱内养护(24±2) h。

3.沸煮

(1) 参见以上内容。

(2) 脱去玻璃板取下试饼,在试饼无缺陷的情况下将试饼放在沸煮箱中的篦板上,然后在 30 min 加热至沸并恒沸(180±5) min。

(3) 结果判别:沸煮结束后,立即放掉沸煮箱中的热水,打开箱盖,待箱体冷却至室温,取出试件进行判别。目测试饼未发现裂缝,用钢直尺检查也没有变曲(使钢直尺和试饼底部紧靠,以两者间不透光为不弯曲)的试饼为安定性合格,反之为不合格。当两个试饼判别结果有矛盾时,该水泥的安定性不合格。

4.试验结果处理

试验报告应包括标准稠度用水量、初凝时间、终凝时间、雷氏夹膨胀值或试饼的裂缝、弯曲形态等所有的试验结果。

4.2.8 水泥胶砂强度检验

根据国家标准《硅酸盐水泥、普通硅酸盐水泥》(GB175—1999)和《水泥胶砂强度检验方法(ISO 法)》(GB/T17671—1999)的规定,测定水泥的强度,应按规定制作试件,养护,并测定其规定龄期的抗折强度和抗压强度值。

1.主要仪器设备

行星式胶砂搅拌机(是搅拌叶片和搅拌锅相反方向转动的搅拌设备,见图 4.8)。胶砂试件成型振实台;试模(可装拆的三联试模,试模内腔尺寸为 40 mm×40 mm×160 mm,见图 4.9);水泥电动抗折试验机;抗压试验机;抗压夹具,见图 4.10;套模、两个播料器、刮平直尺、标准养护箱等。

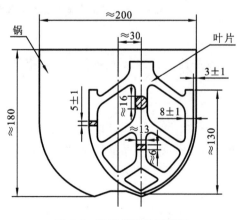

图 4.8 胶砂搅拌机示意图

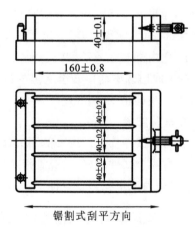

图 4.9 典型水泥试模

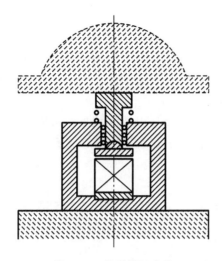

图 4.10　典型抗压夹具

2. 试验步骤

1）制作水泥胶砂试件

（1）水泥胶砂试件是由水泥、中国 ISO 标准砂、拌和用水按 1：3：0.5 的比例拌制而成。一锅胶砂可成型三条试体，每锅材料用量见表 4.5。按规定称量好各种材料。

表 4.5　每锅胶砂的材料用量

材　　　料	水　　　泥	中国 ISO 标准砂	水
用量，g	450±2	1350±5	225±1

（2）将水加入胶砂搅拌锅内，再加入水泥，把锅放在固定架上，升至固定位置，然后启动机器，低速搅拌 30 s，在第二个 30 s 开始时，同时均匀的加入标准砂，再高速搅拌 30 s。停 90 s，在第一个 15 s 内用一胶皮刮具将叶片上和锅壁上的胶砂刮入锅内，在调整下继续高速搅拌 60 s。胶砂搅拌完成。各阶段的搅拌时间误差应在±1 s 内。

（3）将试模内壁均匀涂刷一层机油，并将空试模和套模固定在振实台上。

（4）用勺子将搅拌锅内的水泥胶砂分两次装模。装第一层时，每个槽里先放入 300 g 胶砂，并用大播料器刮平，接着振动 60 次，再装第二层胶砂，用小播料器刮平，再振动 60 次。

（5）移走套模，取下试模，用金属直尺以近视 90°的角度架在试模模顶一端，沿试模长度方向做锯割动作慢慢向另一端移动，一次将超过试模部分的胶砂刮去，并用同一直尺以近视水平的情况将试件表面抹平。

2）水泥胶砂试件的养护

（1）将成型好的试件连同试模一起放入标准养护箱内，在温度（20±1）℃，相对湿度不低于 90%的条件下养护。

（2）养护到 20～24 h 之间脱模（对于龄期为 24 h 的应在破坏试验前 20 min 内脱模）。将试件从养护箱中取出，用毛笔编号，编号时应将每个三联试模中的三条试件编在两龄期内，同时编上成型与测试日期。然后脱模，脱模时应防止损伤试件。对于硬化较慢的水泥允许 24 h 后脱模，但须记录脱模时间。

（3）试件脱模后立即水平或垂直放入水槽中养护，养护水温为（20±1）℃，水平放置时刮平面朝上，试件之间留有间隙，水面至少高出试件 5 mm，并随时加水以保持恒定水位，不允许在养护期间完全换水。

（4）水泥胶砂试件养护至各规定龄期。试件龄期是从水泥加水搅拌开始起算。不同龄期的强度在下列时间里进行测定：24 h±15 min；48 h±30 min；72 h±45 min；7 d±2 h；>28 d±8 h。

3）水泥胶砂试件的强度测定

水泥胶砂试件在破坏试验前 15 min 从水中取出。揩去试件表面的沉积物，并用湿布覆盖至试验为止。先用抗折试验机以中心加荷法测定抗折强度；然后将折断的试件进行抗压试验测定抗压强度。

（1）抗折强度试验。

将试件安放在抗折夹具内，试件的侧面与试验机的支撑圆柱接触，试件长轴垂直于支撑圆柱，见图 4.11。启动试验机，以（50±10）N/s 的速度均匀地加荷直至试体断裂。记录最大抗折破坏荷载（N）。

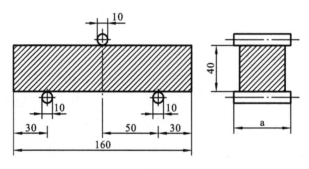

图 4.11　抗折强度测定示意图

（2）抗压强度试验。

抗折强度试验后的六个断块试件保持潮湿状态，并立即进行抗压试验。将断块试件放入抗压夹具内，并以试件的侧面作为受压面。启动试验机，以（2.4±0.2）kN/s 的速度进行加荷，直至试件破坏。记录最大抗压破坏荷载（N）。

3. 结果评定

1）抗折强度

（1）每个试件的抗折强度 $f_{ce,m}$ 按下式计算（精确至 0.1 MPa）：

$$f_{ce,m} = \frac{3FL}{2b^3} = 0.00234F$$

式中　F——折断时施加于棱柱体中部的荷载，N；

L——支撑圆柱体之间的距离，mm。L 取 100 mm；

b——棱柱体截面正方形的边长，mm。b 取 40 mm。

（2）以一组三个试件抗折结果的平均值作为试验结果。当三个强度值中有超出平均值±10%时，应剔除后再取平均值作为抗折强度试验结果。试验结果，精确至 0.1 MPa。

2）抗压强度

（1）每个试件的抗压强度 $f_{ce,c}$ 按下式计算（MPa，精确至 0.1 MPa）：

$$f_{ce,c} = \frac{F}{A} = 0.000625F$$

式中　F——试件破坏时的最大抗压荷载，N；

A——受压部分面积,mm²(40 mm×40 mm＝1600 mm²)。

（2）以一组三个棱柱体上得到的六个抗压强度测定值的算术平均值作为试验结果。如六个测定值中有一个超出六个平均值的±10%,就应剔除这个结果,而以剩下五个的平均值作为结果。如果五个测定值中再有超过它们平均值±10%的,则此组结果作废。试验结果精确至0.1 MPa。

【思考题】

1.什么是水泥的体积安定性? 不安定的原因是什么? 怎样评价?

2.何谓水泥的活性混合材料和非活性混合材料? 二者在水泥中的作用是什么?

3.水泥的水化热对混凝土工程有何危害?

4.为什么生产硅酸盐水泥时掺适量石膏对水泥不起破坏作用,而石膏掺量过多却会对水泥起破坏作用?

5.为什么要控制水泥的初凝和终凝时间,它对施工有什么意义?

6.某住宅工程工期较短,现有强度等级同为42.5硅酸盐水泥和矿渣水泥可选用。从有利于完成工期的角度来看,选用哪种水泥更为有利?

7.膨胀水泥的膨胀过程与水泥体积安定性不良所形成的体积膨胀有何不同?

8.称取25 g某复合水泥作细度试验,称得筛余量为2.0 g。问该水泥的细度是否达到标准要求?

9.某复合水泥,储存期超过三个月。已测得其3 d强度达到强度等级为32.5 MPa的要求。现又测得其28 d抗折、抗压破坏荷载如下表所示。

试 件 编 号	1		2		3	
抗折破坏荷载/kN	2.9		2.6		2.8	
抗压破坏荷载/kN	65	64	64	53	66	70

计算后判定该水泥是否能按原强度等级使用。

第 5 章　混　凝　土

　学习目标与重点

（1）掌握普通混凝土的组成材料、主要技术性质及其影响因素，配合比设计方法和混凝土强度评定方法。

（2）能熟练进行混凝土原材料、混凝土拌和物及硬化混凝土的技术指标的检测。

（3）能熟练进行普通混凝土配合比设计及混凝土强度评定。

5.1　混凝土的组成材料

混凝土是指由胶凝材料、水、粗细骨料以及必要时掺入的外加剂或掺和料，按适当比例拌制、成型、养护硬化而成的人工石材。

普通混凝土由水泥、砂、石子、水以及必要时掺入的外加剂或掺和料组成，经凝结硬化后形成的、干表观密度为 2000～2800 kg/m³、具有一定强度和耐久性的人工石材，称为普通混凝土，又称为水泥混凝土，简称为"混凝土"（见表 5.1）。这类混凝土在工程中应用极为广泛，因此本章主要讲述普通混凝土。

表 5.1　各组成材料在混凝土硬化前后的作用

组成材料	硬化前的作用	硬化后的作用
水泥＋水	润滑作用	胶结作用
砂＋石子	填充作用	骨架作用

水泥和水形成水泥浆，均匀填充砂子之间的空隙并包裹砂子表面形成水泥砂浆；水泥砂浆再均匀填充石子之间的空隙并略有富余，即形成混凝土拌和物（又称为"新拌混凝土"）；凝结硬化后即形成硬化混凝土。

5.1.1　水泥

水泥是决定混凝土质量及成本的主要材料，它的选用，主要考虑品种和强度等级两方面。

水泥品种应根据工程特点、环境条件及设计施工要求进行选择。

水泥强度等级应与混凝土设计强度等级相适宜，一般情况下，水泥强度等级为混凝土设计强度等级的 1.5～2.0 倍；配制较高强度的混凝土，水泥强度等级为混凝土设计强度等级的 0.9～1.5 倍；配制高强混凝土（＞C60）时，水泥强度可不按前面的比例关系。

5.1.2　细骨料——砂

砂按产源分为天然砂和机制砂（人工砂），天然砂是指自然生成的，经人工开采和筛分的粒径小于 4.75 mm 的岩石颗粒，包括河砂、湖砂、山砂和淡化海砂，但不包括软质、风化的岩石颗粒。机制砂是指经除土处理、由机械破碎、筛分制成的粒径小于 4.75 mm 的岩石、矿山尾矿或工业废渣颗粒,但不包括软质、风化的岩石颗粒。另外,也可将天然砂与机制砂按比例配合,形成混合砂使用。

砂按技术要求分为Ⅰ类、Ⅱ类和Ⅲ类。其中Ⅰ类宜用于强度等级不小于 C60 的混凝土;Ⅱ类宜用于强度等级 C30～C60 及抗冻、抗渗或其他要求的混凝土;Ⅲ类宜用于强度等级小于 C30 的混凝土和建筑砂浆。

砂按同分类、规格、类别及日产量每 600 t 为一批,不足 600 t 亦为一批;日产量超过 2000 t 的,按 1000 t 为一批,不足 1000 t 亦为一批。

砂应按批次进行出厂检验,天然砂的检验项目有:颗粒级配、含泥量、泥块含量、云母含量和松散堆积密度;机制砂的检验项目有:颗粒级配、石粉含量(含亚甲蓝试验)、泥块含量、压碎指标和松散堆积密度。

1. 颗粒级配及粗细程度

砂的颗粒级配是指各级粒径的砂相互搭配的情况。级配良好的砂,空隙率小,不仅可以节省水泥,而且混凝土结构密实,强度和耐久性能得到提高。

砂的粗细程度是指不同粒径砂混合在一起总体的粗细程度。质量相同的条件下,粗颗粒的总表面积较小,所需水泥浆量就少,可节约水泥。

因此,砂的选用应同时考虑颗粒级配和粗细程度两方面,让空隙率和总表面积都尽量小。砂的颗粒级配和粗细程度采用筛分法测定。筛分试验采用的标准砂筛,由六个标准筛及筛底和筛盖组成,筛孔尺寸为 4.75 mm、2.36 mm、1.18 mm、600 μm、300 μm 和 150 μm。首先,称取小于 9.50 mm 的烘干砂样 500 g,倒入按孔径大小从上到下组合的套筛(附筛底)上,加筛盖,进行筛分。称取各筛的筛余量 m_1、m_2、m_3、$\cdots$、m_6。计算各筛的分计筛余率和累计筛余率,具体计算方法见表 5.2。

表 5.2　分计筛余率和累计筛余率的计算关系

筛孔尺寸	筛余量/g	分计筛余百分率/(%)	累计筛余百分率/(%)
4.75 mm	m_1	$a_1 = (m_1/500) \times 100\%$	$A_1 = a_1$
2.36 mm	m_2	$a_2 = (m_2/500) \times 100\%$	$A_2 = a_1 + a_2$
1.18 mm	m_3	$a_3 = (m_3/500) \times 100\%$	$A_3 = a_1 + a_2 + a_3$
600 μm	m_4	$a_4 = (m_4/500) \times 100\%$	$A_4 = a_1 + a_2 + a_3 + a_4$
300 μm	m_5	$a_5 = (m_5/500) \times 100\%$	$A_5 = a_1 + a_2 + a_3 + a_4 + a_5$
150 μm	m_6	$a_6 = (m_6/500) \times 100\%$	$A_6 = a_1 + a_2 + a_3 + a_4 + a_5 + a_6$

普通混凝土用砂的颗粒级配和级配类别应符合表 5.3 和表 5.4 的规定,按 600 μm 筛的累计筛余率(A_4)划分为 1 区、2 区和 3 区三个级配区。

表 5.3　砂的颗粒级配《建设用砂》(GB/T14684—2011)

砂的分类	天　然　砂			机　制　砂		
级配区	1 区	2 区	3 区	1 区	2 区	3 区
方孔筛	累计筛余率/(%)					
4.75 mm	10～0	10～0	10～0	10～0	10～0	10～0
2.36 mm	35～5	25～0	15～0	35～5	25～0	15～0

续表

砂的分类	天 然 砂			机 制 砂		
级配区	1 区	2 区	3 区	1 区	2 区	3 区
1.18 mm	65～35	50～10	25～0	65～35	50～10	25～0
600 μm	85～71	70～41	40～16	85～71	70～41	40～16
300 μm	95～80	92～70	85～55	95～80	92～70	85～55
150 μm	100～90	100～90	100～90	97～85	94～80	94～75

注：砂的实际颗粒级配除 4.75 mm、600 μm 筛档外，可略有超出，但各级累计筛余超出值总和应不大于 5%；对于砂浆用砂，4.75 mm 筛的累计筛余应为 0。

表 5.4　级配类别《建设用砂》(GB/T14684—2011)

类 别	Ⅰ	Ⅱ	Ⅲ
级配区	2 区	1、2、3 区	

配制混凝土时，宜优先选择级配在 2 区的砂，使混凝土拌和物获得良好的和易性。当采用 1 区砂时，由于砂颗粒偏粗，配制的混凝土流动性大，但黏聚性和保水性较差，应适当提高砂率，以保证混凝土拌和物的和易性；当采用 3 区砂时，由于颗粒偏细，配制的混凝土黏聚性和保水性较好，但流动性较差，应适当减小砂率，以保证混凝土硬化后的强度。

砂的粗细程度，用细度模数表示。细度模数 M_X 的计算如下：

$$M_X = \frac{(A_2 + A_3 + A_4 + A_5 + A_6) - 5A_1}{100 - A_1} \tag{5-1}$$

式中　M_X——细度模数；

A_1、A_2、A_3、A_4、A_5、A_6——分别为 4.75 mm、2.36 mm、1.18 mm、600 μm、300 μm、150 μm 筛的累计筛余百分率，%。

混凝土用砂按细度模数的大小分为粗砂、中砂和细砂三种：$M_X = 3.7 \sim 3.1$ 为粗砂；$M_X = 3.0 \sim 2.3$ 为中砂；$M_X = 2.2 \sim 1.6$ 为细砂。

2. 含泥量、泥块含量和石粉含量

含泥量是指天然砂中粒径小于 75 μm 的颗粒含量；泥块含量是指砂中原粒径大于 1.18 mm，经水浸洗、手捏后小于 600 μm 的颗粒含量；石粉含量是指机制砂中粒径小于 75 μm 的颗粒含量。

天然砂的含泥量会影响砂与水泥石的黏结，使混凝土达到一定流动性的需水量增加，混凝土的强度降低，耐久性变差，同时硬化后的干缩性较大。机制砂中适量的石粉可弥补机制砂形状和表面特征引起的和易性不足，起到完善砂级配的作用，对混凝土是有一定益处的。

天然砂中含泥量和泥块含量及机制砂中石粉含量和泥块含量应分别符合表 5.5、表 5.6 的规定。

表 5.5　天然砂的含泥量和泥块含量《建设用砂》(GB/T14684—2011)

项 目	指　　标		
	Ⅰ类	Ⅱ类	Ⅲ类
含泥量，按质量计，%	≤1.0	≤3.0	≤5.0
泥块含量，按质量计，%	0	≤1.0	≤2.0

表 5.6　机制砂中石粉含量和泥块含量规定《建设用砂》(GB/T14684—2011)

				指　标		
		项　目		Ⅰ类	Ⅱ类	Ⅲ类
1	亚甲蓝试验	MB 值≤1.40 或快速法合格	石粉含量,按质量计,%ª	≤10%		
2			泥块含量,按质量计,%	0	≤1.0	≤2.0
3		MB 值>1.40 或快速法不合格	石粉含量,按质量计,%	≤1.0	≤3.0	≤5.0
4			泥块含量,按质量计,%	0	≤1.0	≤2.0

ª此指标根据使用地区和用途,在试验验证的基础上,可由供需双方商定

注:亚甲蓝 MB 值,是指用于判定人工砂中粒径小于 75 μm 颗粒含量主要是泥土,还是与被加工母岩化学成分相同的石粉的指标。

3. 有害物质

砂中如含有云母、轻物质、有机物、硫化物及硫酸盐、氯化物、贝壳,其含量应符合表 5.7 的规定。

表 5.7　砂中有害物质限量《建设用砂》(GB/T14684—2011)

	指　标		
项　目	Ⅰ类	Ⅱ类	Ⅲ类
云母,按质量计,%	≤1.0	≤2.0	
轻物质,按质量计,%	≤1.0		
有机物	合格		
硫化物及硫酸盐,按 SO_3 质量计,%	≤0.5		
氯化物,以氯离子质量计,%	≤0.01	≤0.02	≤0.06
贝壳,按质量计,%	≤3.0	≤5.0	≤8.0

注:贝壳限量只适用于海砂,其他砂种不作要求。

4. 机制砂的压碎指标

机制砂的坚固性采用压碎指标法进行试验,压碎指标值应符合表 5.8 的规定。

表 5.8　机制砂的压碎指标《建设用砂》(GB/T 14684—2011)

	指　标		
项　目	Ⅰ类	Ⅱ类	Ⅲ类
单级最大压碎指标,%	≤20	≤25	≤30

5. 表观密度、松散堆积密度和空隙率

砂的表观密度、松散堆积密度和空隙率应符合以下规定:

(1)表观密度不小于 2500 kg/m³;

(2)松散堆积密度不小于 1400 kg/m³;

(3)空隙率不大于 44%。

5.1.3 粗骨料——石子

石子按产源分为卵石和碎石,卵石是指由自然风化、水流搬运和分选、堆积形成的粒径大于 4.75 mm 的岩石颗粒;碎石是采用天然岩石、卵石或矿山废石经机械破碎、筛分制成的粒径大于 4.75 mm 岩石颗粒。

石子按技术要求分为Ⅰ类、Ⅱ类和Ⅲ类。其中Ⅰ类宜用于强度等级不小于 C60 的混凝土;Ⅱ类宜用于强度等级 C30~C60 及抗冻、抗渗或其他要求的混凝土;Ⅲ类宜用于强度等级小于 C30 的混凝土。

石子按同分类、规格、类别及日产量每 600 t 为一批,不足 600 t 亦为一批;日产量超过 2000 t 的,按 1000 t 为一批,不足 1000 t 亦为一批;日产量超过 5000 t 的,按 2000 t 为一批,不足 2000 t 亦为一批。

卵石和碎石按批次进行的检验项目有:颗粒级配、含泥量、泥块含量、松散堆积密度、针片状颗粒含量、强度,连续粒级的石子应进行空隙率检验。

1. 颗粒级配和最大粒径

石子级配按供应情况分为连续粒级和单粒粒级两种。

连续粒级是指颗粒从小到大连续分级,每一粒级都占适当的比例。连续粒级中大颗粒形成的空隙由小颗粒填充,搭配合理,采用连续级配拌制的混凝土和易性较好,且不易产生分层、离析现象,混凝土的密实性较好,在工程中的应用较广泛。

单粒粒级石子一般不单独使用,主要用以改善级配或配成较大粒度的连续级配。另有一种间断级配,是指人为去除某些中间粒级的颗粒,大颗粒之间的空隙,直接由粒径小很多的颗粒填充,由于缺少中间粒级而为不连续的级配。间断级配空隙率较低,拌制混凝土时可节约水泥;但混凝土拌和物易产生离析现象,造成施工较困难。间断级配适用于配制采用机械拌和、振捣的低塑性及干硬性混凝土。

石子的级配也是用筛分试验确定,采用方孔筛的尺寸为 2.36 mm、4.75 mm、9.50 mm、16.0 mm、19.0 mm、26.5 mm、31.5 mm、37.5 mm、53.0 mm、63.0 mm、75.0 mm 和 90 mm,共十二个筛进行筛分。按规定方法进行筛分试验,计算各号筛的分计筛余百分率和累计筛余百分率,判定卵石、碎石的颗粒级配见表 5.9。

表 5.9 碎石或卵石的颗粒级配《建设用卵石、碎石》(GB/T 14685—2011)

级配情况	公称粒级/mm	累计筛余/(%)											
		筛孔尺寸/mm											
		2.36	4.75	9.50	16.0	19.0	26.5	31.5	37.5	53.0	63.0	75.0	90.0
连续粒级	5~10	95~100	85~100	30~60	0~10	0							
	5~20	95~100	90~100	40~80	—	0~10	0						
	5~25	95~100	90~100	—	30~70	—	0~5	0					
	5~31.5	95~100	90~100	70~90	—	15~45	—	0~5	0				
	5~40	—	95~100	70~90	—	30~65	—	—	0~5	0			

续表

级配情况	公称粒级/mm	累计筛余/(%)											
		筛孔尺寸/mm											
		2.36	4.75	9.50	16.0	19.0	26.5	31.5	37.5	53.0	63.0	75.0	90.0
单粒粒级	5～10	95～100	80～100	0～15	0								
	10～16		95～100	80～100	0～15								
	10～20		95～100	85～100		0～15	0						
	16～25			95～100	55～70	25～40	0～10						
	16～31.5		95～100		85～100			0～10	0				
	20～40			95～100		80～100			0～10	0			
	40～80					95～100			70～100		30～60	0～10	0

石子的最大粒径是指公称粒级的上限值。当石子的粒径增大时,其表面积随之减小。因此,达到一定流动性时包裹其表面的水泥砂浆数量减小,可节约水泥。

按照《混凝土结构工程施工质量验收规范》(GB 50204—2002)的规定,混凝土用粗集料的最大粒径需同时满足:不得超过构件截面最小边长的 1/4;不得超过钢筋间最小净间距的 3/4;对于混凝土实心板,最大粒径不宜超过板厚的 1/3,且不得超过 40 mm;对于泵送混凝土,最大粒径与输送管内径之比,碎石宜小于或等于 1∶3;卵石宜小于或等于 1∶2.5。

2. 含泥量和泥块含量

卵石、碎石的含泥量和泥块含量应符合表 5.10 的规定。

表 5.10 含泥量和泥块含量《建设用卵石、碎石》(GB/T 14685—2011)

类 别	Ⅰ	Ⅱ	Ⅲ
含泥量(按质量计,%)	≤0.5	≤1.0	≤1.5
泥块含量(按质量计,%)	0	≤0.2	≤0.5

3. 针片状颗粒

卵石、碎石颗粒的长度大于该颗粒所属相应粒级的平均粒径 2.4 倍的为针状颗粒;厚度小于平均粒径 0.4 倍的为片状颗粒。针片状颗粒易折断,还会使石子的空隙率增大,对混凝土的和易性及强度影响很大,其含量应符合表 5.11 的规定。

表 5.11 针片状颗粒含量《建设用卵石、碎石》(GB/T 14685—2011)

类 别	Ⅰ	Ⅱ	Ⅲ
针片状颗粒总含量(按质量计,%)	≤5	≤10	≤15

4. 强度

为保证混凝土的强度要求,粗骨料应具有足够的强度。碎石或卵石的强度,用岩石抗压强度和压碎指标表示。卵石的强度用压碎指标值表示,碎石的强度可用岩石抗压强度和压碎指标值表示。

在水饱和状态下,岩石抗压强度火成岩应不小于 80 MPa,变质岩应不小于 60 MPa,水成岩应不小于 30 MPa。

压碎指标值检验是将一定质量气干状态下 9.5～19.0 mm 的石子,装入标准圆模内,在压力机上按 1 kN/s 速度均匀加荷至 200 kN,并稳定 5 s,卸载后称取试样质量 G_1,然后用孔径为 2.36 mm 的筛筛除被压碎的颗粒,称出剩余在筛上的试样质量 G_2,按式(5-2)计算压碎指标值 Q_c。

$$Q_c = \frac{G_1 - G_2}{G_1} \times 100\% \tag{5-2}$$

卵石、碎石的压碎指标值越小,则表示石子抵抗压碎的能力越强。卵石、碎石的压碎指标值应符合表 5.12 的规定。

表 5.12　压碎指标值《建设用卵石、碎石》(GB/T 14685—2011)

类　　别	Ⅰ	Ⅱ	Ⅲ
碎石压碎指标/(%)	≤10	≤20	≤30
卵石压碎指标/(%)	≤12	≤14	≤16

5. 表观密度、连续级配松散堆积空隙率

卵石、碎石表观密度、连续级配松散堆积空隙率应符合以下规定:

(1) 表观密度不小于 2600 kg/m³;

(2) 连续级配松散堆积空隙率应符合表 5.13 的规定。

表 5.13　连续级配松散堆积空隙率《建设用卵石、碎石》(GB/T 14685—2011)

类　　别	Ⅰ	Ⅱ	Ⅲ
空隙率/(%)	≤43	≤45	≤47

5.1.4　拌和用水

混凝土拌和用水应符合《混凝土用水标准》(JGJ 63—2006)的规定(见表 5.14),不得影响水泥的正常凝结和硬化;不得降低混凝土的耐久性;不加快钢筋锈蚀和预应力钢丝脆断。凡符合国家标准的生活饮用水,均能用于拌制混凝土。

表 5.14　混凝土拌和用水水质要求《混凝土用水标准》(JGJ 63—2006)

项　　目	预应力混凝土	钢筋混凝土	素混凝土
pH 值,≥	5.0	4.5	4.5
不溶物(mg/L),≤	2000	2000	5000
可溶物(mg/L),≤	2000	5000	10000
Cl^-(mg/L),≤	500	1000	3500
SO_4^{2-}(mg/L),≤	600	2000	2700
碱含量(mg/L),≤	1500	1500	1500

注:①对于设计使用年限为 100 年的结构混凝土,氯离子含量不得超过 500 mg/L;对于使用钢丝或经热处理钢筋的预应力混凝土,氯离子含量不得超过 350 mg/L。
②碱含量按 $Na_2O + 0.658K_2O$ 计算值来表示。采用非碱活性骨料时,可不检验碱含量。

混凝土拌和用水不应有漂浮明显的油脂和泡沫,不应有明显的颜色和异味。混凝土企业设备洗刷水不宜用于预应力混凝土、装饰混凝土、加气混凝土和暴露于腐蚀环境的混凝土;不得用于使用碱活性或潜在碱活性骨料的混凝土。未经处理的海水可用于拌制素混凝土,不得用于拌制钢筋混凝土及预应力混凝土;不宜用海水拌制有饰面要求的素混凝土,以免因表面盐析产生白斑而影响装饰效果。

地表水、地下水以及经适当处理或处置过的工业废水,若水质符合《混凝土用水标准》(JGJ 63—2006),且被检验水样与饮用水样进行水泥凝结时间对比试验,水泥初凝时间差、终凝时间差均不大于 30 min,并符合现行国家标准《通用硅酸盐水泥》(GB 175—1999)的规定;强度对比试验,被检验水样配制的水泥胶砂 3 d 和 28 d 强度不低于饮用水配制的水泥胶砂 3 d 和 28 d 强度的 90％时,也可用于拌制混凝土。

5.1.5　混凝土外加剂

混凝土外加剂是指在混凝土搅拌之前或拌制过程中加入的,用以改善新拌混凝土和(或)硬化混凝土性能的材料。

混凝土外加剂在掺量较少的情况下,可以改善混凝土拌和物和易性、调节凝结时间、提高混凝土强度及耐久性等。它在工程中的应用越来越广泛,已逐渐成为混凝土中必不可少的第五种组成材料。

根据国家标准《混凝土外加剂定义、分类、命名与术语》(GB/T 8075—2005)的规定,混凝土外加剂按照其主要使用功能分为四类。

(1) 改善混凝土拌和物流变性能的外加剂,包括各种减水剂和泵送剂等。

(2) 调节混凝土凝结时间、硬化性能的外加剂,包括缓凝剂、早强剂和速凝剂等。

(3) 改善混凝土耐久性的外加剂,包括引气剂、防水剂、阻锈剂和矿物外加剂等。

(4) 改善混凝土其他性能的外加剂,包括膨胀剂、防冻剂、着色剂等。

1. 减水剂

减水剂是指在混凝土坍落度基本相同的条件下,能减少拌和用水量的外加剂。

在水泥加水拌和形成水泥浆的过程中,由于水泥为颗粒状材料,其比表面积较大,颗粒之间容易吸附在一起,把一部分水包裹在颗粒之间而形成絮凝状结构,包裹的水分不能起到增大流动性的作用,因此混凝土拌和物流动性降低。常用的减水剂属于离子型表面活性剂。当水泥浆中加入表面活性剂后,受水分子的作用,亲水基团指向水分子,溶于水中;憎水基团则吸附于水泥颗粒表面,作定向排列使水泥颗粒表面带有同种电荷,使水泥颗粒分散,絮凝状结构中包裹的水分释放出来,混凝土拌和用水的作用得到充分发挥,拌和物的流动性明显提高。

在混凝土中掺入减水剂后,具有以下技术经济效果。

(1) 提高混凝土强度。在混凝土中掺入减水剂后,可在混凝土拌和物坍落度基本不变的条件下,减少混凝土的单位用水量,从而降低了混凝土水胶比,提高混凝土强度。

(2) 提高混凝土拌和物的流动性。在混凝土各组成材料用量一定的条件下,加入减水剂能明显提高混凝土拌和物的流动性。

(3) 节约水泥。在混凝土拌和物流动性、强度一定的条件下,同时减少拌和用水量和水泥用量,可节约水泥。

(4) 改善混凝土拌和物的其他性能。掺入减水剂后,可以减少混凝土拌和物的泌水、离析现象;延缓拌和物的凝结时间;减缓水泥水化放热速度;显著提高混凝土硬化后的抗渗性和抗冻性,提高混凝土的耐久性。

在工程应用中,通常按减水剂的作用效果分为三类:普通减水剂(在混凝土坍落度基本相同的条件下,能减少拌和用水量的外加剂)、高效减水剂(在混凝土坍落度基本相同的条件下,能大幅度减少拌和用水量的外加剂)、高性能减水剂(比高效减水剂具有更高减水率、更好坍落度保持性能,较小干燥收缩,且具有一定引气性能的减水剂)。另外,根据对凝结时间的影响,这三种减水剂又可分为早强型、标准型和缓凝型。

2. 早强剂

早强剂是指能加速混凝土早期强度发展,对后期强度无明显影响的外加剂。早强剂可在不同温度下加速混凝土强度发展,多用于要求早拆模、抢修工程及冬季施工的工程。

工程中常用早强剂的品种主要有无机盐类、有机物类和复合早强剂。常用早强剂的品种、掺量等见表 5.15。

表 5.15 常用早强剂的品种、掺量及作用效果

种 类	无机盐类早强剂	有机物类早强剂	复合早强剂
主要品种	氯化钙、硫酸钠	三乙醇胺、三异丙醇胺、尿素等	二水石膏＋亚硝酸钠＋三乙醇胺
适宜掺量	氯化钙 1%～2%;硫酸钠 0.5%～2%	0.02%～0.05%	2%二水石膏＋1%亚硝酸钠＋0.05%三乙醇胺
作用效果	氯化钙:可使 2～3 d 强度提高 40%～100%,7 d 强度提高 25%		能使 3 d 强度提高 50%
注意事项	氯盐会锈蚀钢筋,掺量必须符合有关规定	对钢筋无锈蚀作用	早强效果显著,适用于严格禁止使用氯盐的钢筋混凝土

3. 引气剂

引气剂是指在混凝土搅拌过程中能引入大量均匀分布、稳定而封闭的微小气泡而且能保留在硬化混凝土中的外加剂。引气剂具有降低固-液-气三相表面张力,提高气泡强度,并使气泡排开水分而吸附于固相表面的能力。可减少混凝土拌和物泌水离析,改善其工作性,并能显著提高混凝土的抗冻性和抗渗性。但混凝土含气量的增加,会降低混凝土的强度。近年来,引气剂已逐渐被引气型减水剂代替,这样不仅起到引气的作用,而且对强度帮助,还可节约水泥。

4. 缓凝剂

缓凝剂是指能延缓长混凝土凝结时间,并对混凝土后期强度发展无不利影响的外加剂。

缓凝剂具有延缓凝结时间、保持工作性、延长放热时间、消除或减少裂缝以及减水增强等多种作用,适用于气温高、运距长、分层浇筑混凝土的施工中,以及大体积混凝土的施工。

5. 泵送剂

泵送剂是指能改善混凝土拌和物泵送性能的外加剂。所谓泵送性能,就是混凝土拌和物具有能顺利通过输送管道、不阻塞、不离析、黏塑性良好的性能。泵送剂是由减水剂、调凝剂、引气剂、润滑剂等多组分复合而成。

泵送剂具有高流化、黏聚、润滑等功效,适合制作高强或流态型的混凝土,适用于工业与民用建筑物及其他构筑物的泵送施工的混凝土。

6. 外加剂的验收

掺量不小于 1%同品种的外加剂每一批为 100 t,掺量小于 1%的外加剂每一批为 50 t。不足 100 t 或 50 t 的也应按一个批量计,同一批的产品必须混合均匀。

每一批号取样量不少于 0.2 t 水泥所需用的外加剂量,混合均匀,分成两份,其中一份试验用,另一份密封保存半年以备复验或仲裁。

外加剂的必检项目有 pH 值、氯离子含量和总碱量,另外,液体外加剂必检项目为含固量和密度,粉状外加剂必检项目为含水率和细度。

掺外加剂混凝土的试验项目包括:减水率、含气量、凝结时间、坍落度和含气量的 1 h 经时变化量、抗压强度比、收缩比和相对耐久性。

外加剂在出厂时应提供产品说明书,产品说明书应包括:生产厂家名称、产品名称及类型、产品性能特点、主要成分、技术指标、适用范围、推荐掺量、贮存条件及有效期限、使用方法、注意事项、安全防护提示等。

粉状外加剂可采用有塑料袋衬里的编织袋包装;液体外加剂可采用塑料桶、金属桶包装。包装质量误差不超过 1%。液体外加剂也可采用槽车散装。

5.2　普通混凝土的技术性质

5.2.1　混凝土拌和物的和易性

1. 和易性的概念

和易性(又称工作性)是指混凝土拌和物易于施工操作(拌和、运输、浇注、捣实),并能获得质量均匀、成型密实的混凝土的性能。和易性是一项综合技术性能,包括流动性、黏聚性和保水性三个方面的含义。

(1)流动性:是指混凝土拌和物在本身自重或施工机械振捣作用下,能产生流动,并均匀密实地填满模板的性能。它决定了施工时浇注振捣的难易和成型的质量。

(2)黏聚性:是指混凝土拌和物各组成材料之间具有一定的黏聚力,在运输和浇注过程中不致产生离析和分层现象。它反映了混凝土拌和物保持整体均匀性的能力。

(3)保水性:是混凝土拌和物在施工过程中,保持水分不易析出,不至于产生严重泌水现象的能力。有泌水现象的混凝土拌和物,易形成开口连通孔隙,影响混凝土的密实性而降低混凝土的质量。

混凝土拌和物的流动性、黏聚性和保水性,三者之间是对立统一的关系。流动性好的拌和物,黏聚性和保水性可能较差;而黏聚性、保水性好的拌和物,流动性可能较差。在实际工程中,应尽可能达到三者统一,既要满足混凝土施工时要求的流动性,同时也具有良好的黏聚性和保水性。

2. 和易性的测定

和易性的测定就是对流动性、黏聚性和保水性的测定,定量测定流动性,直观经验评定黏聚性和保水性。对塑性和流动性混凝土拌和物,用坍落度法测定;对干硬性混凝土拌和物,用维勃稠度法测定。

1)坍落度法

坍落度法适用于骨料最大粒径不大于 40 mm、坍落度不小于 10 mm 的混凝土拌和物稠度测定。

坍落度测定方法是将混凝土拌和物按规定的方法装入坍落度筒内,分层插实,装满刮平,垂直向上提起坍落度筒,拌和物因自重而向下坍落,其下落的距离(以 mm 为单位,且精确至 5 mm),即为该拌和物的坍落度值,以 T 表示,如图 5.1 所示在测定坍落度的同时,应检查混凝土拌和物的黏聚性及保水性。黏聚性的检查方法是用捣棒在已坍落的拌和物锥体一侧轻轻敲打,若锥体缓慢下沉,表示黏聚性良好;如果锥体倒塌、部分崩裂或出现离析现象,则表示黏聚性不好。保水性以混凝土拌和物中稀浆析出的程度评定,提起坍落度筒后,如有较多稀浆从底部析出,拌和物锥体因失浆而骨料外露,表示拌和物的保水性不好。如提起坍落度筒后,无稀浆析出或仅有少量稀浆从底部析出,则表示混凝土拌和物保水性良好。

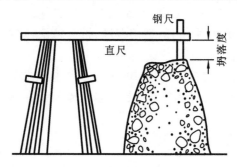

图 5.1　坍落度测定示意图

按《混凝土质量控制标准》(GB 50164—2011)的规定,混凝土拌和物按坍落度值的大小分为五级,见表 5.16。

表 5.16　混凝土按坍落度的分级

级　　别	名　　称	坍落度/mm
S1	低塑性混凝土	10~40
S2	塑性混凝土	50~90
S3	流动性混凝土	100~150
S4	大流动性混凝土	160~210
S5	流态混凝土	≥220

2) 维勃稠度法

对于干硬性混凝土拌和物(坍落度小于 10 mm),采用维勃稠度测定其和易性。(测定方法略)

3. 影响和易性的主要因素

1) 水泥浆数量和单位用水量

在混凝土骨料用量、水胶比一定的条件下,填充在骨料之间的水泥浆数量越多,水泥浆对骨料的润滑作用较充分,混凝土拌和物的流动性增大。但增加水泥浆数量过多,不仅浪费水泥,而且会使拌和物的黏聚性、保水性变差,产生分层、泌水现象。

2) 砂率

砂率是指混凝土拌和物中砂的质量占砂、石子总质量的百分数。在水泥浆量一定的条件下,若砂率过小,砂不能填满石子之间的空隙,或填满后不能保证石子之间有足够厚度的砂浆层,会降低拌和物的和易性。若砂率过大,骨料的总表面积及空隙率会增大,包裹骨料表面的水泥浆数量减少,水泥浆的润滑作用减弱,拌和物的流动性变差。因此,应选取合理砂率,即在水泥用量和水胶比一定的条件下,拌和物的黏聚性、保水性符合要求,流动性最大的砂率(见图 5.2(a))。或在水胶比和坍落度不变的条件下,水泥用量最小的砂率(见图 5.2(b))。

3) 原材料品种及性质

水泥的品种、颗粒细度,骨料的颗粒形状、表面特征、级配,外加剂等对混凝土拌和物的

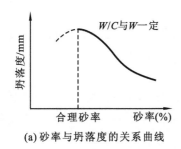

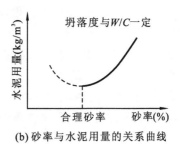

(a) 砂率与坍落度的关系曲线   (b) 砂率与水泥用量的关系曲线

图 5.2 合理砂率的确定

和易性都有影响。采用矿渣水泥拌制的混凝土流动性比用普通水泥拌制的混凝土流动性小,且保水性差;水泥颗粒越细,混凝土流动性越小,但黏聚性及保水性较好。卵石拌制的混凝土拌和物比碎石拌制的流动性好;河砂拌制的混凝土流动性好;级配好的骨料,混凝土拌和物的流动性也好。加入减水剂和引气剂可明显提高拌和物的流动性;引气剂能有效地改善混凝土拌和物的保水性和黏聚性。

4) 施工方面

混凝土拌制后,随时间的延长和水分的减少而逐渐变得干稠,流动性减小。施工中环境的温度、湿度变化,搅拌时间及运输距离的长短,称料设备及振捣设备的性能等都会对混凝土和易性产生影响。

5.2.2 硬化混凝土的性质

1. 混凝土的强度

混凝土的强度包括抗压强度、抗拉强度、抗剪强度和抗弯强度等,其中抗压强度最高,因此混凝土主要用于承受压力的工程部位。

1) 立方体抗压强度与强度等级

按照《普通混凝土力学性能试验方法标准》(GB/T 50081—2002)的规定,混凝土立方体抗压强度是指制作以边长为 150 mm 的标准立方体试件,成型后立即用不透水的薄膜覆盖表面,在温度为 (20±5) ℃的环境中静置一昼夜至两昼夜,然后在标准养护条件下(温度为 (20±2) ℃,相对湿度 95%以上)或在温度为 (20±2) ℃的不流动的 $Ca(OH)_2$ 饱和溶液中,养护至 28 d 龄期(从搅拌加水开始计时),采用标准试验方法测得的混凝土极限抗压强度,用 f_{cu} 表示。

立方体抗压强度测定采用的标准试件尺寸为 150 mm×150 mm×150 mm。也可根据粗骨料的最大粒径选择尺寸为 100 mm×100 mm×100 mm 和 200 mm×200 mm×200 mm 的非标准试件,但强度测定结果必须乘以换算系数,具体见表 5.17。

表 5.17 混凝土试件尺寸选择与强度的尺寸换算系数(《混凝土结构工程施工质量验收规范》(GB 50204—2011))

试 件 种 类	试件尺寸/mm	粗骨料最大粒径/mm	换算系数
标准试件	150×150×150	≤40	1.00
非标准试件	100×100×100	≤31.5	0.95
	200×200×200	≤60	1.05

混凝土强度等级是根据混凝土立方体抗压强度标准值划分的级别,采用符号 C 和混凝土立方体抗压强度标准值 ($f_{cu,k}$) 表示。主要有 C15、C20、C25、C30、C35、C40、C45、C50、

C55、C60、C65、C70、C75、C80 十四个强度等级。

混凝土立方体抗压强度标准值($f_{cu,k}$)系指按标准方法制作养护的边长为 150 mm 的立方体试件,在规定龄期用标准试验方法测得的,具有 95% 保证率的抗压强度值。

2) 影响混凝土抗压强度的因素

影响混凝土抗压强度的因素很多,包括原材料的质量、材料用量之间的比例关系、施工方法(拌和、运输、浇筑、养护)以及试验条件(龄期、试件形状与尺寸、试验方法、温度及湿度)等。

(1) 水泥强度等级和水胶比。

水泥是混凝土中的活性组分,其强度的大小直接影响着混凝土强度的高低。在配合比相同的条件下,所用的水泥强度等级越高,配制的混凝土强度也越高。当用同一种水泥(品种及强度等级相同)时,混凝土的强度主要取决于水胶比,水胶比越大,混凝土的强度越低。

这是因为水泥水化时所需的化学结合水,一般只占水泥质量 23% 左右,但在实际拌制混凝土时,为了获得必要的流动性,常需要加入较多的水,占水泥质量的 40%~70%。多余的水分残留在混凝土中形成水泡,蒸发后形成气孔,使混凝土密实度降低,强度下降。但是,如果水胶比过小,拌和物过于干硬,在一定的捣实成型条件下,无法保证浇筑质量,混凝土中将出现较多的蜂窝、孔洞,强度也将下降。试验证明,混凝土强度随水胶比的增大而降低,其规律呈曲线关系;而与水胶比呈直线关系。

根据工程实践经验,应用数理统计方法,可建立混凝土强度与水泥实际强度及水胶比等因素之间的线性经验公式:

$$f_{cu} = \alpha_a \cdot f_{ce}(C/W - \alpha_b) \tag{5-3}$$

式中　f_{cu}——混凝土 28 d 龄期的抗压强度值,MPa;

　　　f_{ce}——水泥 28 d 抗压强度的实测值,MPa;

　　　C/W——混凝土胶水比,即水胶比的倒数;

　　　α_a、α_b——回归系数,与水泥、骨料的品种有关。可按《普通混凝土配合比设计规程》(JGJ 55—2011)提供的经验数值:采用碎石时 $\alpha_a = 0.53$,$\alpha_b = 0.20$;采用卵石时,$\alpha_a = 0.49$,$\alpha_b = 0.13$。

一般水泥厂为了保证水泥的出厂强度等级,其实际强度往往比其强度等级要高。当无法取得水泥 28 d 抗压强度实测值时,可用式(5-4)估算。

$$f_{ce} = \gamma_c \cdot f_{ce,g} \tag{5-4}$$

式中　$f_{ce,g}$——水泥强度等级值,MPa;

　　　γ_c——水泥强度等级值的富余系数,可按实际统计资料确定;无相关资料时,可按水泥强度等级值为 32.5、42.5、52.5 时分别取值 1.12、1.16、1.10。

(2) 骨料的种类和级配。

骨料中有害杂质过多且品质低劣时,将降低混凝土的强度。骨料表面粗糙,则与水泥石黏结力较大,混凝土强度高。骨料级配好、砂率适当,能组成密实的骨架,混凝土强度也较高。

(3) 养护温度和湿度。

混凝土浇筑成型后,所处的环境温度,对混凝土的强度影响很大。混凝土的硬化,在于水泥的水化作用,周围温度升高,水泥水化速度加快,混凝土强度发展也就加快。反之,温度降低时,水泥水化速度降低,混凝土强度发展将相应迟缓。当温度降至冰点以下时,混凝土的强度停止发展,并且由于孔隙内水分结冰而引起膨胀,使混凝土的内部结构遭受破坏。如果湿度不够,会影响水泥水化作用的正常进行,甚至停止水化。这不仅严重降低混凝土的强度,而且水化作用未能完成,使混凝土结构疏松,渗水性增大,或形成干缩裂缝,从而影响其耐久性。

《混凝土结构工程施工质量验收规范》(GB 50204—2002)规定,对已浇注完毕的混凝土,应在 12 h 内加以覆盖和浇水。覆盖可采用锯末、塑料薄膜、麻袋片等;对于硅酸盐水泥、普通硅酸盐水泥或矿渣硅酸盐水泥拌制的混凝土,浇水养护时间不得少于 7 d,对掺缓凝型外加剂或有抗渗要求的混凝土不得少于 14 d,浇水次数应能保持混凝土表面长期处于潮湿状态。当日平均气温低于 5 ℃时,不得浇水,见图 5.3。

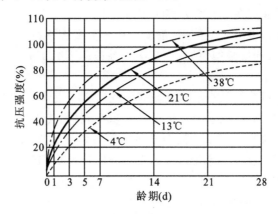

图 5.3　养护温度对混凝土强度的影响

(4) 硬化龄期。

混凝土在正常养护条件下,其强度将随着龄期的增长而增长。最初 7～14 d 内,强度增长较快,28 d 达到设计强度。以后增长缓慢,但若保持足够的温度和湿度,强度的增长将延续几十年。普通水泥制成的混凝土,在标准条件下,混凝土强度的发展大致与其龄期的对数成正比关系(龄期不小于 3 d),如式(5-5)所示:

$$\frac{f_n}{f_{28}} = \frac{\lg n}{\lg 28}$$ (5-5)

式中　f_n——$n(n \geqslant 3)$d 龄期混凝土的抗压强度,MPa;

　　　f_{28}——28 d 龄期混凝土的抗压强度,MPa。

(5) 混凝土外加剂与掺和料。

在混凝土中掺入早强剂可提高混凝土早期强度;掺入减水剂可提高混凝土强度。详细内容见混凝土外加剂部分。

(6) 施工工艺。

混凝土的施工工艺包括配料、拌和、运输、浇筑、振捣、养护等工序,每一道工序对其质量都有影响。若配料不准确,误差过大;搅拌不均匀;拌和物运输过程中产生离析;振捣不密实;养护不充分等均会降低混凝土强度。因此,在施工过程中,一定要严格遵守施工规范,确保混凝土的强度。

2. 混凝土的耐久性

硬化后的混凝土除了具有设计要求的强度外,还应具有与所处环境相适应的耐久性,混凝土的耐久性是指混凝土抵抗环境条件的长期作用,并保持其稳定良好的使用性能和外观完整性,从而维持混凝土结构安全、正常使用的能力。混凝土的耐久性主要包括抗渗性、抗冻性、抗侵蚀性、抗碳化及碱骨料反应等。

1）抗渗性

抗渗性是指混凝土抵抗压力水、油等液体渗透的性能。混凝土的抗渗性主要与其密实度及内部孔隙的大小和构造特征有关。

混凝土的抗渗性用抗渗等级（P）表示，即以 28 d 龄期的标准试件，按标准试验方法进行试验所能承受的最大水压力（MPa）来确定。混凝土的抗渗等级有 P6、P8、P10、P12 及以上等级。如抗渗等级 P6 表示混凝土能抵抗 0.6 MPa 的静水压力而不发生渗透。

2）抗冻性

混凝土的抗冻性是指混凝土在含水饱和状态下能经受多次冻融循环而不破坏，同时强度也不严重降低的性能。混凝土受冻后，混凝土中水分受冻结冰，体积膨胀，当膨胀力超过其抗拉强度时，混凝土将产生微细裂缝，反复冻融使裂缝不断扩展，混凝土强度降低甚至破坏，影响建筑物的安全。

混凝土的抗冻性用抗冻等级表示。抗冻等级是以 28 d 龄期的混凝土标准试件，在饱和水状态下，承受反复冻融循环，以强度损失不超过 25％，且质量损失不超过 5％时，混凝土所能承受的最大冻融循环次数来表示。混凝土抗冻等级划分为：F50、F100、F150、F200、F250 和 F300 等，分别表示混凝土能够承受反复冻融循环次数为 50、100、150、200、250 和 300。

混凝土的抗冻性主要取决于混凝土的孔隙率、孔隙特征及吸水饱和程度等因素。孔隙率较小、且具有封闭孔隙的混凝土，其抗冻性较好。

3）抗侵蚀性

当混凝土所处环境中含有侵蚀性介质时，混凝土便会遭受侵蚀。侵蚀介质对混凝土的侵蚀主要是对水泥石的侵蚀，其侵蚀机理详见第四章水泥部分。随着混凝土在地下工程、海岸与海洋工程等恶劣环境中的应用，对混凝土的抗侵蚀性提出了更高的要求。

混凝土的抗侵蚀性与所用水泥品种、混凝土的密实程度和孔隙特征等有关，密实和孔隙封闭的混凝土，环境水不易侵入，抗侵蚀性较强。

4）抗碳化

混凝土的碳化是指混凝土内水泥石中的氢氧化钙与空气中二氧化碳，在湿度适宜时发生化学反应，生成碳酸钙和水，碳化也称中性化。碳化是二氧化碳由表及里向混凝土内部逐渐扩散的过程。碳化引起水泥石化学组成及组织结构的变化，对混凝土的碱度、强度和收缩产生影响。

碳化对混凝土性能既有有利的影响，也有不利的影响。其不利影响首先是碱度降低减弱了对钢筋的保护作用。这是因为混凝土中水泥水化生成大量的氢氧化钙，使钢筋处在碱性环境中而在表面生成一层钝化膜，保护钢筋不易腐蚀。但当碳化深度穿透混凝土保护层而达钢筋表面时，钢筋钝化膜被破坏而发生锈蚀，此时产生体积膨胀，致使混凝土保护层产生开裂，开裂后的混凝土更有利于二氧化碳、水、氧等有害介质的进入，加剧了碳化的进行和钢筋的锈蚀，最后导致混凝土产生顺筋开裂而破坏。另外，碳化作用会增加混凝土的收缩，引起混凝土表面产生拉应力而出现微细裂缝，从而降低混凝土的抗拉、抗折强度及抗渗性能。

碳化作用对混凝土也有一些有利影响，即碳化作用产生的碳酸钙填充了水泥石的孔隙，以及碳化时放出的水分有助于未水化水泥的水化，从而可提高混凝土碳化层的密实度，对提高抗压强度有利。

影响碳化速度的主要因素有环境中二氧化碳的浓度、水泥品种、水胶比、环境湿度等。

二氧化碳浓度高,碳化速度快;当环境中的相对湿度在 50%～75%,碳化速度最快,当相对湿度小于 25% 或大于 100% 时,碳化将停止;水胶比愈小,混凝土愈密实,二氧化碳和水不易侵入,碳化速度就慢;掺混合材料的水泥碱度降低,碳化速度随混合材料掺量的增多而加快。

5）碱骨料反应

碱骨料反应是指水泥、外加剂等混凝土组成物及环境中的碱与骨料中碱活性矿物在潮湿环境下缓慢发生并导致混凝土开裂破坏的膨胀反应。常见的碱骨料反应为碱—氧化硅反应,碱骨料反应后,会在骨料表面形成复杂的碱硅酸凝胶,吸水后凝胶不断膨胀而使混凝土产生膨胀性裂纹,严重时会导致结构破坏。碱骨料反应的发生必须具备三个条件:一是水泥、外加剂等混凝土原材料中碱的含量必须高;二是骨料中含有一定的碱活性成分;三是要有潮湿环境。因此,为了防止碱骨料反应,应严格控制水泥等混凝土原材料中碱的含量和骨料中碱活性物质的含量。

6）提高混凝土耐久性的措施

混凝土所处的环境和使用条件不同,其耐久性的要求也不相同,但影响耐久性的因素却有许多相同之处,混凝土的密实程度是影响耐久性的主要因素,其次是原材料的性质、施工质量等。提高混凝土耐久性的主要措施如下。

（1）合理选择混凝土的组成材料。

① 应根据混凝土的工程特点和所处的环境条件,合理选择水泥品种。

② 选择质量良好、技术要求合格的骨料。

（2）提高混凝土制品的密实度。

① 严格控制混凝土的水胶比和水泥用量。混凝土的最大水胶比和最小水泥用量必须符合表 5.18 的规定。

② 选择级配良好的骨料及合理砂率值,保证混凝土的密实度。

③ 掺入适量减水剂,可减少混凝土的单位用水量,提高混凝土的密实度。

④ 严格按操作规程进行施工操作,加强搅拌、合理浇注、振捣密实、加强养护,确保施工质量,提高混凝土制品的密实度。

表 5.18　混凝土最大水胶比和最小胶凝材料用量要求《混凝土结构设计规范》(GB50010—2010)

环 境 等 级	最大水胶比	最低强度等级	最小胶凝材料用量/(kg/m³)		
			素混凝土	钢筋混凝土	预应力混凝土
一	0.60	C20	250	280	300
二 a	0.55	C25	280	300	300
二 b	0.50(0.55)	C30(C25)	320		
三 a	0.45(0.50)	C35(C30)	330		
三 b	0.40	C40			

注:环境类别一是指室内干燥环境,无侵蚀性静水浸没环境;

　　二 a 是指室内潮湿环境,非严寒和非寒冷地区的露天环境,非严寒和非寒冷地区与无侵蚀性的水或土壤直接接触的环境,严寒和寒冷地区的冰冻线以下与无侵蚀性的水或土壤直接接触的环境;

　　二 b 是指干湿交替环境,水位频繁变动环境,严寒和寒冷地区的露天环境,严寒和寒冷地区冰冻线以上与无侵蚀性的水或土壤直接接触的环境;

　　三 a 是指严寒和寒冷地区冬季水位变动区环境,受除冰盐影响环境,海风环境;

　　三 b 是指盐渍土环境,受除冰盐作用环境,海岸环境。

5.3 普通混凝土的配合比设计

混凝土配合比是指混凝土中各组成材料用量之间的比例关系。常用的表示方法有两种：①以 1 m³ 混凝土中各组成材料的质量来表示，如 1 m³ 混凝土中水泥 300 kg、水 180 kg、砂子 600 kg、石子 1200 kg；②以各组成材料相互间的质量比来表示，通常以水泥质量为 1，将上例换算成质量比为水泥：砂子：石子＝1：2.0：4.0，水胶比＝0.60。

5.3.1 配合比设计的基本要求

混凝土配合比设计的任务，就是根据原材料的技术性能及施工条件，确定出的各项技术指标能满足工程要求，并符合经济原则的各组成材料的用量。具体地说，混凝土配合比设计的基本要求包括以下几方面。

（1）满足混凝土结构设计所要求的强度等级。

（2）满足施工所要求的混凝土拌和物的和易性。

（3）满足混凝土的耐久性，如抗冻等级、抗渗等级和抗侵蚀性等。

（4）在满足各项技术性质的前提下，使各组成材料经济合理，尽量节约水泥，降低混凝土成本。

5.3.2 配合比设计的三个重要参数

1）水胶比

水胶比是混凝土中水与胶凝材料质量的比值，是影响混凝土强度和耐久性的主要因素。其确定原则是在满足工程要求的强度和耐久性的前提下，尽量选择较大值，以节约胶凝材料。

2）砂率

砂率是指混凝土中砂子质量占砂石总质量的百分比。砂率是影响混凝土拌和物和易性的重要指标。砂率的确定原则是在保证混凝土拌和物黏聚性和保水性要求的前提下，尽量取小值。

3）单位用水量

单位用水量是指 1 m³ 混凝土的用水量，反映混凝土中水泥浆与骨料之间的比例关系。在混凝土拌和物中，水泥浆的多少显著影响混凝土的和易性，同时也影响其强度和耐久性。其确定原则是在混凝土拌和物达到流动性要求的前提下取较小值。

水胶比、砂率、单位用水量是混凝土配合比设计的三个重要参数，其选择是否合理，将直接影响混凝土的性能和成本。

5.3.3 配合比设计的步骤

混凝土的配合比设计是一个计算、试配、调整的复杂过程，大致可分为四个大步骤：计算配合比→试拌配合比→设计配合比→施工配合比。

1. 计算配合比设计步骤

1）确定混凝土的配制强度（$f_{cu,0}$）

为了使所配制的混凝土在工程中使用时其强度标准值具有不小于 95％的强度保证率，配合比设计时的混凝土配制强度应高于设计要求的强度标准值。根据混凝土强度分布规

律,配制强度按式(5-6)、式(5-7)计算:

(1)当混凝土的设计强度等级小于 C60 时,配制强度应按式(5-6)计算:

$$f_{cu,0} \geqslant f_{cu,k} + 1.645\sigma \tag{5-6}$$

(2)当混凝土的设计强度等级不小于 C60 时,配制强度应按式(5-7)计算:

$$f_{cu,0} \geqslant 1.15 f_{cu,k} \tag{5-7}$$

式中　$f_{cu,0}$——混凝土配制强度,MPa;

　　　$f_{cu,k}$——混凝土立方体抗压强度标准值,即设计要求的混凝土强度等级值,MPa;

　　　σ——混凝土强度标准差,MPa。

式(5-6)和式(5-7)中 σ 的大小表示施工单位的管理水平,σ 越低,说明混凝土施工质量越稳定。当无统计资料计算混凝土强度标准差时,其值按现行国家标准《普通混凝土配合比设计规程》(JGJ 55—2011)的规定取用,见表 5.19。

表 5.19　混凝土强度标准差取值(《普通混凝土配合比设计规程》(JGJ 55—2011))

强 度 等 级	≤C20	C25～C45	C50～C55
标准差 σ/MPa	4.0	5.0	6.0

2)确定混凝土水胶比(W/B)

(1)满足强度要求的水胶比

当混凝土强度等级小于 C60 级时,混凝土水胶比宜按式(5-8)计算:

$$W/B = \frac{\alpha_a \cdot f_b}{f_{cu,0} + \alpha_a \cdot \alpha_b \cdot f_b} \tag{5-8}$$

式中　W/B——混凝土水胶比;

　　　f_b——水泥 28 d 抗压强度的实测值,MPa;无实测值时可按经验取值。

　　　α_a、α_b——回归系数,与水泥、骨料的品种有关,当不具备试统计资料时:碎石,$\alpha_a = 0.53$,$\alpha_b = 0.20$;卵石,$\alpha_a = 0.49$,$\alpha_b = 0.13$。

(2)满足耐久性要求的水胶比

根据表 5.18 查出满足混凝土耐久性的最大水胶比值。

同时满足强度、耐久性要求的水胶比,取以上两种方法求得的水胶比中的较小值。

3)确定单位用水量(m_{w0})

混凝土单位用水量的确定,应符合以下规定。

(1)塑性混凝土和干硬性混凝土单位用水量的确定

① 水胶比在 0.40～0.80 范围时,根据粗骨料的品种、粒径及施工要求的混凝土拌和物稠度,其单位用水量分别按表 5.20 和表 5.21 选取。

② 水胶比小于 0.40 的混凝土以及采用特殊成型工艺的混凝土用水量应通过试验确定。

表 5.20　干硬性混凝土的单位用水量(《普通混凝土配合比设计规程》(JGJ 55—2011))(单位:kg/m³)

拌和物稠度		卵石最大粒径			碎石最大粒径		
项目	指标	10 mm	20 mm	40 mm	16 mm	20 mm	40 mm
维勃稠度	16～20 s	175	160	145	180	170	155
	11～15 s	180	165	150	185	175	160
	5～10 s	185	170	155	190	180	165

表 5.21　塑性混凝土的单位用水量(《普通混凝土配合比设计规程》(JGJ 55—2011)) 　(单位:kg/m³)

拌和物稠度		卵石最大粒径				碎石最大粒径			
项目	指标	10 mm	20 mm	31.5 mm	40 mm	16 mm	20 mm	31.5 mm	40 mm
坍落度	10～30 mm	190	170	160	150	200	185	175	165
	35～50 mm	200	180	170	160	210	195	185	175
	55～70 mm	210	190	180	170	220	205	195	185
	75～90 mm	215	195	185	175	230	215	205	195

注:①本表用水量系采用中砂时的平均取值。采用细砂时,每立方米混凝土用水量可增加 5～10 kg;采用粗砂时,则可减少 5～10 kg。

②掺用各种外加剂或掺和料时用水量应相应调整。

(2)流动性和大流动性混凝土的单位用水量计算步骤

① 以坍落度为 90 mm 的单位用水量为基础,按坍落度每增大 20 mm,单位用水量增加 5 kg,计算出未掺外加剂时的混凝土的单位用水量。

② 掺外加剂时混凝土的单位用水量可按式(5-9)计算:

$$m_{wa} = m_{w0}(1-\beta) \tag{5-9}$$

式中　m_{wa}——掺外加剂时混凝土的单位用水量,kg;

　　　m_{w0}——未掺外加剂时混凝土的单位用水量,kg;

　　　β——外加剂的减水率,%,经试验确定。

4)计算胶凝材料用量(m_{b0})

根据已选定的单位用水量(m_{w0})和水胶比(W/B)值,可由式(5-10)求出胶凝材料用量:

$$m_{b0} = \frac{m_{w0}}{W/B} \tag{5-10}$$

根据结构使用环境条件和耐久性要求,查表 5.18,确定混凝土最小的胶凝材料用量,最后取两值中大者作为 1 m³混凝土的胶凝材料用量。

5)确定砂率(β_s)

当无历史资料可参考时,混凝土砂率的确定应符合下列规定:

① 坍落度为 10～60 mm 的混凝土砂率,可根据粗骨料品种、粒径及水胶比按表5.22选取。

表 5.22　混凝土砂率(《普通混凝土配合比设计规程》(JGJ 55—2011)) 　(单位:%)

水胶比	卵石最大粒径			碎石最大粒径		
(W/B)	10 mm	20 mm	40 mm	16 mm	20 mm	40 mm
0.40	26～32	25～31	24～30	30～35	29～34	27～32
0.50	30～35	29～34	28～33	33～38	32～37	30～35
0.60	33～38	32～37	31～36	36～41	35～40	33～38
0.70	36～41	35～40	34～39	39～44	38～43	36～41

注:①本表数值中砂的选用砂率,对细砂或粗砂,可相应地减少或增大砂率。

②只用一个单粒级粗骨料配制混凝土时,砂率应适当增大。

③采用人工砂配制混凝土时,砂率可适当增大。

② 坍落度大于 60 mm 的混凝土砂率,可经试验确定,也可在表 5.22 的基础上,按坍落度每增大 20 mm,砂率增大 1% 的幅度予以调整。

③ 坍落度小于 10 mm 的混凝土,其砂率应经试验确定。

6) 计算砂、石子用量(m_{s0}、m_{g0})

(1) 体积法

假定混凝土拌和物的体积等于各组成材料绝对体积及拌和物中所含空气的体积之和,用式(5-11)计算 1 m³ 混凝土拌和物的砂石用量。

$$\left.\begin{aligned} \frac{m_{b0}}{\rho_b} + \frac{m_{s0}}{\rho_s} + \frac{m_{g0}}{\rho_g} + \frac{m_{w0}}{\rho_w} + 0.01\alpha = 1 \\ \beta_s = \frac{m_{s0}}{m_{s0} + m_{g0}} \times 100\% \end{aligned}\right\} \tag{5-11}$$

式中　ρ_b——胶凝材料密度,kg/m³,水泥可取 2900～3100 kg/m³;

ρ_g——粗骨料的表观密度,kg/m³;

ρ_s——细骨料的表观密度,kg/m³;

ρ_w——水的密度,kg/m³,可取 1000 kg/m³;

α——混凝土的含气量百分数,在不使用引气型外加剂时,可取 $\alpha=1$。

(2) 质量法

根据经验,如果原材料情况比较稳定,所配制的混凝土拌和物的表观密度将接近一个固定值,可先假设每立方米混凝土拌和物的质量为 m_{cp}(kg),按式(5-12)计算。

$$\left.\begin{aligned} m_{b0} + m_{s0} + m_{g0} + m_{w0} = m_{cp} \\ \beta_s = \frac{m_{s0}}{m_{s0} + m_{g0}} \times 100\% \end{aligned}\right\} \tag{5-12}$$

式中　m_{b0}——每立方米混凝土的水泥用量,kg;

m_{s0}——每立方米混凝土的细骨料用量,kg;

m_{g0}——每立方米混凝土的粗骨料用量,kg;

m_{w0}——每立方米混凝土的用水量,kg;

β_s——砂率,%;

m_{cp}——每立方米混凝土拌和物的假定质量,kg。其值可取 2350～2450 kg。

2. 确定设计配合比

试配、调整,确定试拌配合比,再强度及耐久性复核,确定设计配合比(又称试验室配合比)。

进行混凝土配合比试配时,应采用工程中实际使用的原材料。混凝土的搅拌方法,宜与生产时使用的方法相同。混凝土试配时,每盘混凝土的最小搅拌量应符合表 5.23 的规定。当采用机械搅拌时,其搅拌量不应小于搅拌机额定搅拌量的 1/4。

表 5.23　混凝土试配时的最小搅拌量(《普通混凝土配合比设计规程》(JGJ 55—2011))

骨料最大粒径/mm	拌和物数量/L
31.5 及以下	20
40	25

在计算配合比的基础上进行试拌,计算水胶比宜保持不变,并应通过调整配合比其他参数,使混凝土拌和物性能符合设计和施工要求,然后修正计算配合比,提出试拌配合比。

在试拌配合比的基础上应进行混凝土强度试验:应采用三个不同的配合比,其中一个为试拌配合比,另两个配合比的水胶比宜较试拌配合比分别增加和减少 0.05,用水量与试拌配合比相同,砂率可分别增加和减少 1%。每个配合比应至少制作一组试块,并标准养护到 28 d 或设计规定龄期时试压。根据混凝土强度试验结果,宜绘制强度和水胶比的线性关系图确定略大于配制强度对应的水胶比。在试拌配合比的基础上,用水量和外加剂用量应根据确定的水胶比作调整;胶凝材料用量应以用水量除以确定的水胶比计算得出;粗骨料和细骨料用量应根据用水量和胶凝材料用量进行调整。

当混凝土拌和物表观密度实测值与计算值之差的绝对值超过计算值的 2% 时,应将配合比中每项材料用量均乘以校正系数(δ)。即为确定的设计配合比。

$$\delta = \frac{\rho_{c,t}}{\rho_{c,c}} \tag{5-13}$$

式中 $\rho_{c,t}$——混凝土拌和物表观密度实测值,kg/m³;

$\rho_{c,c}$——混凝土拌和物表观密度计算值,kg/m³。

3. 施工配合比确定

试验室配合比中的砂、石子均以干燥状态下的用量为准。施工现场的骨料一般采用露天堆放,其含水率随气候的变化而变化,因此施工时必须在设计配合比的基础上进行调整。

假定现场砂、石子的含水率分别为 $a\%$ 和 $b\%$,则施工配合比中 1 m³ 混凝土的各组成材料用量分别为:

$$\left.\begin{array}{l} m'_c = m_c \\ m'_s = m_s(1 + a\%) \\ m'_g = m_g(1 + b\%) \\ m'_w = m_w - m_s \cdot a\% - m_g \cdot b\% \end{array}\right\} \tag{5-14}$$

5.4 混凝土质量控制与强度评定

5.4.1 混凝土的质量控制

混凝土在施工过程中由于受原材料质量(如水泥的强度、骨料的级配及含水率等)的波动、施工工艺(如配料、拌和、运输、浇筑及养护等)的不稳定性、施工条件和气温的变化、施工人员的素质等因素的影响,因此,在正常施工条件下,混凝土的质量总是波动的。

混凝土质量控制的目的就是分析掌握其质量波动规律,控制正常波动因素,发现并排除异常波动因素,使混凝土质量波动控制在规定范围内,以达到既保证混凝土质量又节约用料的目的。

1. 材料进场质量检验和质量控制

混凝土原材料包括水泥、骨料、掺和料、外加剂等,运至工地的原材料需具有出厂合格证和出厂检验报告,同时使用单位还应进行进场复验。

对于商品混凝土的原材料质量控制应在混凝土搅拌站进行。

2. 混凝土的配合比

混凝土施工前应委托具有相应资质的试验室进行混凝土配合比设计,并且首次使用的混凝土配合比应进行开盘鉴定,其工作性应满足设计配合比的要求。

混凝土拌制前,应测定砂、石含水率并根据测试结果调整材料用量,提出施工配合比。混凝土原材料每盘称量的偏差应符合表 5.24 的规定。

表 5.24　原材料每盘称量的允许偏差

材 料 名 称	允 许 偏 差
胶凝材料	±2%
粗、细骨料	±3%
拌和用水、外加剂	±1%

3. 混凝土强度的检验

现场混凝土质量检验以抗压强度为主,并以边长 150 mm 的立方体试件的抗压强度为标准。用于检查结构构件混凝土强度的试件,应在混凝土的浇筑地点随机抽取。取样与试块留置应符合下列规定:

(1) 每拌制 100 盘且不超过 100 m³ 的同配合比的混凝土,取样不得少于一次。

(2) 每工作班拌制的同一配合比的混凝土不足 100 盘时,取样不得少于一次。

(3) 当一次连续浇筑超过 1000 m³ 时,同一配合比的混凝土每 200 m³ 取样不得少于一次。

(4) 每一楼层、同一配合比的混凝土,取样不得少于一次。

(5) 每次取样应至少留置一组标准养护试件,同条件养护试件的留置组数应根据实际需要确定。每组 3 个试件应由同一盘或同一车的混凝土中取样制作。

4. 混凝土质量控制图

为了掌握分析混凝土质量波动情况,及时分析出现的问题,将水泥强度、混凝土坍落度、混凝土强度等检验结果绘制成质量控制图。

质量控制图的横坐标为按时间测得的质量指标子样编号,纵坐标为质量指标的特征值,中间一条横线为中心控制线,上、下两条线为控制界线,如图 5.4 所示。图中横坐标表示混凝土浇筑时间或试件编号,纵坐标表示强度测定值,各点表示连续测得的强度,中心线表示平均强度,上、下控制线为 $\overline{f}_{cu} \pm 3\sigma$。

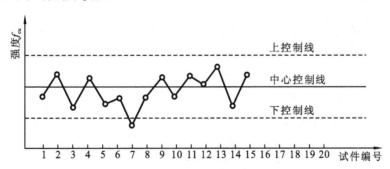

图 5.4　混凝土强度控制图

从质量控制图的变动趋势,可以判断施工是否正常。如果测得的各点几乎全部落在控制界线内,并且控制界线内的点的排列是随机的,即为施工正常。如果各点显著偏离中心线或分布在一侧,尤其是有些点超出上下控制线,说明混凝土质量均匀性已下降,应立即查明原因,加以控制。

5.4.2 混凝土强度的评定

1. 混凝土强度的波动规律

试验表明,混凝土强度的波动规律是符合正态分布的。即在施工条件相同的情况下,对同一种混凝土进行系统取样,测定其强度,以强度为横坐标,以某一强度出现的概率为纵坐标,可绘出强度概率正态分布曲线,如图 5.5 所示。正态分布的特点为:以强度平均值为对称轴,左右两边的曲线是对称的,距离对称轴愈远的值,出现的概率愈小,并逐渐趋近于零;曲线和横坐标之间的面积为概率的总和,等于 100%;对称轴两边,出现的概率相等,在对称轴两边的曲线上各有一个拐点,拐点距强度平均值的距离即为标准差。

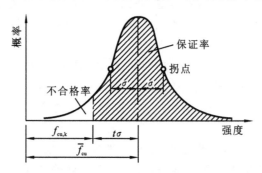

图 5.5 混凝土强度正态分布曲线

2. 混凝土强度数理统计参数

1) 强度平均值 $\overline{f}_{cu}$

混凝土强度平均值 $\overline{f}_{cu}$ 可用式(5-15)计算:

$$\overline{f}_{cu} = \frac{1}{n} \sum_{i=1}^{n} f_{cu,i} \tag{5-15}$$

式中　n——试验组数($n \geqslant 25$);

　　　$f_{cu,i}$——第 i 组试件的立方体强度值,MPa。

在混凝土强度正态分布曲线图(见图 5.5)中,强度平均值 $\overline{f}_{cu}$ 处于对称轴上,也称样本平均值,可代表总体平均值。$\overline{f}_{cu}$ 仅代表混凝土强度总体的平均值,但不能说明混凝土强度的波动状况。

2) 标准差(均方差)σ

标准差可用式(5-16)计算:

$$\sigma = \sqrt{\frac{\sum_{i=1}^{n} (f_{cu,i} - \overline{f}_{cu})^2}{n-1}} \tag{5-16}$$

标准差是评定混凝土质量均匀性的主要指标,它在混凝土强度正态分布曲线图中表示分布曲线的拐点距离强度平均值的距离。σ 值愈大,说明其强度离散程度愈大,混凝土质量也愈不稳定。

3) 变异系数(离差系数)C_V

变异系数可由式(5-17)计算:

$$C_V = \frac{\sigma}{\overline{f}_{cu}} \tag{5-17}$$

C_V 表示混凝土强度的相对离散程度。C_V 值愈小,说明混凝土的质量愈稳定,混凝土生产的质量水平愈高。

4）混凝土强度保证率 P

混凝土强度保证率,是指混凝土强度总体分布中,大于或等于设计要求的强度等级值的概率,以正态分布曲线的阴影部分面积表示,如图 5.5 所示。强度保证率可按如下方法计算:先根据混凝土设计要求的强度等级($f_{cu,k}$)、混凝土的强度平均值($\overline{f}_{cu}$)、标准差(σ)或变异系数(C_V),计算出概率度 t。

$$t = \frac{\overline{f}_{cu} - f_{cu,k}}{\sigma} \quad \text{或} \quad t = \frac{\overline{f}_{cu} - f_{cu,k}}{C_V \overline{f}_{cu}} \tag{5-18}$$

再根据 t 值,由表 5.25 查得强度保证率 $P(\%)$。

《混凝土强度检验评定标准》(GB/T 50107—2010)及《混凝土结构设计规范》(GB 50010—2010)规定,同批试件的统计强度保证率不得小于 95%。

表 5.25 不同 t 值的混凝土强度保证率 P

t	0.00	0.50	0.80	0.84	1.00	1.04	1.20	1.28	1.40	1.50	1.60
$P/(\%)$	50.0	69.2	78.8	80.0	84.1	85.1	88.5	90.0	91.9	93.3	94.5
t	1.645	1.70	1.75	1.81	1.88	1.96	2.00	2.05	2.33	2.50	3.00
$P/(\%)$	95.0	95.5	96.0	96.5	97.0	97.5	97.7	98.0	99.0	99.4	99.9

3. 混凝土强度检验评定标准

根据《混凝土强度检验评定标准》(GB/T 50107—2010)的规定,混凝土强度评定方法可分为统计方法和非统计方法两种。

1）统计方法评定

(1)当连续生产的混凝土,生产条件在较长时间内保持一致,且同一品种、同一强度等级混凝土的强度变异性保持稳定时,一个检验批的样本容量应为连续的 3 组试件,其强度应同时符合下列要求:

$$m_{f_{cu}} \geqslant f_{cu,k} + 0.7\sigma_0 \tag{5-19}$$

$$f_{cu,min} \geqslant f_{cu,k} - 0.7\sigma_0 \tag{5-20}$$

检验批混凝土立方体抗压强度的标准差应按下式计算:

$$\sigma_0 = \sqrt{\frac{\sum_{i}^{n} f_{cu,i}^2 - n m_{f_{cu}}^2}{n-1}} \tag{5-21}$$

当混凝土强度等级不高于 C20 时,其强度的最小值尚应满足下式要求:

$$f_{cu,min} \geqslant 0.85 f_{cu,k} \tag{5-22}$$

当混凝土强度等级高于 C20 时,其强度的最小值尚应满足下式要求:

$$f_{cu,min} \geqslant 0.90 f_{cu,k} \tag{5-23}$$

式中 $m_{f_{cu}}$——同一检验批混凝土立方体抗压强度的平均值,MPa;

$f_{cu,k}$ ——混凝土立方体抗压强度标准值，MPa；

$f_{cu,min}$ ——同一检验批混凝土立方体抗压强度的最小值，MPa；

σ_0 ——检验批混凝土立方体抗压强度的标准差，MPa；当检验批混凝土强度标准差 σ_0 计算值小于 2.5 MPa 时，应取 2.5 MPa；

$f_{cu,i}$ ——前一个检验期内同一品种、同一强度等级的第 i 组混凝土试件的立方体抗压强度代表值，MPa；该检验期不应少于 60 d，也不得大于 90 d；

n ——前一检验期内的样本容量，在该期间内样本容量不应少于 45。

（2）当混凝土的生产条件在较长时间内不能保持一致，且混凝土强度变异性不能保持稳定时，或在前一个检验期内的同一品种、同一强度等级混凝土，无足够多的数据用以确定检验批混凝土立方体抗压强度的标准差时，应由样本容量不少于 10 组的试件组成一个检验批，其强度应同时满足下列要求：

$$m_{f_{cu}} \geqslant f_{cu,k} + \lambda_1 \cdot S_{f_{cu}} \tag{5-24}$$

$$f_{cu,min} \geqslant \lambda_2 \cdot f_{cu,k} \tag{5-25}$$

同一检验批混凝土立方体抗压强度的标准差应按下式计算：

$$S_{f_{cu}} = \sqrt{\frac{\sum_{i}^{n} f_{cu,i}^2 - nm_{f_{cu}}^2}{n-1}} \tag{5-26}$$

式中　$S_{f_{cu}}$ ——同一检验批混凝土立方体抗压强度的标准差，MPa；当检验批混凝土强度标准差 $S_{f_{cu}}$ 计算值小于 2.5 MPa 时，应取 2.5 MPa 标准；

n ——本检验期内的样本容量；

λ_1, λ_2 ——合格评定系数，按表 5.26 取用。

表 5.26　混凝土强度的合格评定系数

试 件 组 数	10～14	15～19	≥20
λ_1	1.15	1.05	0.95
λ_2	0.90	0.85	

2）非统计方法评定

当用于评定的样本容量小于 10 组时，应采用非统计方法评定混凝土强度。

按非统计方法评定混凝土强度时，其强度应同时符合下列规定：

$$m_{f_{cu}} \geqslant \lambda_3 \cdot f_{cu,k} \tag{5-27}$$

$$f_{cu,min} \geqslant \lambda_4 \cdot f_{cu,k} \tag{5-28}$$

式中　λ_3, λ_4 ——合格评定系数，按表 5.27 取用。

表 5.27　混凝土强度的非统计方法合格评定系数

混凝土强度等级	＜C60	≥C60
λ_3	1.15	1.10
λ_4	0.95	

3）混凝土强度的合格性评定

混凝土强度应分批进行检验评定，当检验结果满足以上规定时，则该批混凝土强度应评定为合格；当不能满足上述规定时，该批混凝土强度应评定为不合格。对不合格批混凝土制成的结构或构件，可采用钻芯法或其他非破损检验方法，进行进一步鉴定。对不合格的结构或构件，必须及时处理。

5.5　其他品种混凝土

5.5.1　高性能混凝土

1990 年 5 月，美国国家标准与技术研究所（NIST）和美国混凝土协会（NCI）首先提出了高性能混凝土的概念。目前，各国对高性能混凝土的定义尚有争议。综合各国学者的意见，高性能混凝土是以耐久性和可持续发展为基本要求，适应工业化生产与施工，具有高抗渗性、高体积稳定性（低干缩、低徐变、低温度应变率和高弹性模量）、良好的工作性能（高流动性、高黏聚性，达到自密实）的混凝土。

虽然高性能混凝土是由高强混凝土发展而来，但高强混凝土并不就是高性能混凝土，不能将其混为一谈。高性能混凝土比高强混凝土具有更为有利于工程长期安全使用与便于施工的优异性能，它将会比高强混凝土有更为广阔的应用前景。

高性能混凝土在配制时通常应注意以下几个方面。

（1）必须掺入与所用水泥具有相容性的高效减水剂，以降低水胶比，提高强度，并使其具有合适的工作性。

（2）必须掺入一定量的活性磨细矿物掺和料，如硅灰、磨细矿渣、优质粉煤灰等。在配制高性能混凝土时，掺加活性磨细掺和料，可利用其微粒效应和火山灰活性，以增强混凝土的密实性，提高强度和耐久性。

（3）选用合适的骨料，尤其是粗骨料的品质（如粗骨料的强度、针片状颗粒含量、最大粒径等）对高性能混凝土的强度有较大影响。因此，用于高性能混凝土的粗骨料粒径不宜太大，在配制 60～100 MPa 的高性能混凝土时，粗骨料最大粒径不宜大于 19.0 mm。

高性能混凝土是水泥混凝土的发展方向之一，它符合科学的发展观，随着土木工程技术的发展，它将广泛地应用于桥梁工程、高层建筑、工业厂房结构、港口及海洋工程、水工结构等工程。

5.5.2　轻骨料混凝土

轻骨料混凝土是指用轻粗骨料、轻砂（或普通砂）、水泥和水配制而成的干表观密度不大于 1950 kg/m³ 的混凝土。粗、细骨料均为轻骨料者，称为全轻混凝土；细骨料全部或部分采用普通砂者，称为砂轻混凝土。

轻骨料按其来源可分为：①工业废料轻骨料，如粉煤灰陶粒、自然煤矸石、膨胀矿渣珠、煤渣及轻砂；②天然轻骨料，如浮石、火山渣及其轻砂；③人造轻骨料，如页岩陶粒、黏土陶粒、膨胀珍珠岩轻砂。

轻骨料混凝土的强度等级按立方体抗压强度标准值划分为：LC5.0、LC7.5、LC10、LC15、LC20、LC25、LC30、LC35、LC40、LC45、LC50、LC55 和 LC60。

强度等级为 LC5.0 的称为保温轻骨料混凝土，主要用于围护结构或热工结构的保温；强度等级小于等于 LC15 的称为结构保温轻骨料混凝土，用于既承重又保温的围护结构；强度等级大于 LC15 的称为结构轻骨料混凝土,用于承重构件或构筑物。

轻骨料混凝土的变形比普通混凝土大,弹性模量较小,极限应变大,利于改善构筑物的抗震性能。轻骨料混凝土的收缩和徐变比普通混凝土的相应大 20%～60%,热膨胀系数比普通混凝土的小 20%左右。

轻骨料混凝土的表观密度比普通混凝土减少 1/4～1/3,隔热性能改善,可使结构尺寸变少,增加建筑物使用面积,降低基础工程费用和材料运输费用,其综合效益良好。因此,轻骨料混凝土主要适用于高层和多层建筑以及软土地基、大跨度结构、抗震结构、要求节能的建筑等。

5.5.3 泵送混凝土

泵送混凝土是在泵压的作用下混凝土经刚性或柔性管道输送到浇筑地点进行浇筑。泵送混凝土除必须满足混凝土设计强度和耐久性的要求外,尚应使混凝土满足可泵性要求。因此,对泵送混凝土粗骨料、细骨料、水泥、外加剂、掺和料等都必须严格控制。

《混凝土泵送施工技术规程》(JGJ/T 10—2011)规定,泵送混凝土配合比设计时,胶凝材料总量不宜少于 300 kg/m³;用水量与胶凝材料总量之比不宜大于 0.6。粗骨料应满足以下要求:①粗骨料的最大粒径与输送管径之比,应符合表 5.28 的规定;②粗骨料应采用连续级配,且针片状颗粒含量不宜大于 10%。细骨料应满足以下要求:①宜采用中砂,其通过 0.315 mm 筛孔的颗粒含量不应小于 15%;②砂率宜为 35%～45%。掺用引气剂型外加剂的泵送混凝土的含气量不宜大于 4%。坍落度对混凝土的可泵性影响很大,泵送混凝土的坍落度应根据泵送的高度和距离,按照《混凝土泵送施工技术规程》(JGJ/T 10—2011)选择。

表 5.28　粗集料的最大粒径与输送管径之比

泵送高度/m	碎石	卵石
<50	≤1∶3.0	≤1∶2.5
50～100	≤1∶4.0	≤1∶3.0
>100	≤1∶5.0	≤1∶4.0

由于混凝土输送泵管路可以敷设到吊车或小推车不能到达的地方,并使混凝土在一定压力下充填灌注部位,具有其他设备不可替代的特点,改变了混凝土输送效率低下的传统施工方法,因此近年来在钻孔灌注桩工程中开始应用,并广泛应用于公路、铁路、水利等建筑工程。

5.5.4 防水混凝土

防水混凝土是通过各种方法提高混凝土的抗渗性能,达到防水要求的混凝土。常用的配制方法有:骨料级配法(改善骨料级配);富水泥浆法(采用较小的水胶比,较高的水泥用量和砂率,改善砂浆质量,减少孔隙率,改变孔隙形态特征);掺外加剂法(如引气剂、防水剂、减水剂等);采用特殊水泥(如膨胀水泥等)。防水混凝土主要用于有防水抗渗要求的水工构筑物,给排水工程构筑物(如水池、水塔等)和地下构筑物,以及有防水抗渗要求的屋面等。

5.6 砂石材料检测

5.6.1 实验一:砂、石试样的取样与处理

1.检测依据

《建筑用砂》(GB/T 14684—2011)、《建筑用卵石、碎石》(GB/T 14685—2011)等。

2.取样方法

(1) 在料堆上取样时,取样部位应均匀分布。取样前先将取样部位表层铲除,然后从不同部位抽取大致等量的砂 8 份(石子 15 份),组成一组样品。

(2) 从皮带运输机上取样时,应用接料器从皮带运输机机头的出料处全断面定时随机抽取大致等量的砂 4 份(石 8 份),组成一组样品。

(3) 从火车、汽车、货船上取样时,从不同部位和深度随机抽取大致相等的砂 8 份(石 16 份),组成一组样品。

3.取样数量

单项试验的最少取样数量应符合表 5.29 和表 5.30 的规定。做几项试验时,如确能保证试样经一项试验后不致影响另一试验的结果,可用同一试样进行几项不同的试验。

表 5.29 砂单项试验取样数量《建筑用砂》(GB/T 14684—2011)　　　　(单位:kg)

序号	检验项目	最少取样质量	序号	检验项目		最少取样质量
1	颗粒级配	4.4	8	硫化物及硫酸盐含量		0.6
2	含泥量	4.4	9	氯化物含量		4.4
3	石粉含量	6.0	10	坚固性	天然砂	8.0
4	泥块含量	20.0			人工砂	20.0
5	云母含量	0.6	11	表观密度		2.6
6	轻物质含量	3.2	12	堆积密度与空隙率		5.0
7	有机物含量	2.0	13	碱骨料反应		20.0

表 5.30 石子单项试验取样数量《建筑用卵石、碎石》(GB/T 14685—2011)　　　　(单位:kg)

序号	检验项目	不同最大粒径 mm 的最少取样量							
		9.5	16.0	19.0	26.5	31.5	37.5	63.0	75.0
1	颗粒级配	9.5	16.0	19.0	25.0	31.5	37.5	63.0	80.0
2	含泥量	8.0	8.0	24.0	24.0	40.0	40.0	80.0	80.0
3	泥块含量	8.0	8.0	24.0	24.0	40.0	40.0	80.0	80.0
4	针片状颗粒含量	1.2	4.0	8.0	12.0	20.0	40.0	40.0	40.0
5	有机物含量	按试验要求的粒级和数量取样							
6	硫化物及硫酸盐含量								
7	坚固性								
8	岩石抗压强度	随机选取完整石块锯切或钻取成试验用样品							

续表

序号	检验项目	不同最大粒径 mm 的最少取样量							
		9.5	16.0	19.0	26.5	31.5	37.5	63.0	75.0
9	压碎指标值	按试验要求的粒级和数量取样							
10	表观密度	8.0	8.0	8.0	8.0	12.0	16.0	24.0	24.0
11	堆积密度与空隙率	40.0	40.0	40.0	40.0	80.0	80.0	120.0	120.0
12	碱骨料反应	20.0	20.0	20.0	20.0	20.0	20.0	20.0	20.0

4. 试样处理

1) 砂试样处理

(1) 用分料器法:将样品在潮湿状态下拌和均匀,然后通过分料器,取接料斗中的一份再次通过分料器。重复上述过程,直至把样品缩分到试验所需量为止。

(2) 人工四分法:将所取样品置于平板上,在潮湿状态下拌和均匀,并堆成厚度约为 20 mm 的"圆饼"状,然后沿互相垂直的两条直径把"圆饼"分成大致相等的四份,取其对角的两份重新拌匀,再堆成"圆饼"。重复上述过程,直至把样品缩分到试验所需量为止。

堆积密度、人工砂坚固性检验所用试样可不经缩分,在拌匀后直接进行试验。

2) 石子试样处理

将所取样品置于平板上,在自然状态下拌均匀,并堆成锥体,然后沿互相垂直的两条直径把锥体分成大致相等的四份,取其对角的两份重新拌匀,再堆成锥体,重复上述过程,直至把样品缩分至试验所需的质量为止。

堆积密度检验所用试样可不经缩分,在拌匀后直接进行试验。

5.6.2 实验二:砂的颗粒级配检测

1. 检测目的

测定混凝土用砂的颗粒级配和粗细程度。

2. 仪器设备

(1) 鼓风烘箱:能使温度控制在(105±5) ℃。

(2) 天平:称量 1 kg,感量 1 g。

(3) 方孔筛:孔径为 150 μm、300 μm、600 μm、1.18 mm、2.36 mm、4.75 mm 及 9.50 mm 的筛各一只,并附有筛底和筛盖。

(4) 摇筛机。

(5) 搪瓷盘、毛刷等。

3. 检测步骤

1) 试样制备

按规定取样,并将试样缩分至约 1100 g,放在烘箱中于(105±5) ℃下烘干至恒重,待冷却至室温后,筛除大于 9.50 mm 的颗粒(并计算出筛余百分率),分为大致相等的两份备用。

2) 筛分

称取试样 500 g,精确至 1 g。将试样倒入按孔径大小从上到下组合的套筛(附筛底)上,置套筛于摇筛机上筛 10 min,取下后逐个用手筛,筛至每分钟通过量小于试样总量 0.1% 为止。通过的颗粒并入下一号筛中,顺序过筛,直至各号筛全部筛完。

称取各号筛的筛余量(精确至 1 g),试样在各号筛上的筛余量不得超过按式(5-29)计算出的量,超过时应将该粒级试样分成少于按式(5-29)计算的量,分别筛,筛余量之和即为该筛的筛余量。

$$G = \frac{A \times \sqrt{d}}{300} \tag{5-29}$$

式中　G——在一个筛上的筛余量,g;

　　　A——筛面面积,mm^2;

　　　d——筛孔尺寸,mm。

筛分后,若各号筛的筛余量与筛底的量之和同原试样质量之差超过 1% 时,须重做试验。

4. 结果计算与评定

(1) 计算分计筛余百分率:各号筛上的筛余量与试样总质量之比,计算精确至 0.1%。

(2) 计算累计筛余百分率:该号筛及其以上各筛的分计筛余百分率之和,精确至 0.1%。

(3) 计算砂的细度模数,精确至 0.01。

(4) 累计筛余百分率取两次试验结果的算术平均值,精确至 1%。细度模数取两次试验结果的算术平均值,精确至 0.1;如两次试验的细度模数之差大于 0.20 时,应重新进行试验。

5.6.3　实验三:砂的表观密度检测

1. 检测目的

测定砂的表观密度,评定砂的质量,为混凝土配合比设计提供依据。

2. 仪器设备

(1) 鼓风烘箱:能使温度控制在(105±5)℃;

(2) 天平:称量 1 kg,感量 1 g;

(3) 容量瓶:500 mL;

(4) 搪瓷盘、干燥器、滴管、毛刷等。

3. 检测步骤

(1) 按规定取样,并将试样缩分至约 660 g,放在烘箱中于(105±5)℃下烘干至恒重,待冷却至室温后,分为大致相等的两份备用。

(2) 称取试样 300 g,精确至 1 g。将试样装入容量瓶,注入冷开水至接近 500 mL 的刻度处,用手旋转摇动容量瓶,使砂样充分摇动,排除气泡,塞紧瓶盖,静置 24 h。然后用滴管小心加水至容量瓶 500 mL 刻度处,塞紧瓶塞,擦干瓶外水分,称出其质量,精确至 1 g。

(3) 倒出瓶内水和试样,洗净容量瓶,再向容量瓶内注水至 500 mL 刻度处,塞紧瓶塞,擦干瓶外水分,称出其质量,精确至 1 g。

4. 结果计算与评定

(1) 砂的表观密度按式(5-30)计算,精确至 10 kg/m^3。

$$\rho_0 = \left(\frac{G_0}{G_0 + G_2 - G_1} \right) \times \rho_w \tag{5-30}$$

式中　ρ_0、ρ_w——砂的表观密度和水的密度,kg/m^3;

　　　G_0、G_1、G_2——烘干试样的质量,试样、水及容量瓶的总质量,水及容量瓶的总质量,g。

(2) 表观密度取两次试验结果的算术平均值,精确至 10 kg/m^3;如两次试验结果之差大于 20 kg/m^3,须重新试验。

5.6.4 实验四:砂的堆积密度与空隙率检测

1. 检测目的

测定砂的堆积密度,计算砂的空隙率,为混凝土配合比设计提供依据。

2. 仪器设备

(1) 鼓风烘箱:能使温度控制在(105±5)℃。

(2) 天平:称量 1 kg,感量 1 g。

(3) 容量筒:圆柱形金属筒,内径 108 mm,净高 109 mm,容积 1 L。

(4) 直尺、漏斗或料勺、搪瓷盘、毛刷等。

3. 检测步骤

(1) 试样制备。按规定取样,用搪瓷盘装取试样约 3 L,放在烘箱中于(105±5)℃下烘干至恒重,待冷却至室温后,筛除大于 4.75 mm 的颗粒,分为大致相等的两份备用。

(2) 松散堆积密度测定。取试样一份,用漏斗或料勺将试样从容量筒中心上方 50 mm 处徐徐倒入,让试样以自由落体下落,当容量筒上部试样呈锥体,且容量筒四周溢满时,即停止加料。然后用直尺沿筒口中心线向两边刮平,称出试样和容量筒总质量,精确至1 g。

(3) 紧实堆积密度测定。取试样一份,分两层装入容量筒。装完第一层后,在筒底垫放一根直径为 10 mm 的圆钢,将筒按住,左右交替击地面各 25 次。然后再装入第二层,第二层装满后用同样方法颠实(但筒底所垫钢筋的方向应与第一层时的方向垂直)后,再加试样直至超过筒口,然后用直尺沿筒口中心线向两边刮平,称出试样和容量筒总质量,精确至1 g。

4. 结果计算与评定

(1) 松散或紧实堆积密度按式(5-31)计算,精确至 10 kg/m³。

$$\rho_0' = \frac{G_1 - G_2}{V} \tag{5-31}$$

式中 ρ_0'——砂子的松散堆积密度或紧实堆积密度,kg/m³;

G_1——试样和容量筒总质量,g;

G_2——容量筒的质量,g;

V——容量筒的容积,L。

(2) 空隙率按式(5-32)计算,精确至 1%。

$$P' = \left(1 - \frac{\rho_0'}{\rho_0}\right) \times 100\% \tag{5-32}$$

式中 P'——空隙率,%;

ρ_0'——试样的松散(或紧实)堆积密度,kg/m³;

ρ_0——试样的表观密度,kg/m³。

(3) 堆积密度取两次试验结果的算术平均值,精确至 10 kg/m³。空隙率取两次试验结果的算术平均值,精确至 1%。

5.6.5 试验五:石子颗粒级配检测

1. 检测目的

测定石子的颗粒级配及粒级规格,作为混凝土配合比设计的依据。

2. 仪器设备

(1) 鼓风烘箱:能使温度控制在(105±5)℃。

(2) 台秤:称量 10 kg,感量 10 g。

(3) 方孔筛:孔径为 2.36 mm、4.75 mm、9.50 mm、16.0 mm、19.0 mm、26.5 mm、31.5 mm、37.5 mm、53.0 mm、63.0 mm、75.0 mm 及 90 mm 的筛各一只,并附有筛底和筛盖。

(4) 摇筛机、搪瓷盘、毛刷等。

3. 检测步骤

(1) 按规定取样,并将试样缩分至略大于表 5.31 规定的数量,烘干或风干后备用。

表 5.31　石子颗粒级配试验所需试样数量(《建设用卵石、碎石》(GB/T 14685—2011))

最大粒径/mm	9.5	16.0	19.0	26.5	31.5	37.5	63.0	75.0
最少试样质量/kg	1.9	3.2	3.8	5.0	6.3	7.5	12.6	16.0

(2) 称取按表 5.31 规定数量的试样一份,精确到 1 g。将试样倒入按孔径大小从上到下组合的套筛上。

(3) 将套筛置于摇筛机上,摇 10 min,取下套筛,按孔径大小顺序再逐个用手筛,筛至每分钟通过量小于试样总量 0.1% 为止。通过的颗粒并入下一号筛中,并和下一号筛中的试样一起过筛,这样顺序进行,直至各号筛全部筛完为止。对大于 19.0 mm 的颗粒,筛分时允许用手拨动。

(4) 称出各号筛的筛余量,精确至 1 g。

筛分后,如每号筛的筛余量与筛底的试样之和同原试样质量之差超过 1% 时,须重做试验。

4. 结果计算与评定

(1) 计算各筛的分计筛余百分率:各号筛的筛余量与试样总质量之比,精确至 0.1%。

(2) 计算各筛的累计筛余百分率:该号筛的分计筛余百分率与该号筛以上各分计筛余百分率之和,精确至 1%。

(3) 根据各号筛的累计筛余百分率,评定该试样的颗粒级配。

5.6.6　试验六:石子的压碎指标检测

1. 检测目的

测定石子的压碎指标值,评定石子的质量。

2. 仪器设备

(1) 压力试验机:量程 300 kN,示值相对误差 2%。

(2) 压碎指标测定仪(圆模):见图 5.6。

(3) 台秤:称量 10 kg,感量 10 g。

(4) 天平:称量 1 kg,感量 1 g。

(5) 方孔筛:孔径分别为 2.36 mm、9.50 mm 及 19.0 mm 的筛各一只。

(6) 垫棒:直径 10 mm,长 500 mm 的圆钢。

3. 检测步骤

(1) 按规定取样,风干后筛除大于 19.0 mm 及小于 9.50 mm 的颗粒,并去除针片状颗

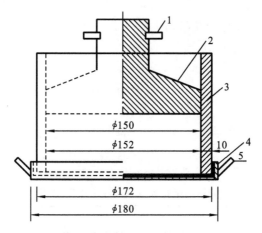

图 5.6 压碎指标测定仪(单位:mm)

1—把手;2—加压头;3—圆模;4—底盘;5—手把

粒,分为大致相等的三份备用。

(2)称取试样 3000 g,精确至 1 g。将试样分两次装入圆模。每次装完后,在底盘下垫放一根垫棒,将筒按住,左右交替颠击地面各 25 次,平整模内试样表面,盖上加压头。

(3)把装有试样的圆模置于压力机上,开动压力试验机,按 1 kN/s 速度均匀加荷至 200 kN并稳荷 5 s,然后卸载。取下加压头,倒出试样,用孔径 2.36 mm 的筛筛除被压碎的细粒,称出留在筛上的试样质量,精确至 1 g。

4.结果计算与评定

(1)压碎指标值按式(5-33)计算,精确至 0.1%。

$$Q_e = \frac{G_1 - G_2}{G_1} \times 100\% \tag{5-33}$$

式中　Q_e——压碎指标值,%;

　　　G_1——试样的质量,g;

　　　G_2——压碎试验后筛余的试样质量,g。

(2)压碎指标值取三次试验结果的算术平均值,精确至 1%。

5.6.7　实验七:石子的针片状颗粒含量检测

1.检测目的

测定石子的针片状颗粒含量,评定石子的质量。

2.仪器设备

(1)针状规准仪与片状规准仪:见图 5.7 和图 5.8。

(2)台秤:称量 10 kg,感量 10 g。

(3)方孔筛:孔径为 4.75 mm、9.50 mm、16.0 mm、19.0 mm、26.5 mm、31.5 mm 及 37.5 mm 的筛各一个。

3.检测步骤

(1)按规定取样,并将试样缩分至略大于表 5.32 规定的数量,烘干或风干后备用。

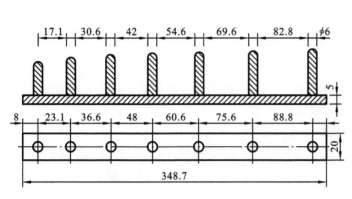

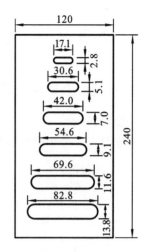

图 5.7　针状规准仪(单位:mm)　　　图 5.8　片状规准仪(单位:mm)

表 5.32　针、片状颗粒含量试验所需试样数量(《建设用卵石、碎石》(GB/T 14685—2011))

最大粒径/mm	9.5	16.0	19.0	26.5	31.5	37.5	63.0	75.0
最少试样质量/kg	0.3	1.0	2.0	3.0	5.0	10.0	10.0	10.0

(2) 按表 5.32 规定称取试样一份,精确到 1 g,然后按表 5.33 规定的粒级对石子进行筛分。

表 5.33　针、片状颗粒含量试验的粒级划分及其相应的规准仪孔宽或间距　(单位:mm)

石 子 粒 级	4.75~9.50	9.50~16.0	16.0~19.0	19.0~26.5	26.5~31.5	31.5~37.5
片状规准仪相对应孔宽	2.8	5.1	7.0	9.1	11.6	13.8
针状规准仪相对应间距	17.1	30.6	42.0	54.6	69.6	82.8

(3) 按表 5.33 规定的粒级分别用规准仪逐粒检验:颗粒长度大于针状规准仪上相应间距者,为针状颗粒;颗粒厚度小于片状规准仪上相应孔宽者,为片状颗粒。称出其总质量,精确至 1 g。

(4) 石子粒径大于 37.5 mm 的碎石或卵石可用卡尺检验针、片状颗粒,卡尺卡口的设定宽度应符合表 5.34 的规定。

表 5.34　大于 37.5 mm 颗粒针、片状颗粒含量的粒级划分及其相应的卡尺卡口的设定宽度(单位:mm)

石 子 粒 级	37.5~53.0	53.0~63.0	63.0~75.0	75.0~90.0
检验片状颗粒的卡尺卡口设定宽度	18.1	23.2	27.6	33.0
检验针状颗粒的卡尺卡口设定宽度	108.6	139.2	165.6	198.0

4. 结果计算与评定

针、片状颗粒含量按式(5-34)计算,精确至 1%。

$$Q_C = \frac{G_2}{G_1} \times 100\% \tag{5-34}$$

式中　Q_C——针、片状颗粒含量,%;

　　　G_1——试样的质量,g;

　　　G_2——试样中所含针、片状颗粒的总质量,g。

5.7 普通混凝土技术性质检测

5.7.1 实验一:混凝土拌和物和易性的检测

1. 检测目的

测定混凝土拌和物的和易性,为混凝土配合比设计、混凝土拌和物质量评定提供依据。

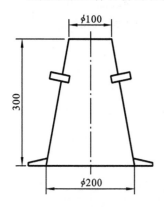

图5.9 坍落度筒(单位:mm)

2. 仪器设备

1)坍落度法

(1)坍落度筒:为底部内径(200±2)mm,顶部内径(100±2)mm,高度(300±2)mm的截圆锥形金属筒,内壁光滑,如图5.9所示。

(2)捣棒:直径16 mm,长650 mm钢棒,端部磨圆。

(3)小铲、钢尺、漏斗、抹刀等。

2)维勃稠度法

(1)维勃稠度测定仪:由振动台、容器、旋转架、坍落度筒四部分组成,如图5.10所示。

(2)其他,同坍落度法。

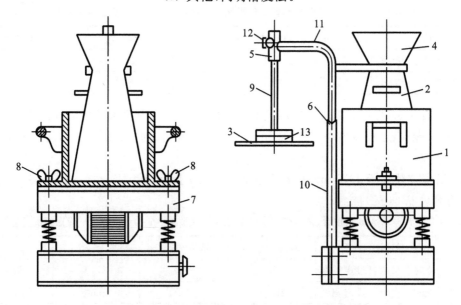

图5.10 混凝土拌和物维勃稠度测定仪

1—容量筒;2—坍落度筒;3—圆盘;4—漏斗;5—套筒;6—定位螺丝;7—振动台;
8—元宝螺丝;9—滑杆;10—支柱;11—旋转架;12—螺栓;13—荷重块

3. 检测步骤

1)坍落度法

本方法适用于骨料最大粒径不大于40 mm、坍落度值不小于10 mm的混凝土拌和物稠度测定。

(1)润湿坍落度筒及底板,在坍落度筒内壁和底板上应无明水。底板应放置在坚实水平面上,并把筒放在底板中心,然后用脚踩住两边的脚踏板,使坍落度筒在装料时保持位置固定。

(2)把按要求取样或制作的混凝土拌和物用小铲分三层均匀地装入筒内,使捣实后每层高度为筒高的 1/3 左右。每层用捣棒插捣 25 次,插捣应沿螺旋方向由外向中心进行,各次插捣应在截面上均匀分布。插捣筒边混凝土时,捣棒可以稍稍倾斜;插捣底层时,捣棒应贯穿整个深度;插捣第二层和顶层时,捣棒应插透本层至下一层的表面;浇灌顶层时,混凝土应灌到高出筒口。插捣过程中,如混凝土沉落到低于筒口,则应随时添加。顶层插捣完毕后,刮去多余的混凝土,并用抹刀抹平。

(3)清除筒边底板上的混凝土后,垂直平稳地提起坍落度筒。坍落度筒的提离过程应在 5~10 s 内完成;从开始装料到提起坍落度筒的整个过程应不间断地进行,并应在 150 s 内完成。

(4)提起坍落度筒后,测量筒高与坍落后混凝土试体最高点之间的高度差,即为该混凝土拌和物的坍落度值,测量精确至 1 mm,结果表达修约至 5 mm。坍落度筒提离后,如试件发生崩坍或一边剪坏现象,则应重新取样另行测定;如第二次试验仍出现上述现象,则表示该混凝土和易性不好,应予记录备查。

(5)观察坍落后的混凝土试体的黏聚性及保水性。黏聚性的检查方法是:用捣棒在已坍落的混凝土锥体侧面轻轻敲打,此时如果锥体逐渐下沉,则表示黏聚性良好;如果锥体倒塌、部分崩裂或出现离析现象,则表示黏聚性不好。保水性以混凝土拌和物稀浆析出的程度来评定:坍落度筒提起后如有较多的稀浆从底部析出,锥体部分的混凝土也因失浆而骨料外露,则表明此混凝土拌和物的保水性不好;坍落度筒提起后无稀浆或仅有少量稀浆自底部析出,则表示此混凝土拌和物的保水性良好。

2)维勃稠度法

本方法适用于骨料最大粒径不大于 40 mm,维勃稠度在 5~30 s 之间的混凝土拌和物稠度测定。

(1)将维勃稠度仪放置在坚实水平的地面上,用湿布把容器、坍落度筒、喂料斗内壁及其他用具润湿。

(2)将喂料斗提到坍落度筒上方扣紧,校正容器位置,使其中心与喂料中心重合,然后拧紧固定螺丝。

(3)把按要求取样或制作的混凝土拌和物用小铲分三层经喂料斗装入坍落度筒内,装料及插捣的方法同坍落度法。

(4)把喂料斗转离,垂直地提起坍落度筒,此时应注意不使混凝土试体产生横向的扭动。

(5)把透明圆盘转到混凝土圆台体顶面,放松测杆螺钉,降下圆盘,使其轻轻地接触到混凝土顶面,拧紧定位螺钉。同时开启振动台和秒表,当透明圆盘的底面被水泥浆布满的瞬间,立即关闭振动台和秒表,记录时间,由秒表读出的时间(s)即为该混凝土拌和物的维勃稠度值,精确至 1 s。

5.7.2 实验二:混凝土立方体抗压强度检测

1. 检测目的

测定混凝土立方体抗压强度,评定混凝土的质量。

2. 仪器设备

（1）压力试验机：精度不低于±1％，试件破坏荷载应大于压力机全量程的 20％且小于压力机全量程的 80％；

（2）试模：由铸铁或钢制成，应具有足够的刚度并拆装方便。试模尺寸应根据骨料最大粒径按表 5.17 选择；

（3）捣棒、振动台、养护室、抹刀、金属直尺等。

3. 检测步骤

1）试件制作

（1）混凝土抗压强度试验以三个试件为一组，每一组试件所用的混凝土拌和物应从同一盘或同一车运输的混凝土中取出，或在试验室拌制。

（2）制作试件前，应先检查试模，拧紧螺栓并清刷干净，并在试模的内表面薄涂一层矿物油脂或其他不与混凝土发生反应的脱膜剂。

（3）取样或试验室拌制的混凝土应在拌制后尽量短的时间内成型，一般不宜超过 15 min。

（4）试件成型方法应根据混凝土拌和物的稠度和施工方法而定。坍落度不大于 70 mm 的混凝土宜用振动台振实；大于 70 mm 的宜用捣棒人工捣实；检验现浇混凝土或预制构件的混凝土，试件成型方法宜与实际采用的方法相同。

① 振动台振实成型。将混凝土拌和物一次装入试模，装料时应用抹刀沿各试模壁插捣，并使混凝土拌和物高出试模口，然后将试模放在振动台上。开动振动台，振动至表面出浆为止。

② 人工捣实成型。将混凝土拌和物分两层装入试模，每层的装料厚度大致相等。每装一层进行插捣，每层插捣次数应按每 10000 mm² 截面不少于 12 次，插捣应按螺旋方向从边缘向中心均匀进行。插捣底层混凝土时，捣棒应达到试模底部；插捣上层时，捣棒应贯穿上层后插入下层 20～30 mm；插捣时捣棒应保持垂直，不得倾斜。然后用抹刀沿试模内壁插拔数次。插捣后用橡皮锤轻轻敲击试模四周，直至拌和物表面插捣孔消失为止。

③ 插入式振捣棒振实成型。将混凝土拌和物一次装入试模，装料时应用抹刀沿各试模壁插捣，并使混凝土拌和物高出试模口。宜用直径为 25 mm 的插入式振捣棒，插入试模振捣时，振捣棒距试模底板 10～20 mm 且不得触及试模底板，振动应持续到表面出浆为止，且应避免过振，以防止混凝土离析，一般振捣时间为 20 s。振捣棒拔出时要缓慢，拔出后不得留有孔洞。

（5）振实（或捣实）后，用金属直尺刮除试模上口多余的混凝土，待混凝土临近初凝时，用抹刀抹平。

2）试件养护

（1）试件成型后应立即用不透水的薄膜覆盖表面。

（2）采用标准养护的试件，应在温度为（20±5）℃情况下静置一昼夜至二昼夜，然后编号、拆模。拆模后的试件应立即放在温度为（20±2）℃、相对湿度为 95％以上的标准养护室内养护，或在温度为（20±2）℃的不流动的 $Ca(OH)_2$ 饱和溶液中养护。标准养护室内的试件应放在支架上，彼此间隔为 10～20 mm，试件表面应保持潮湿，并不得被水直接冲淋。

（3）同条件养护试件的拆模时间可与实际构件的拆模时间相同，拆模后，试件仍需保持同条件养护。

（4）标准养护龄期为 28 d（从搅拌加水开始计时）。

3）抗压强度试验

（1）试件从养护地点取出后应及时进行试验,将试件表面与上下承压板面擦干净。

（2）将试件安放在压力机的下压板或垫块上,试件的承压面应与成型时的顶面垂直。试件的中心应与试验机下压板中心对准。开动试验机,当上压板与试件或钢垫板接近时,调整球座,使接触均衡。

（3）在试验过程中应连续均匀地加荷。加荷速度为:混凝土强度等级小于 C30 时,为 0.3～0.5 MPa/s;混凝土强度等级大于等于 C30 且小于 C60 时,为 0.5～0.8 MPa/s;混凝土强度等级大于等于 C60 时,为 0.8～1.0 MPa/s。

（4）当试件接近破坏开始急剧变形时,停止调整试验机油门,直至试件破坏。然后记录破坏荷载。

4. 结果计算与评定

（1）混凝土立方体抗压强度按式（5-35）计算,精确至 0.1 MPa。

$$f_{cu} = \frac{P}{A} \tag{5-35}$$

式中　f_{cu}——混凝土立方体试件抗压强度,MPa;

　　　P——试件破坏荷载,N;

　　　A——试件承压面积,mm^2。

（2）以三个试件测值的算术平均值作为该组试件的抗压强度值。三个测值中的最大值或最小值中,如有一个与中间值的差值超过中间值的 15% 时,则把最大及最小值一并舍去,取中间值作为该组试件的抗压强度值;如最大值和最小值与中间值的差值均超过中间值的 15%,则该组试件的试验结果无效。

（3）混凝土强度等级小于 C60 时,用非标准试件测得的强度值均应乘以尺寸换算系数（见表 5.17）,当混凝土强度等级大于等于 C60 时,宜采用标准试件;使用非标准试件时,尺寸换算系数应由试验确定。

【思考题】

一、填空题

1.普通混凝土用砂的颗粒级配按（　　）mm 筛的累计筛余百分率分为（　　）、（　　）和（　　）三个级配区;按（　　）模数的大小分为（　　）、（　　）和（　　）。

2.普通混凝土用粗骨料主要有（　　）和（　　）两种。

3.根据《混凝土结构工程施工质量验收规范》（GB 50204）规定,混凝土用粗骨料的最大粒径不得大于结构截面最小尺寸的（　　）,同时不得大于钢筋间最小净距的（　　）;对于混凝土实心板,粗骨料最大粒径不宜超过板厚的（　　）,且最大粒径不得超过（　　）mm。

4.混凝土拌和物的和易性包括（　　）、（　　）和（　　）三个方面的含义。通常采用定量测定（　　）,方法是塑性混凝土采用（　　）法,干硬性混凝土采用（　　）法;采取直观经验评定（　　）和（　　）。

5.混凝土立方体抗压强度是以边长为（　　）mm 的立方体试件,在温度为（　　）℃,相对湿度为（　　）以上的标准条件下养护（　　）d,用标准试验方法测定的极限抗压强度,用符号（　　）表示,单位为（　　）。

6.混凝土中掺入减水剂,在混凝土流动性不变的情况下,可以减少（　　）,提高混凝土的(　　);在用水量及水胶比一定时,混凝土的(　　)增大;在流动性和水胶比一定时,可以(　　)。

7.混凝土的轴心抗压强度采用尺寸为(　　)的棱柱体试件测定。

二、名词解释

颗粒级配和粗细程度;

石子最大粒径;

水胶比;

混凝土拌和物和易性;

混凝土砂率。

三、单项选择题

1.级配良好的砂,它的(　　)。

A. 空隙率小,堆积密度较大　　　　　　B. 空隙率大,堆积密度较小

C. 空隙率和堆积密度均大　　　　　　　D. 空隙率和堆积密度均小

2.测定混凝土立方体抗压强度时采用的标准试件尺寸为(　　)。

A. 100 mm×100 mm×100 mm　　　　B. 150 mm×150 mm×150 mm

C. 200 mm×200 mm×200 mm　　　　D. 70.7 mm×70.7 mm×70.7 mm

3.维勃稠度法是用于测定(　　)的和易性。

A. 低塑性混凝土　　　　　　　　　　　B. 塑性混凝土

C. 干硬性混凝土　　　　　　　　　　　D. 流动性混凝土

4.某混凝土维持细骨料用量不变的条件下,砂的M_x越大,说明(　　)。

A. 该混凝土中细骨料的颗粒级配越好

B. 该混凝土中细骨料的颗粒级配越差

C. 该混凝土中细骨料的总表面积越小,所需水泥用量越少

D. 该混凝土中细骨料的总表面积越大,所需水泥用量越多

5.设计混凝土配合比时,是为满足(　　)要求来确定混凝土拌和物坍落度的大小。

A. 施工条件　　　　　　　　　　　　　B. 设计要求

C. 水泥的需水量　　　　　　　　　　　D. 水泥用量

6.欲增加混凝土的流动性,应采取的正确措施是(　　)。

A. 增加用水量　　　　　　　　　　　　B. 提高砂率

C. 调整水胶比　　　　　　　　　　　　D. 保持水胶比不变,增加水泥浆量

7.配置大流动性混凝土,常用的外加剂是(　　)。

A. 膨胀剂　　　　　　　　　　　　　　B. 普通减水剂

C. 引气剂　　　　　　　　　　　　　　D. 高效减水剂

8.决定混凝土强度大小的最主要因素是(　　)。

A. 温度　　　　　　　　　　　　　　　B. 时间

C. f_{ce}　　　　　　　　　　　　　　　D. f_{ce}和W/C

四、简述题

1.试述混凝土的特点及混凝土各组成材料的作用。

2.简述混凝土拌和物和易性的概念及其影响因素。

3.试述混凝土耐久性的概念及其所包含的内容。

4.简述提高混凝土耐久性的措施。

5.简述混凝土拌和物坍落度大小的选择原则。

6.简述混凝土配合比设计的三大参数的确定原则以及配合比设计的方法步骤。

7.简述混凝土配合比的表示方法及配合比设计的基本要求。

8.简述减水剂的概念及其作用原理。

五、计算题

1.某工地用砂的筛分析结果如下表所示,试评定砂的级配和粗细程度。

筛孔尺寸	4.75 mm	2.36 mm	1.18 mm	600 μm	300 μm	150 μm
分计筛余(g)	20	100	100	120	70	60

2.某钢筋混凝土构件,其截面最小边长为 400 mm,采用钢筋为 $\phi 20$,钢筋中心距为 80 mm。试确定石子的最大粒径,并选择石子所属粒级。

3.采用普通水泥、卵石和天然砂配制混凝土,水胶比为 0.50,制作一组边长为 150 mm 的立方体试件,标准养护 28 d,测得的抗压破坏荷载分别为 510 kN,520 kN 和 650 kN。试计算:

(1)该组混凝土试件的立方体抗压强度;

(2)计算该混凝土所用水泥的实际抗压强度。

4.某工程现浇室内钢筋混凝土梁,混凝土设计强度等级为 C30,施工采用机械拌和和振捣,坍落度为 30~50 mm,施工单位无历史统计资料。所用原材料如下:

水泥:普通水泥 42.5 MPa,$\rho_c = 3100$ kg/m³,实测抗压强度为 45.0 MPa;砂:中砂、级配 2 区合格,$\rho_s = 2600$ kg/m³;石子:碎石 5~40 mm,$\rho_g = 2650$ kg/m³;水:自来水,$\rho_w = 1000$ kg/m³。

试分别用体积法和质量法计算该混凝土的初步配合比。

5.某混凝土,其试验室配合比为 $m_c : m_s : m_g = 1 : 2.10 : 4.60$,$m_w/m_c = 0.50$。现场砂、石子的含水率分别为 2% 和 1%,堆积密度分别为 1600 kg/m³ 和 1500 kg/m³。1 m³ 混凝土的用水量 $m_w = 160$ kg。试计算:

(1)该混凝土的施工配合比;

(2)1 袋水泥(50 kg)拌制混凝土时其他材料的用量;

(3)500 m³ 混凝土需要砂、石子各多少立方米?水泥多少吨?

第6章 建 筑 砂 浆

》》→ ▌学习目标与重点 ▌ ......

(1) 掌握建筑砂浆的技术性质及其检测方法。

(2) 了解砌筑砂浆的配合比设计。

6.1 建筑砂浆概述

6.1.1 建筑砂浆的定义及种类

建筑砂浆是由无机胶凝材料、细骨料、掺和料、水按适当比例配合、拌制并经硬化而成的工程材料。它与混凝土的区别在于不含有粗骨料,因此建筑砂浆也被称为细骨料混凝土。

建筑砂浆的种类很多,根据用途可分为砌筑砂浆、抹面砂浆、装饰砂浆、防水砂浆、勾缝砂浆,以及耐酸、耐热等特种砂浆。根据生产方式不同,分为施工现场拌制的砂浆和由搅拌站生产的商品砂浆。根据所用的胶凝材料不同可分为水泥砂浆、石灰砂浆和混合砂浆(包括水泥石灰砂浆、水泥黏土砂浆、石灰黏土砂浆等)。

6.1.2 建筑砂浆的主要应用

建筑砂浆是建筑工程中用量最大、用途最广的建筑材料之一。它被广泛用于砌筑(砖、石、砌块)、抹灰(如室内、外抹灰)、勾缝(如大型墙板、砖石墙的勾缝)、黏结(镶贴石材、粘贴面砖)等方面。

水泥石灰砂浆宜用于砌筑干燥环境中的砌体,多层房屋的墙体一般采用强度等级为 M5 的水泥石灰砂浆;水泥砂浆宜用于砌筑潮湿环境以及强度要求较高的砌体,砖柱、砖拱、钢筋砖过梁等一般采用强度等级为 M5～M10 的水泥砂浆,砖基础一般采用不低于 M5 的水泥砂浆;低层房屋或平房可采用石灰砂浆;简易房屋可采用石灰黏土砂浆。

6.1.3 砂浆的组成材料

砌筑砂浆是将砖、石、砌块等块材经砌筑成为砌体,起黏结、衬垫和传递荷载作用的砂浆。它的主要作用是将分散的块体材料牢固地黏结成为整体,并使荷载能均匀地往下传递,填充砌体材料之间的缝隙,提高建筑物的保温、隔声、防潮等性能。

1. 水泥

水泥是砌筑砂浆的主要胶凝材料。水泥宜采用通用硅酸盐水泥或砌筑水泥,且应符合现行国家标准《通用硅酸盐水泥》(GB 175—2007)和《砌筑水泥》(GB/T 3183—2003)的规定。水泥强度等级应根据砂浆品种及强度等级的要求进行选择。一般水泥砂浆采用的水泥,强度不宜高于 32.5 级,水泥混合砂浆采用的水泥,强度不宜高于 42.5 级。M15 及以下强度等级的砌筑砂浆宜选用 32.5 级的普通硅酸盐水泥或砌筑水泥;M15 以上强度等级的砌筑砂浆宜选用 42.5 级普通硅酸盐水泥。选用水泥的强度一般为砂浆强度的 4～5 倍。工程上较多采用的砂浆的强度等级为 M5 和 M7.5。水泥强度过高、水泥用量少,会影响砂浆的和易性。如果水泥强度等级过高,则可加入混合材料进行调整。对于一些特殊工程部位,如配制构件的接头、接缝或用于结构加固、修补裂缝,应采用膨胀水泥。

2. 水

拌制砂浆用水要求与混凝土拌和水要求相同,未经试验鉴定的非洁净水、生活污水、工业废水均不能用来拌制及养护砂浆。

3. 砂

砂浆常用普通砂拌制,要求砂坚固清洁,级配适宜,最大粒径通常应控制在砂浆厚度的 1/5～1/4,使用前必须过筛。砌筑砂浆中,砖砌体宜选用中砂,毛石砌体宜选用粗砂。砂子中的含泥量应有所控制,水泥砂浆、混合砂浆的强度等级大于等于 M5 时,含泥量应小于等于 5％;强度等级小于 M5 时,含泥量应小于等于 10％。若使用细砂配制砂浆时,砂子中的含泥量应经试验来确定。

4. 掺和料

为了改善砂浆的性质,减少水泥用量,降低成本,通常往砂浆中掺入石灰膏、黏土膏及粉煤灰等工业废料制成混合砂浆。砌筑砂浆用石灰膏、电石膏应符合下列规定。

生石灰熟化成石灰膏时,应用孔径不大于 3 mm×3 mm 的网过滤,熟化时间不得少于 7 d;磨细生石灰粉的熟化时间不得少于 2 d。沉淀池中储存的石灰膏,应采取措施防止干燥、冻结和污染。严禁使用脱水硬化的石灰膏。石灰膏稠度应控制在 120 mm 左右。

制作电石膏的电石渣应用孔径不大于 3 mm×3 mm 的网过滤,检验时应加热至 70 ℃后至少保持 20 min,并应待乙炔挥发完后再使用。

粉煤灰、粒化高炉矿渣粉、硅灰、天然沸石粉应分别符合国家现行标准《用于水泥和混凝土中的粉煤灰》(GB/T 1596—2005)、《用于水泥和混凝土中的粒化高炉矿渣粉》(GB/T 18046—2008)、《高强高性能混凝土用矿物外加剂》(GB/T 18736—2002)和《天然沸石粉在混凝土与砂浆中应用技术规程》(JGJ/T 112—1997)的规定。当采用其他品种矿物掺和料时,应有可靠的技术依据,并应在使用前进行试验验证。

采用保水增稠材料时,应在使用前进行试验验证,并应有完整的检验报告。

外加剂应符合国家现行有关标准的规定,引气型外加剂还应有完整的检验报告。必要时可以往砂浆中掺入适量的塑化剂,如微沫剂(松香、碱和适量水熬成的混合物)等,能有效地改善砂浆的和易性。

6.1.4 砌筑砂浆配合比的设计

砌筑砂浆配合比设计可通过查有关资料或手册来选用或通过计算来进行,确定初步配合比后,再进行试拌、调整,确定最终的施工配合比。砂浆的配合比以质量比表示。

1. 砌筑砂浆配合比的基本要求

砌筑砂浆配合比应满足以下基本要求。

(1) 和易性要求:砂浆拌和物的和易性应利于施工操作。

(2) 体积密度要求:水泥砂浆的体积密度大于等于 1900 kg/m³,水泥混合砂浆的体积密度大于等于 1800 kg/m³。

（3）强度要求：应达到设计要求的强度等级。

（4）耐久性要求：应达到设计要求的耐久年限。

（5）经济性要求：砂浆应尽可能考虑经济性要求，控制水泥和掺和料用量。

2. 砌筑砂浆初步配合比设计步骤

1）水泥混合砂浆配合比计算

（1）计算砂浆试配强度（$f_{m,0}$）

$$f_{m,0} = k \cdot f_2 \tag{6-1}$$

式中　$f_{m,0}$——砂浆的试配强度（MPa），应精确至 0.1 MPa；

　　　f_2——砂浆强度等级值（MPa），应精确至 0.1 MPa；

　　　k——系数，按表 6.1 取值。

表 6.1　砂浆强度标准差 σ 及 k 值

施工水平	强度等级	强度标准差 σ/MPa							k
		M5	M7.5	M10	M15	M20	M25	M30	
优良		1.00	1.50	2.00	3.00	4.00	5.00	6.00	1.15
一般		1.25	1.88	2.50	3.75	5.00	6.25	7.50	1.20
较差		1.50	2.25	3.00	4.50	6.00	7.50	9.00	1.25

① 砂浆强度标准差应按下式计算

$$\sigma = \sqrt{\frac{\sum\limits_{i=1}^{n} f_{m,i}^2 - n\mu_{f_m}^2}{n-1}} \tag{6-2}$$

式中　$f_{m,i}$——统计周期内同一品种砂浆第 i 组试件的强度（MPa）；

　　　μ_{f_m}——统计周期内同一品种砂浆 n 组试件强度的平均值（MPa）；

　　　n——统计周期内同一品种砂浆试件的总组数，$n \geqslant 25$。

② 当无统计资料时，砂浆强度标准差可按表取值。

（2）计算每立方米砂浆中的水泥用量（Q_C）

a. 每立方米砂浆中的水泥用量，应按下式计算

$$Q_C = 1000(f_{m,0} - \beta)/(\alpha \cdot f_{ce}) \tag{6-3}$$

式中　Q_C——每立方米砂浆的水泥用量（kg），应精确至 1 kg；

　　　f_{ce}——水泥的实测强度（MPa），应精确至 0.1 MPa；

　　　α, β——砂浆的特征系数，其中 α 取 3.03，β 取 -15.09。

注：各地区也可用本地区试验资料确定 α、β 值，统计用的试验组数不得少于 30 组。

b. 在无法取得水泥的实测强度值时，可按下式计算：

$$f_{ce} = \gamma_c \cdot f_{ce,k} \tag{6-4}$$

式中　$f_{ce,k}$——水泥强度等级值（MPa）；

　　　γ_c——水泥强度等级值的富余系数，宜按实际统计资料确定；无统计资料时可取 1.0。

（3）计算每立方米砂浆中石灰膏用量（Q_D）

$$Q_D = Q_A - Q_C \tag{6-5}$$

式中　Q_D——每立方米砂浆的石灰膏用量（kg），应精确至 1 kg；石灰膏使用时的稠度宜为 (120 ± 5) mm；

Q_C——每立方米砂浆的水泥用量(kg),应精确至 1 kg;

Q_A——每立方米砂浆中水泥和石灰膏总量,应精确至 1 kg,可为 350 kg。

(4) 确定每立方米砂浆中的砂用量(Q_S)

每立方米砂浆中的砂用量,应按干燥状态(含水率小于 0.5%)的堆积密度值作为计算值(kg)。

(5) 按砂浆稠度选每立方米砂浆用水(Q_W)

每立方米砂浆中的用水量,可根据砂浆稠度等要求在 210～310 kg 范围内选用。

注意事项如下:

①混合砂浆中的用水量,不包括石灰膏中的水;

②当采用细砂或粗砂时,用水量分别取上限或下限;

③稠度小于 70 mm 时,用水量可小于下限;

④施工现场气候炎热或干燥季节,可酌量增加用水量。

2. 水泥砂浆的配合比

可按表 6.2 选用。

表 6.2　每立方米水泥砂浆材料用量　　　　　　　　　　　　　　　　(单位:kg/m³)

强 度 等 级	水泥	砂	用水量
M5	200～230		
M7.5	230～260		
M10	260～290		
M15	290～330	砂的堆积密度值	270～330
M20	340～400		
M25	360～410		
M30	430～480		

注:①M15 及 M15 以下强度等级水泥砂浆,水泥强度等级为 32.5 级;M15 以上强度等级水泥砂浆,水泥强度等级为 42.5 级。

②当采用细砂或粗砂时,用水量分别取上限或下限。

③稠度小于 70 mm 时,用水量可小于下限。

④施工现场气候炎热或干燥季节,可酌情增加用水量。

⑤试配强度应按本规程式计算。

3. 水泥粉煤灰砂浆配合比

可按表 6.3 选用。

表 6.3　每立方米水泥粉煤灰砂浆材料用量　　　　　　　　　　　　　(单位:kg/m³)

强度等级	水泥和粉煤灰总量	粉煤灰	砂	用水量
M5	210～240			
M7.5	240～270	粉煤灰掺量可占胶凝材料总量的 15%～25%	砂的堆积密度值	270～330
M10	270～300			
M15	300～330			

注:①表中水泥强度等级为 32.5 级;

②当采用细砂或粗砂时,用水量分别取上限或下限;

③稠度小于 70 mm 时,用水量可小于下限;

④施工现场气候炎热或干燥季节,可酌情增加用水量。

3. 砌筑砂浆配合比试配、调整与确定

砌筑砂浆试配时应考虑工程实际要求,搅拌应符合相关规定。

按计算或查表所得配合比进行试拌时,应按现行行业标准《建筑砂浆基本性能试验方法标准》(JGJ/T 70—2009)测定砌筑砂浆拌和物的稠度和保水率。当稠度和保水率不能满足要求时,应调整材料用量,直到符合要求为止,然后确定为试配时的砂浆基准配合比。

试配时至少应采用三个不同的配合比,其中一个配合比应为按本规程得出的基准配合比,其余两个配合比的水泥用量应按基准配合比分别增加及减少10%。在保证稠度、保水率合格的条件下,可将用水量、石灰膏、保水增稠材料或粉煤灰等活性掺和料用量作相应调整。砌筑砂浆试配时稠度应满足施工要求,并应按现行行业标准《建筑砂浆基本性能试验方法标准》(JGJ/T 70—2009)分别测定不同配合比砂浆的表观密度及强度,并应选定符合试配强度及和易性要求、水泥用量最低的配合比作为砂浆的试配配合比。

按下式计算砂浆的理论表观密度值:

$$\rho_t = Q_C + Q_D + Q_S + Q_W \tag{6-6}$$

式中　ρ_t——砂浆的理论表观密度值(kg/m³),应精确至 10 kg/m³。

应按下式计算砂浆配合比校正系数 δ:

$$\delta = \rho_C / \rho_t \tag{6-7}$$

式中　ρ_C——砂浆的实测表观密度值(kg/m³),应精确至 10 kg/m³。

当砂浆的实测表观密度值与理论表观密度值之差的绝对值不超过理论值的2%时,可将试配配合比确定为砂浆设计配合比;超过2%时,应将试配配合比中每项材料用量均乘以校正系数 δ 后,确定为砂浆设计配合比。

例 4-1　计算用于砌筑烧结空心砖墙的水泥石灰砂浆的配合比,要求砂浆强度等级为M7.5、稠度为 60~80 mm、分层度小于 30 mm,采用强度等级为 42.5 级的普通硅酸盐碱水泥,含水率为 2% 的中砂,其堆积密度为 1450 kg/m³,用实测稠度为(120±5) mm 的石灰膏,施工水平一般。

解　(1)确定砂浆试配强度

$$f_{m,0} = k \cdot f_2$$

$f_2 = 7.5$ MPa,查表 $k = 1.20$

则　　　　　　　　　　　$f_{m,0} = 1.20 \times 7.5$ MPa $= 9.0$ MPa

(2)计算水泥用量

$$Q_C = \frac{1000(f_{m,0} - \beta)}{\alpha \cdot f_{ce}} = \frac{1000(9.0 + 15.09)}{3.03 \times 42.5} \text{ kg/m}^3 = 187 \text{ kg/m}^3$$

(3)计算石灰膏用量 Q_D

取砂浆中水泥和石灰膏总量 $Q_A = 300$ kg/m³

则　　　　　　　$Q_D = Q_A - Q_C = (300 - 187) \text{ kg/m}^3 = 113 \text{ kg/m}^3$

(4)根据砂子堆积密度和含水率,计算用砂量 Q_S

$$Q_S = 1450 \times (1 + 2\%) \text{ kg/m}^3 = 1479 \text{ kg/m}^3$$

(5)确定用水量 Q_W,选择用水量

$$Q_W = 300 \text{ kg/m}^3$$

(6)该水泥石灰砂浆试配时,其组成材料的配合比为

水泥：石灰膏：砂：水＝187：113：1479：300

（7）试配并调整配合比

对计算配合比砂浆进行试配与调整，并最后确定施工所用的砂浆配合比。

6.2 建筑砂浆检测

建筑砂浆应具有以下性质：满足和易性要求；满足设计的强度要求；具有良好的黏结力。

根据《建筑砂浆基本性能试验方法标准》(JGJ/T70—2009)的规定，建筑砂浆取样应满足以下要求：

（1）建筑砂浆试验用料应从同一盘砂浆或同一车砂浆中取样。取样量应不少于试验所需量的 4 倍。

（2）施工中取样进行砂浆试验时，其取样方法和原则应按相应的施工验收规范执行。一般在使用地点的砂浆槽、砂浆运送车或搅拌机出料口，至少从三个不同部位取样。现场取来的试样，试验前应人工搅拌均匀。

（3）从取样完毕到开始进行各项性能试验不宜超过 15 min。

建筑砂浆试样制作及养护应满足以下规定：

（1）在试验室制备砂浆拌和物时，所用材料应提前 24 h 运入室内。拌和时试验室的温度应保持在(20±5) ℃。

注：需要模拟施工条件下所用的砂浆时，所用原材料的温度宜与施工现场保持一致。

（2）试验所用原材料应与现场使用材料一致。砂应通过公称粒径 5 mm 的砂石筛。

（3）试验室拌制砂浆时，材料用量应以质量计。称量精度：水泥、外加剂、掺和料等为±0.5％；砂为±1％。

（4）在试验室搅拌砂浆时应采用机械搅拌，搅拌机应符合《试验用砂浆搅拌机》(JG/T 3033—1996)的规定，搅拌的用量宜为搅拌机容量的 30％～70％，搅拌时间不应少于120 s。掺有掺和料和外加剂的砂浆，其搅拌时间不应少于 180 s。

6.2.1 和易性检测

新拌砂浆应具有良好的和易性。砂浆的和易性包括流动性、保水性和稳定性三部分内容。和易性良好的砂浆容易在粗糙的砖石底面上铺设成均匀的薄层，而且能够和底面紧密黏结，既能提高劳动效率，又能保证工程质量。

1. 流动性检测

砂浆的流动性也叫稠度，是指砂浆在自重或外力作用下流动的性能，用指标"沉入度"表示。

砂浆稠度的大小是以砂浆稠度测定仪（见图 6.1）的标准圆锥自由沉入砂浆 10 s 的深度，用毫米(mm)表示。标准圆锥沉入的深度越深，表明砂浆的流动性越大。砂浆的流动性不能过大，否则强度会下降，并会出现分层、析水的现象；流动性过小，砂浆偏干，又不便于施工操作，灰缝不易填充。砂浆的流动性与砌体材料的种类、施工条件及气候条件等因素有关。根据《砌筑砂浆配合比设计规程》(JGJ/T 98—2010)的规定，砌筑砂浆的施工稠度按表6.4 选用。

表 6.4　砌筑砂浆的施工稠度

砌 体 种 类	施工稠度/mm
烧结普通砖砌体、粉煤灰砌体	70～90
烧结多孔砖砌体、烧结空心砖砌体、轻集料混凝土小型空心砌块砌体、蒸压加气混凝土砌块砌体	60～80
混凝土砖砌体、普通混凝土小型空心砌块砌体、灰砂砖砌体	50～70
石砌体	30～50

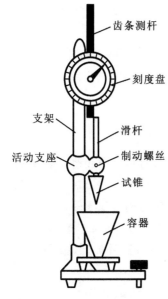

图 6.1　砂浆稠度测定仪

1）试验仪器

稠度试验所用仪器应符合下列规定。

（1）砂浆稠度仪：如图 6.1 所示，由试锥、容器和支座三部分组成。试锥由钢材或铜材制成，试锥高度为 145 mm，锥底直径为 75 mm，试锥连同滑杆的重量应为（300±2）g；盛载砂浆容器由钢板制成，筒高为 180 mm，锥底内径为 150 mm；支座分底座、支架及刻度盘三个部分，由铸铁、钢及其他金属制成。

（2）钢制捣棒：直径 10 mm、长 350 mm，端部磨圆。

（3）秒表等。

2）试验步骤

稠度试验应按下列步骤进行。

（1）用少量润滑油轻擦滑杆，再将滑杆上多余的油用吸油纸擦净，使滑杆能自由滑动。

（2）用湿布擦净盛浆容器和试锥表面，将砂浆拌和物一次装入容器，使砂浆表面低于容器口约 10 mm 左右。用捣棒自容器中心向边缘均匀地插捣 25 次，然后轻轻地将容器摇动或敲击 5～6 下，使砂浆表面平整，然后将容器置于稠度测定仪的底座上。

（3）拧松制动螺丝，向下移动滑杆，当试锥尖端与砂浆表面刚接触时，拧紧制动螺丝，使齿条测杆下端刚接触滑杆上端，读出刻度盘上的读数（精确至 1 mm）。

（4）拧松制动螺丝，同时计时，10 s 时立即拧紧螺丝，将齿条测杆下端接触滑杆上端，从刻度盘上读出下沉深度（精确至 1 mm），二次读数的差值即为砂浆的稠度值。

（5）盛装容器内的砂浆，只允许测定一次稠度，重复测定时，应重新取样测定。

3）试验结果

稠度试验结果应按下列要求确定。

（1）取两次试验结果的算术平均值，精确至 1 mm。

（2）如两次试验值之差大于 10 mm，应重新取样测定。

2. 稳定性检测

砂浆的稳定性是指砂浆拌和物在运输及停放过程中内部各组分保持均匀、不离析的性质。砂浆的稳定性用"分层度"表示。一般分层度在 10～20 mm 之间为宜，不得大于 30 mm。分层度小于 10 mm，容易发生干缩裂缝；分层度大于 30 mm，容易产生离析。

1) 试验仪器

分层度试验所用仪器应符合下列规定。

(1) 砂浆分层度筒（见图 6.2）内径为 150 mm，上节高度为 200 mm，下节带底净高为 100 mm，用金属板制成，上、下层连接处需加宽到 3～5 mm，并设有橡胶热圈。

(2) 振动台：振幅（0.5±0.05）mm，频率（50±3）Hz。

(3) 稠度仪、木锤等。

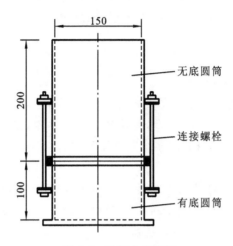

图 6.2 砂浆分层度筒

2) 试验步骤

分层度试验标准法应按下列步骤进行。

(1) 首先将砂浆拌和物按稠度试验方法测定稠度。

(2) 将砂浆拌和物一次装入分层度筒内，待装满后，用木锤在容器周围距离大致相等的四个不同部位轻轻敲击 1～2 下，如砂浆沉落到低于筒口，则应随时添加，然后刮去多余的砂浆并用抹刀抹平。

(3) 静置 30 min 后，去掉上节 200 mm 砂浆，剩余的 100 mm 砂浆倒出放在拌和锅内拌 2 min，再按稠度试验方法测其稠度。前后两次测得的稠度之差即为该砂浆的分层度值。

也可采用快速法测定分层度，其步骤如下。

(1) 按稠度试验方法测定稠度。

(2) 将分层度筒预先固定在振动台上，砂浆一次装入分层度筒内，振动 20 s。

(3) 然后去掉上节 200 mm 砂浆，剩余 100 mm 砂浆倒出放在拌和锅内拌 2 min，再按稠度试验方法测其稠度，前后测得的稠度之差即为该砂浆的分层度值。但如有争议时，以标准法为准。

3) 试验结果

分层度试验结果应按下列要求确定：

(1) 取两次试验结果的算术平均值作为该砂浆的分层度值；

(2) 两次分层度试验值之差如大于 10 mm，应重新取样测定。

3. 保水性检测

新拌砂浆能否保持水分的能力称为保水性，只有保水性良好的砂浆才能形成均匀密实的灰缝，保证砌筑质量。保水性用"保水率"表示，可用保水性试验测定。

1）试验仪器

保水性试验所用仪器应符合下列规定。

(1) 金属或硬塑料圆环试模：内径 100 mm、内部高度 25 mm；可密封的取样容器，应清洁、干燥；2 kg 的重物；医用棉纱，尺寸为 110 mm×110 mm，宜选用纱线稀疏，厚度较薄的棉纱；超白滤纸，符合《化学分析滤纸》(GB/T 1914)中速定性滤纸的要求。直径 110 mm,200 g/m²。

(2) 2 片金属或玻璃的方形或圆形不透水片，边长或直径大于 110 mm。

(3) 天平：量程 200 g，感量 0.1 g；量程 2000 g，感量 1 g。

(4) 烘箱。

2）试验步骤

保水性试验应按下列步骤进行。

(1) 称量下不透水片与干燥试模质量 m_1 和 8 片中速定性滤纸质量 m_2。

(2) 将砂浆拌和物一次性填入试模，并用抹刀插捣数次，当填充砂浆略高于试模边缘时，用抹刀以 45°角一次性将试模表面多余的砂浆刮去，然后再用抹刀以较平的角度在试模表面反方向将砂浆刮平。

(3) 抹掉试模边的砂浆，称量干燥试模、下不透水片与砂浆总质量 m_3。

(4) 用 2 片医用棉纱覆盖在砂浆表面，再在棉纱表面放上 8 片滤纸，用上不透水片盖在滤纸表面，以 2 kg 的重物把上不透水片压着。

(5) 静止 2 min 后移走重物及上不透水片，取出滤纸（不包括棉纱），迅速称量滤纸质量 m_4。

(6) 从砂浆的配比及加水量计算砂浆的含水率，如无法计算，可按附录试验操作。

3）试验结果

砂浆保水率应按下式计算：

$$W = \left[1 - \frac{m_4 - m_2}{\alpha \times (m_3 - m_1)}\right] \times 100\%$$

式中　W——保水率，%；

m_1——下不透水片与干燥试模质量(g)，精确至 1 g；

m_2——8 片滤纸吸水前的质量(g)，精确至 0.1 g；

m_3——干燥试模、下不透水片与砂浆总质量(g)，精确至 1 g；

m_4——8 片滤纸吸水后的质量(g)，精确至 0.1 g；

α——砂浆含水率(%)。

取两次试验结果的平均值作为结果，如两个测定值中有一个超出平均值的 5%，则此组试验结果无效。砌筑砂浆保水率应符合表 6.5 的要求。

表 6.5　砌筑砂浆的保水率

砂浆种类	保水率/(%)
水泥砂浆	≥80
水泥混合砂浆	≥84
预拌砂浆	≥88

4）砂浆含水率测试方法

称取 100 g 砂浆拌和物试样，置于一干燥并已称重的盘中，在(105±5) ℃的烘箱中烘干

至恒重,砂浆含水率应按下式计算:

$$\alpha = \frac{m_5}{m_6} \times 100\%$$

式中　α——砂浆含水率(%);

　　　m_5——烘干后砂浆样本损失的质量(g);

　　　m_6——砂浆样本的总质量(g)。

砂浆含水率值应精确至 0.1%。

6.2.2　强度检测

砂浆强度试验适用于测定砂浆立方体的抗压强度。

1. 试验仪器

砂浆立方体抗压强度试验所用仪器设备应符合下列规定。

试模:尺寸为 70.7 mm×70.7 mm×70.7 mm 的带底试模,每组试件 3 个。材质规定参照《混凝土试模》(JG 237—2008)4.1.3 及 4.2.1 条,应具有足够的刚度并拆装方便。试模的内表面应机械加工,其不平度应为每 100 mm 不超过 0.05 mm,组装后各相邻面的不垂直度不应超过±0.5°。

钢制捣棒:直径为 10 mm,长为 350 mm,端部应磨圆。

压力试验机:精度为 1%,试件破坏荷载应不小于压力机量程的 20%,且不大于全量程的 80%。

垫板:试验机上、下压板及试件之间可垫以钢垫板,垫板的尺寸应大于试件的承压面,其不平度应为每 100 mm 不超过 0.02 mm。

振动台:空载中台面的垂直振幅应为(0.5±0.05) mm,空载频率应为(50±3)Hz,空载台面振幅均匀度不大于 10%,一次试验至少能固定(或用磁力吸盘)3 个试模。

2. 试验步骤

1) 砂浆立方体抗压强度试件的制作

先用黄油等密封材料涂抹试模的外接缝,试模内涂刷薄层机油或脱模剂,将拌制好的砂浆一次性装满砂浆试模,成型方法根据稠度而定。当稠度大于等于 50 mm 时采用人工振捣成型,当稠度小于 50 mm 时采用振动台振实成型。

(1)人工振捣:用捣棒均匀地由边缘向中心按螺旋方式插捣 25 次,插捣过程中如砂浆沉落低于试模口,应随时添加砂浆,可用油灰刀插捣数次,并用手将试模一边抬高 5~10 mm 各振动 5 次,使砂浆高出试模顶面 6~8 mm。

(2)机械振实:将砂浆一次装满试模,放置到振动台上,振动时试模不得跳动,振动 5~10 s 或持续到表面出浆为止;不得过振。

待表面水分稍干后,将高出试模部分的砂浆沿试模顶面刮去并抹平。

2) 砂浆立方体抗压强度试件的养护

试件制作后应在室温为(20±5)℃的环境下静置(24±2) h,当气温较低时,可适当延长时间,但不应超过两昼夜,然后对试件进行编号、拆模。试件拆模后应立即放入温度为(20±2)℃、相对湿度为 90%以上的标准养护室中养护。养护期间,试件彼此间隔不小于 10 mm,混合砂浆试件上面应加以覆盖以防有水滴在试件上。

3) 砂浆立方体试件抗压强度检测

试件从养护室取出后应及时进行试验。试验前将试件表面擦拭干净,测量尺寸,并检查其外观,并据此计算试件的承压面积,如实测尺寸与公称尺寸之差不超过 1 mm,可按公称尺寸进行计算。

将试件安放在试验机的下压板(或下垫板)上,试件的承压面应与成型时的顶面垂直,试件中心应与试验机下压板(或下垫板)中心对准。开动试验机,当上压板与试件(或上垫板)接近时,调整球座,使接触面均衡受压。承压试验应连续而均匀地加荷,加荷速度应为每秒钟 0.25~1.5 kN(砂浆强度不大于 5 MPa 时,宜取下限,砂浆强度大于 5 MPa 时,宜取上限)。当试件接近破坏而开始迅速变形时,停止并调整试验机油门,直至试件破坏,然后记录每组测试试件的破坏荷载。

3. 试验结果

砂浆立方体抗压强度应按下式计算:

$$f_{m,cu} = K \frac{N_u}{A}$$

式中 $f_{m,cu}$——砂浆立方体试件抗压强度(MPa);

      N_u——试件破坏荷载(N);

      A——试件承压面积(mm²);

      K——换算系数,取 1.3。

砂浆立方体试件抗压强度应精确至 0.1 MPa。

应以三个测值的算术平均值作为该组试件的代表值。当三个测值的最大值或最小值中如有一个与中间值的差值超过中间值的15%时,则把最大值及最小值一并舍除,取中间值作为该组试件的抗压强度值;如有两个测值与中间值的差值均超过中间值的15%时,则该组试件的试验结果无效。

【思考题】

1. 试述建筑砂浆的分类及用途。

2. 砌筑砂浆由哪些材料组成?对各材料的主要质量要求是什么?

3. 砌筑砂浆的和易性包括哪些指标?为什么说和易性与砌体强度有直接关系?

4. 怎样测定砌筑砂浆的强度?分多少个强度等级?各等级的砂浆应用场合如何?

5. 某工程需配制 M7.5、稠度为 70~100 mm 的砌筑砂浆,采用强度等级为 32.5 的复合水泥,石灰膏稠度为 120 mm,含水率为2%的砂堆积密度为 1450 kg/m³,施工水平优良。试确定该砂浆的配合比。

第7章 墙体材料

 学习目标与重点 ‥‥‥‥

（1）掌握烧结普通砖的技术性质及检测方法。

（2）了解非烧结砖、砌块的品种和性质。

7.1 墙体材料概述

墙体材料是指用来砌筑、拼装或用其他方法构成承重墙、非承重墙的材料。如砌墙用的砖、石、砌块，拼墙用的各种墙板等。

在一般房屋建筑中，墙体占整个建筑物自重的 1/2，用工量、造价约占 1/3。因此，墙体材料在建筑工程中占有重要地位。根据墙体在房屋建筑中的作用不同，所选用的材料也应有所不同。建筑物的外墙，除应满足承重要求外，还要考虑保温、隔热、坚固、耐久、防水、抗冻等方面的要求；对于内墙则应考虑防潮、隔声、轻质的要求。

长期以来，我国一直大量生产和使用的墙体材料是烧结普通砖，这种砖体积小，需手工操作，劳动强度大，施工效率低，自重大，抗震性能差。改革墙体材料，使之朝着轻质、高强、空心、大块、多功能的方向发展是必然趋势。另外，充分利用工业废料，保护土地资源，降低生产能耗也是墙体材料发展的重要方向。

7.1.1 烧结普通砖

1. 烧结普通砖的品种

国家标准《烧结普通砖》（GB 5101—2003）规定：凡以黏土、页岩、煤矸石、粉煤灰等为主要原料，经成型、焙烧而成的实心或孔洞率不大于 15% 的砖，称为烧结普通砖。烧结普通砖的外形为直角六面体，其公称尺寸为：长 240 mm、宽 115 mm、高 53 mm。

按主要原料分为黏土砖（N）、页岩砖（Y）、煤矸石砖（M）和粉煤灰砖（F）。根据抗压强度分为 MU30、MU25、MU20、MU15、MU10 五个强度等级。按砖坯在窑内焙烧气氛及黏土铁的氧化物的变化情况，可将砖分为红砖和青砖。强度、抗风化性能和放射性物质合格的砖，根据尺寸偏差、外观质量、泛霜和石灰爆裂分为优等品（A）、一等品（B）、合格品（C）三个质量等级。

砖的产品标记按产品名称、类别、强度等级、质量等级和标准编号顺序编写。示例：烧结页岩砖，强度等级 MU15，一等品，标记为：烧结页岩砖 Y MU15 B GB5101。

2. 烧结普通砖的技术要求

1）尺寸偏差

为保证砌筑质量，砖的尺寸偏差应符合表 7.1 规定。

表7.1 烧结普通砖尺寸允许偏差　(单位:mm)

公称尺寸	优等品		一等品		合格品	
	样本平均偏差	样本极差≤	样本平均偏差	样本极差≤	样本平均偏差	样本极差≤
240	±2.0	6	±2.5	7	±3.0	8
115	±1.5	5	±2.0	5	±2.5	7
53	±1.5	4	±1.6	5	±2.0	6

2）外观质量

烧结普通砖的外观质量应符合表7.2的规定。

表7.2 烧结普通砖外观质量　(单位:mm)

项　目	优等品	一等品	合格品
两条面高度差≤	2	3	5
弯曲≤	2	5	5
杂质凸出高度≤	2	3	5
缺棱掉角的三个破坏尺寸不得同时大于	5	20	30
裂纹长度≤ (1) 大面上宽度方向及其延伸至条面的长度	30	60	80
(2) 大面上长度方向及其延伸至顶面的长度或条顶面上水平裂纹的长度	50	80	100
完整面不得少于	一条面和一顶面	一条面和一顶面	—
颜色	基本一致	—	—

注:①为装饰而施加的色差、凹凸纹、拉毛、压花等不算缺陷;

②凡有下列缺陷之一者,不得称为完整面:

a.缺损在条面或顶面上造成的破坏面尺寸同时大于 10 mm×10 mm;

b.条面或顶面上裂纹宽度大于 1 mm,其长度超过 30 mm;

c.压陷、粘底、焦花在条面或顶面上的凹陷或凸出超过 2 mm,区域尺寸同时大于 10 mm×10 mm。

3）强度

烧结普通砖按抗压强度分为 MU30、MU25、MU20、MU15、MU10 5 个强度等级,应符合表7.3 的要求。

表7.3 烧结普通砖的强度等级《烧结普通砖》(GB 5101—2003)(MPa)

强度等级	抗压强度平均值 $\bar{f} \geq$	变异系数 $\delta \leq 0.21$	变异系数 $\delta > 0.21$
		强度标准值 $f_k \geq$	单块最小抗压强度值 $f_{min} \geq$
MU30	30.0	22.0	25.0
MU25	25.0	18.0	22.0
MU20	20.0	14.0	16.0
MU15	15.0	10.0	12.0
MU10	10.0	6.5	7.5

4）抗风化能力

指砖在干湿变化、温度变化、冻融变化等气候条件作用下抵抗破坏的能力。见表 7.4。

表 7.4　抗风化性能

砖种类	严重风化区				非严重风化区			
	5 h 沸煮吸水率/(%)≤		饱和系数≤		5 h 沸煮吸水率/(%)≤		饱和系数≤	
	平均值	单块最大值	平均值	单块最大值	平均值	单块最大值	平均值	单块最大值
黏土砖	18	20	0.85	0.87	19	20	0.88	0.90
粉煤灰砖	21	23			23	25		
页岩砖	16	18	0.74	0.77	18	20	0.78	0.80
煤矸石砖								

注：粉煤灰掺入量（体积比）小于 30％时，按黏土砖规定判定。

冻融试验后，每块砖样不允许出现裂纹、分层、掉皮、缺棱、掉角等冻坏现象；质量损失不得大于 2％。

5）泛霜

泛霜也称起霜，是砖在使用过程中的盐析现象。砖内过量的可溶盐受潮吸水而溶解，随水分蒸发而沉积于砖的表面，形成白色粉状附着物，影响建筑美观。如果溶盐为硫酸盐，当水分蒸发呈晶体析出时，产生膨胀，使砖面剥落。国家标准规定：优等品无泛霜，一等品不允许出现中等泛霜，合格品不允许出现严重泛霜。

6）石灰爆裂

石灰爆裂是指砖坯中夹杂着石灰石，焙烧后转变成生石灰，砖吸水后，由于石灰逐渐熟化而膨胀产生的爆裂现象。这种现象影响砖的质量，并降低砌体强度。

国家标准规定：优等品不允许出现最大破坏尺寸大于 2 mm 的爆裂区域。

一等品标准如下。

（1）最大破坏尺寸大于 2 mm 且小于等于 10 mm 的爆裂区域，每组砖样不得多于 15 处。

（2）不允许出现最大破坏尺寸大于 10 mm 的爆裂区域。

合格品标准如下。

（1）最大破坏尺寸大于 2 mm 且小于等于 15 mm 的爆裂区域，每组砖样不得多于 15 处。其中，大于 10 mm 的不得多于 7 处。

（2）不允许出现最大破坏尺寸大于 15 mm 的爆裂区域。

7）放射性物质

砖的放射性物质应符合《建筑材料放射性核素限量》（GB 6566—2010）的规定。

8）其他

产品中不允许有欠火砖、酥砖、螺纹砖；配砖和装饰砖技术要求应符合相应规定。

烧结普通砖是传统的墙体材料，具有比较高的强度和耐久性，还具有保温绝热、隔声吸声等优点，被广泛用于砌筑建筑物内外墙、柱、拱、烟囱、沟道及构筑物，还可以配筋以代替混凝土构造柱和过梁。

7.1.2　烧结多孔砖（GB 13544—2000）

烧结多孔砖是以黏土、页岩、煤矸石、粉煤灰为主要原料，经焙烧而成主要用于承重部位的多孔砖,其孔洞率在 20%左右。多孔砖的孔都为竖孔,特点是孔小而多。

多孔砖的外形为直角六面体,其长度、宽度、高度尺寸应符合下列要求:290,240,190,180;175,140,115,90,其他规格尺寸由供需双方协商确定。根据抗压强度分为 MU30,MU25,MU20,MU15,MU10 五个强度等级。

按主要原料砖分为黏土砖(N)、页岩砖(Y),煤矸石砖(M)和粉煤灰砖(F)几种。强度和抗风化性能合格的砖,根据尺寸偏差、外观质量、孔型及孔洞排列、泛霜、石灰爆裂分为优等品(A)、一等品(B)和合格品(C)三个质量等级。

多孔砖的产品标记按产品名称、品种、规格、强度等级、质量等级和标准编号顺序编写。标记示例:规格尺寸 290 mm×140 mm×90 mm,强度等级 MU25,优等品的黏土砖,其标记为:烧结多孔砖 N290×140×90 25A GB 13544。

烧结多孔砖可以用于六层以下建筑物的承重墙。

7.1.3 烧结空心砖和空心砌块(GB 13545—2003)

烧结空心砖是以黏土、页岩、煤矸石、粉煤灰为主要原料,经焙烧而成主要用于非承重部位的空心砖和空心砌块。

空心砖和空心砌块的外形为直角六面体(见图 7.1),其长度、宽度、高度尺寸应符合下列要求,单位为毫米(mm):390,290,240,190,180(175),140,115,90;其他规格尺寸由供需双方协商确定。

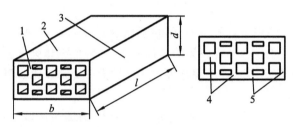

图 7.1 空心砖和空心砌块示意图
1—顶面;2—大面;3—条面;4—肋;5—壁;
l—长度;b—宽度;d—高度

抗压强度分为 MU10.0,MU7.5,MU5.0,MU3.5,MU2.5 五个强度等级。按体积密度分为 800 级、900 级、1000 级、1100 级四个密度等级。按主要原料分为黏土砖和砌块(N)、页岩砖和砌块(Y)、煤矸石砖和砌块(M)、粉煤灰砖和砌块(F)几种。强度、密度、抗风化性能和放射性物质合格的砖和砌块,根据尺寸偏差、外观质量、孔洞排列及其结构、泛霜、石灰爆裂、吸水率分为优等品(A)、一等品(B)和合格品(C)三个质量等级。

砖和砌块的产品标记按产品名称、类别、规格、密度等级、强度等级、质量等级和标准编号顺序编写。示例 1,规格尺寸 290 mm×190 mm×90 mm、密度等级 800、强度等级 MU7.5、优等品的页岩空心砖,其标记为:烧结空心砖 Y(290×190×90)800 MU7.5A GB 13545。示例 2,规格尺寸 290 mm×290 mm×190 mm,密度等级 1000、强度等级 MU3.5、一等品的黏土空心砌块,其标记为:烧结空心砌块 N(290×290×190)1000 MU3.5B GB 13545。

空心砖和空心砌块的强度应符合表 7.5 的规定。

表 7.5 烧结空心砖和空心砌块的强度等级

强度等级	抗压强度/MPa			密度等级范围/(kg/m³)
	抗压强度平均值 $\overline{f}\geqslant$	变异系数 $\delta\leqslant0.21$ 强度标准值 $f_k\geqslant$	变异系数 $\delta>0.21$ 单块最小抗压强度值 $f_{min}\geqslant$	
MU10.0	10.0	7.0	8.0	≤1100
MU7.5	7.5	5.0	5.8	
MU5.0	5.0	3.5	4.0	
MU3.5	3.5	2.5	2.8	
MU2.5	2.5	1.6	1.8	≤800

空心砖和空心砌块的密度等级应符合表 7.6 的规定。

表 7.6 烧结空心砖和空心砌块的密度等级 （单位：kg/m³）

密 度 等 级	5 块密度平均值
800	≤800
900	801～900
1000	901～1000
1100	1001～1100

空心砖和空心砌块的每组砖和砌块的吸水率平均值应符合表 7.7 的规定。

表 7.7 烧结空心砖和空心砌块的吸水率

等 级	吸水率(%)≤	
	黏土砖和砌块、页岩砖和砌块、煤矸石砖和砌块	粉煤灰砖和砌块
优等品	16.0	20.0
一等品	18.0	22.0
合格品	20.0	24.0
粉煤灰掺入量(体积比)小于 30% 时,按黏土砖和砌块规定判定		

另外,产品中不允许有欠火砖、酥砖。原材料中掺入煤矸石、粉煤灰及其他工业废渣的砖和砌块,应进行放射性物质检测,放射性物质应符合《建筑材料放射性核素限量》(GB 6566—2010)的规定。

烧结空心砖和空心砌块主要用于非承重的填充墙和隔墙。

7.1.4 蒸压砖

蒸压砖又称免烧砖,生产工艺不是经过烧结,而是利用胶凝材料的胶结作用使砖具有一定强度。常见品种有灰砂砖、粉煤灰砖和炉渣砖三种。

1. 蒸压灰砂砖

根据《蒸压灰砂砖》(GB 11945—1999)的规定,蒸压灰砂砖是以石灰和砂为主要原料,允许掺入颜料和外加剂,经坯料制备、压制成型、蒸压养护而成的实心砖称为灰砂砖。根据灰砂砖的颜色分为:彩色的(Co)、本色的(N)。砖的外形为直角六面体。蒸压灰砂砖的公称尺寸与烧结普通砖相同,分别是长度 240 mm,宽度 115 mm,高度 53 mm,生产其他规格尺寸产品,由用户与生产厂家协商确定。

蒸压灰砂砖根据抗压强度和抗折强度分为 MU25,MU20,MU15,MU10 四级。根据尺寸偏差和外观质量、强度及抗冻性分为优等品(A),一等品(B),合格品(C)三个质量等级。

灰砂砖产品标记采用产品名称(LSB)、颜色、强度级别、产品等级、标准编号的顺序进行,如强度级别为 MU20,优等品的彩色灰砂砖,标记为:LSB Co 20 A GB 11945。MU15,MU20,MU25 的砖可用于基础及其他建筑;MU10 的砖仅可用于防潮层以上的建筑。灰砂砖不得用于长期受热 200 ℃以上、受急冷急热和有酸性介质侵蚀的建筑部位。

2. 粉煤灰砖

根据《粉煤灰砖》(JC 239—2001)的规定,粉煤灰砖是以粉煤灰、水泥或石灰为主要原料,掺以适量的石膏、外加剂、颜料和骨料等,经制备、成型、高压或常压蒸汽养护而成的实心砖。

按砖的颜色可分为本色(N)和彩色(Co)。粉煤灰砖的公称尺寸为 240 mm×115 mm×53 mm。强度等级按抗压强度和抗折强度分为 MU30,MU25,MU20,MU15,MU10 五级。质量等级按外观质量、尺寸偏差、强度及抗冻性和干缩值可分为优等品(A),一等品(B),合格品(C)三个质量等级。

粉煤灰砖产品标记按产品名称(FB)、颜色、强度等级、质量等级、标准编号顺序标记,如强度等级为 MU20,优等品的彩色粉煤灰砖标记为:FB Co 20 A JC 239—2001。

粉煤灰砖应有明显的标志,出厂时必须提供产品合格证和使用说明书。粉煤灰砖应妥善包装,符合环保有关要求。粉煤灰砖应存放三天后出厂。产品贮存、堆放应做到场地平整、分等分级、整齐稳妥。粉煤灰砖运输、装卸时,不得抛、掷、翻斗卸货。

粉煤灰砖可用于工业与民用建筑的基础、墙体,但用于基础或用于易受冻融和干湿交替作用的建筑部位必须使用 MU15 及以上强度等级的砖。粉煤灰砖不得用于长期受热 200 ℃以上、受急冷急热和有酸性介质侵蚀的建筑部位。

3. 炉渣砖

根据《炉渣砖》(JC/T 525—2007)的规定,炉渣砖是以煤燃烧后的残渣为主要原料,配以一定数量的石灰和少量石膏,经加水拌和,压制成型、蒸养或蒸压养护而制成的实心砖。

按抗压强度可分为 MU25,MU20,MU15 三个强度等级。

炉渣砖的公称尺寸为 240 mm×115 mm×53 mm。

炉渣砖的产品标记按产品名称(LZ)、强度等级以及标准编号顺序编写,如强度等级 MU20 的炉渣砖标记为:LZ MU20 JC/T 525—2007。炉渣砖应按品种、强度等级、颜色分别包装,包装应牢固,保证运输时不会摇晃碰坏。产品运输和装卸时要轻拿轻放,避免碰撞摔打。炉渣砖应按品种、强度等级分别整齐堆放,不得混杂。炉渣砖龄期不足 28 d 不得出厂。

炉渣砖的应用与粉煤灰砖相似。

7.1.5 砌块主要品种及质量标准

砌块是用于砌筑的、形体大于砌墙砖的人造块材。利用天然材料或工业废料或以混凝土为主要原料生产的人造块材代替黏土砖,是墙体材料改革的有效途径之一。近年来,全国各地结合自己的资源和需求情况生产了混凝土小型空心砌块、粉煤灰硅酸盐混凝土砌块、加气混凝土砌块、煤矸石空心砌块、矿渣空心砌块和炉渣空心砌块等。

砌块的外形为直角六面体,也有各种异形的。在砌块系列中,主规格的长度、宽度或高度有一项或一项以上分别大于 365 mm、240 mm 或 115 mm,但高度不大于长度或宽度的六倍,长度不超过高度的三倍。系列中主规格的高度大于 115 mm 而又小于 380 mm 的砌块,简称为小型砌块;系列中主规格的高度为 380~980 mm 的砌块,称为中型砌块;系列中主规格的高度大于 980 mm 的砌块,称为大型砌块。目前,我国以中小型砌块的生产和应用较多。

1.《普通混凝土小型空心砌块》(GB 8239—1997)

普通混凝土小型空心砌块按其尺寸偏差,外观质量分为:优等品(A),一等品(B)及合格品(C),按其强度等级分为:MU3.5,MU5.0,MU7.5,MU10.0,MU15.0,MU20.0 六个强度等级;按产品名称(代号 NHB)、强度等级、外观质量等级和标准编号的顺序进行标记。比如强度等级为 MU7.5,外观质量为优等品(A)的砌块,其标记为:NHB MU7.5 A GB 8239。

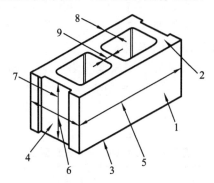

图 7.2 普通混凝土小型空心砌块示意图
1—条面;2—坐浆面(肋厚较小的面);3—铺浆面(肋厚较大的面);
4—顶面;5—长度;6—宽度;7—高度;8—壁;9—肋

普通混凝土小型空心砌块的主规格尺寸为 390 mm×190 mm×190 mm,其他规格尺寸可由供需双方协商。最小外壁厚应不小于 30 mm,最小肋厚应不小于 25 mm,空心率应不小于 25%。普通混凝土小型空心砌块的强度等级应符合表 7.8 的规定,外观如图 7.2。

表 7.8 普通混凝土小型空心砌块强度等级

强 度 等 级	砌块抗压强度/MPa	
	平均值不小于	单块最小值不小于
MU3.5	3.5	2.8
MU5.0	5.0	4.0
MU7.5	7.5	6.0
MU10.0	10.0	8.0
MU15.0	15.0	12.0
MU20.0	20.0	16.0

普通混凝土小型空心砌块适用于各种建筑墙体,也可以用于围墙、挡土墙、桥梁、花坛等市政设施。使用时的需要事项:小砌块必须养护 28 d 方可使用;小砌块必须严格控制含水率,堆放时做好防雨措施,砌筑前不允许浇水。

2.《蒸汽加压混凝土砌块》(GB/T 11968—2006)

蒸压加气混凝土砌块是以水泥、石灰、砂、粉煤灰、矿渣等为原料,经过磨细,并以铝粉为发气剂,按一定比例配合,经过料浆浇筑,再经过发气成型、坯体切割、蒸压养护等工艺制成的一种轻质、多孔的建筑墙体材料。

蒸压加气混凝土砌块的规格尺寸见表 7.9。

表 7.9 蒸压加气混凝土砌块的规格尺寸

长度 L/mm	宽度 B/mm	高度 H/mm
600	100　120　125 150　180　200 240　250　300	200　240　250　300

注：如需其他规格，可由供需双方协商解决。

强度级别有：A1.0，A2.0，A2.5，A3.5，A5.0，A7.5，A10.0 等级别。干密度级别有：B03，B04，B05，B06，B07，B08 六个级别。砌块按尺寸偏差与外观质量、干密度、抗压强度和抗冻性分为优等品(A)、合格品(B)两个等级。

砌块产品标记，如强度级别为 A3.5、干密度为 B05、优等品、规格尺寸为 600 mm×200 mm×250 mm 的蒸压加气混凝土砌块，其标记为：ACB　A3.5　805　600×200×250A GB　11968。

砌块的强度级别应符合表 7.10 的规定。

表 7.10 砌块的立方体抗压强度

强度级别	立方体抗压强度/MPa	
	平均值不小于	单组最小值不小于
A1.0	1.0	0.8
A2.0	2.0	1.6
A2.5	2.5	2.0
A3.5	3.5	2.8
A5.0	5.0	4.0
A7.5	7.5	6.0
A10.0	10.0	8.0

加气混凝土砌块可用于一般建筑物墙体的砌筑。加气混凝土砌块还可以用来砌筑框架、框-剪结构的填充墙，也可以用来作屋面保温材料。要注意的是加气混凝土砌块不能用于建筑物的基础，不能用于高温(承重表面温度高于 80 ℃)、高湿或具有化学侵蚀的建筑部位。

3.《轻集料混凝土小型空心砌块》(GB/T 15229—2011)

轻骨料混凝土小型空心砌块是以陶粒、膨胀珍珠岩、浮石、火山渣、煤渣、炉渣等各种轻粗细骨料和水泥按一定比例混合，经搅拌成型、养护而成的空心率大于 25%、体积密度不大于 1400 kg/m³ 的轻质混凝土小砌块。

轻骨料混凝土小型空心砌块按砌块孔的排数分类为：单排孔、双排孔、三排孔、四排孔等。主规格尺寸长×宽×高为 390 mm×190 mm×190 mm。其他规格尺寸可由供需双方商定。

轻骨料混凝土小型空心砌块密度等级分为八级：700、800、900、1000、1100、1200、1300、1400。强度等级分为五级：MU2.5、MU3.5、MU5.0、MU7.5、MU10.0。

轻骨料混凝土小型空心砌块按代号、类别(孔的排数)、密度等级、强度等级、标准编号的顺序进行标记。如符合《轻集料混凝土小型空心砌块》(GB/T 15229—2011)规定的双排孔，800 密度等级，3.5 强度等级的轻骨料混凝土小型空心砌块标记为：LB 2800 MU3.5 GB/T15229—2011。

轻骨料混凝土小型空心砌块的密度等级应符合表 7.11 要求；强度等级符合表 7.12 的要求。

表 7.11　轻骨料混凝土小型空心砌块的密度等级

密 度 等 级	干表观密度范围/(kg/m³)
700	610～700
800	710～800
900	810～900
1000	910～1000
1100	1010～1100
1200	1110～1200
1300	1210～1300
1400	1310～1400

表 7.12　轻骨料混凝土小型空心砌块的强度等级

强 度 等 级	抗压强度/MPa		密度等级范围/(≤kg/m³)
	平均值≥	最小值≥	
MU2.5	2.5	2.0	800
MU3.5	3.5	2.8	1000
MU5.0	5.0	4.0	1200
MU7.5	7.5	6.0	1200 1300
MU10.0	10.0	8.0	1200 1400

注：当砌块的抗压强度同时满足两个强度等级或两个以上强度等级要求时，应以满足要求的最高强度等级为准。

与普通混凝土空心小型砌块相比，轻骨料混凝土砌块重量更轻、保温隔热性能更佳，抗冻性更好，主要用于非承重结构的围护和框架结构的填充墙，也可以用于保温墙体。

4.《粉煤灰混凝土小型空心砌块》(JC/T 862—2008)

粉煤灰混凝土小型空心砌块是以粉煤灰、水泥、骨料、水为主要组分(也可加入外加剂等)制成的混凝土小型空心砌块，称为粉煤灰混凝土小型空心砌块，代号为 FHB。主规格尺寸为 390 mm×190 mm×190 mm，其他规格尺寸可由供需双方商定。

粉煤灰混凝土小型空心砌块按砌块孔的排数分为：单排孔(1)、双排孔(2)和多排孔(D)三类。按砌块密度等级分为：600、700、800、900、1000、1200、1400 七个等级。按砌块抗压强度分为：MU 3.5、MU 5.0、MU 7.5、MU 10.0、MU 15.0、MU 20.0 六个等级。

产品按下列顺序进行标记：代号(FHB)、分类、规格尺寸、密度等级、强度等级、标准编号。例如，规格尺寸为 390 mm×190 mm×190 mm、密度等级为 800 级、强度等级为 MU 5 的双排孔砌块的标记：FHB2　390×190×190　800　MU 5　JC/T 862—2008。

粉煤灰混凝土小型空心砌块的强度等级应符合表 7.13 的规定。

表 7.13　粉煤灰混凝土小型空心砌块的强度等级

强 度 等 级	砌块抗压强度/MPa	
	平均值不小于	单块最小值不小于
MU3.5	3.5	2.8
MU5.0	5.0	4.0
MU7.5	7.5	6.0
MU10.0	10.0	8.0
MU15.0	15.0	12.0
MU20.0	20.0	16.0

粉煤灰小型空心砌块与实心黏土砖相比,可降低墙体自重约 1/3,提高抗震性,降低基础工程造价约 10%,施工效率提高 3～4 倍,砌筑砂浆的用量可节约 60% 以上。另外,还具有隔音、抗渗、节能、方便加工、环保等优点,有明显的经济效益、环境效益和社会效益。

7.2　砌墙砖检测

砌墙砖产品检验分出厂检验和型式检验。出厂检验项目为:尺寸偏差、外观质量和强度等级。每批出厂产品必须进行出厂检验,外观质量检验在生产厂内进行。

型式检验项目包括本标准技术要求的全部项目。有下列情况,应进行型式检验。

(1) 新厂生产试制定型检验;

(2) 正式生产后,原材料、工艺等发生较大的改变,可能影响产品性能时;

(3) 正常生产时,每半年进行一次(放射性物质一年进行一次);

(4) 出厂检验结果与上次型式检验结果有较大差异时;

(5) 国家质量监督机构提出进行型式检验时。

检验批的构成原则和批量大小按 JC/T 466 规定。3.5～15 万块为一批,不足 3.5 万块按一批计。外观质量检验的试样采用随机抽样法,在每一检验批的产品堆垛中抽取。尺寸偏差检验和其他检验项目的样品用随机抽样法从外观质量检验后的样品中抽取。抽样数量按表 7.14 进行。

表 7.14　砌墙砖抽样数量

序　号	检验项目	抽样数量
1	外观质量	$50(n_1=n_2=50)$
2	尺寸偏差	20
3	强度等级	10
4	泛霜	5
5	石灰爆裂	5
6	吸水率和饱和系数	5
7	冻融	5
8	放射性	4

出厂检验质量等级的判定按出厂检验项目和在时效范围内最近一次型式检验中的抗风化性能、石灰爆裂及泛霜项目中最低质量等级进行判定。其中有一项不合格,则判为不合格。型式检验质量等级的判定中,强度、抗风化性能和放射性物质合格,按尺寸偏差、外观质量、泛霜、石灰爆裂检验中最低质量等级判定。其中有一项不合格则判该批产品质量不合格。外观检验中有欠火砖、酥砖和螺旋纹砖则判该批产品不合格。

7.2.1　尺寸偏差

量具:砖用卡尺(见图 7.3),分度值为 0.5 mm。

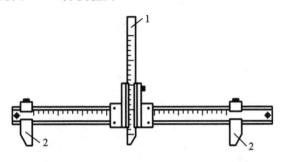

图 7.3　砖用卡尺
1—垂直尺;2—支脚

检验样品数为 20 块,按 GB/T 2542 规定的检验方法进行。其中每一尺寸测量不足 0.5 mm 按 0.5 mm 计,每一方向尺寸以两个测量值的算术平均值表示。测量方法:长度应在砖的两个大面的中间处分别测量两个尺寸;宽度应在砖的两个大面的中间处分别测量两个尺寸;高度应在两个条面的中间处分别测量两个尺寸。当被测处有缺损或凸出时,可在其旁边测量,但应选择不利的一侧。精确至 0.5 mm。每一方向尺寸以两个测量值的算术平均值表示,精确至 1 mm。

样本平均偏差是 20 块试样同一方向 40 个测量尺寸的算术平均值减去其公称尺寸的差值,样本极差是抽检的 20 块试样中同一方向 40 个测量尺寸中最大测量值与最小测量值之差值。尺寸偏差符合表 1 相应等级规定,判尺寸偏差为该等级。否则,判不合格。

7.2.2　外观质量

1. 缺损

缺棱掉角在砖上造成的破损程度,以破损部分对长、宽、高三个棱边的投影尺寸来度量,称为破坏尺寸,如图 7.4 所示。缺损造成的破坏面,系指缺损部分对条、顶面(空心砖为条、大面)的投影面积,如图 7.5 所示。空心砖内壁残缺及肋残缺尺寸,以长度方向的投影尺寸来度量。

2. 裂纹

裂纹分为长度方向、宽度方向和水平方向三种,以被测方向的投影长度表示。如果裂纹从一个面延伸至其他面上时,则累计其延伸的投影长度,如图 7.6 所示。

多孔砖的孔洞与裂纹相通时,则将孔洞包括在裂纹内一并测量。如图 7.7 所示,其中 l 表示裂纹总长度。

裂纹长度以在三个方向上分别测得的最长裂纹作为测量结果。

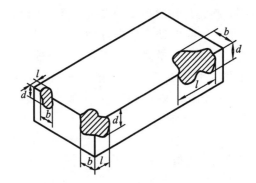

图 7.4　缺棱掉角破坏尺寸量法

l——长度方向的投影尺寸;*b*——宽度方向的投影尺寸;*d*——高度方向的投影尺寸

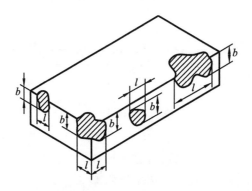

图 7.5　缺损在条、顶面上造成破坏面量法

l——长度方向的投影尺寸;*b*——宽度方向的投影尺寸

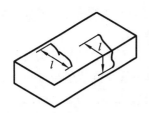 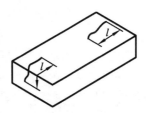 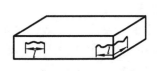

(a)宽度方向裂纹长度量法　　(b)长度方向裂纹长度量法　　(c)水平方向裂纹长度量法

图 7.6　裂纹长度量法

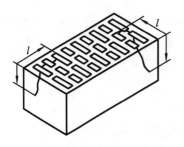 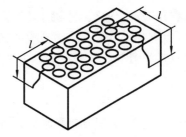

图 7.7　多孔砖裂纹通过孔洞时长度量法

3. 弯曲

弯曲分别在大面和条面上测量,测量时将砖用卡尺的两支脚沿棱边两端放置,择其弯曲最大处将垂直尺推至砖面,如图 7.8 所示。但不应将因杂质或碰伤造成的凹处计算在内。

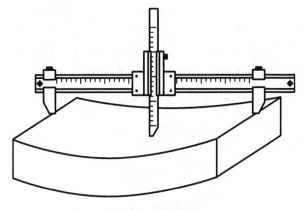

图 7.8　弯曲量法

4.杂质凸出高度

杂质在砖面上造成的凸出高度,以杂质距砖面的最大距离表示。测量将砖用卡尺的两支脚置于凸出两边的砖平面上,以垂直尺测量,如图 7.9 所示。

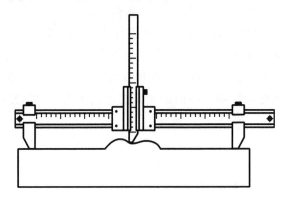

图 7.9　杂质凸出量法

5.色差

装饰面朝上随机分两排并列,在自然光下距离砖样 2 m 处目测。

结果处理如下。

外观测量以毫米为单位,不足 1 mm 者,按 1 mm 计。外观质量采用 JC/T 466 二次抽样方案,根据规定的质量指标,检查出其中不合格品数 d_1。

$d_1 \leqslant 7$ 时,外观质量合格;$d_1 \geqslant 11$ 时,外观质量不合格;$d_1 > 7$,且 $d_1 < 11$ 时,需再次从该产品批中抽样 50 块检验,检查出不合格品数量。按下列规则判定:

$d_1 + d_2 \leqslant 18$ 时,外观质量合格;$d_1 + d_2 \geqslant 19$ 时,外观质量不合格。

7.2.3　抗压强度检测

1.试样制备

1)普通制样

(1)烧结普通砖。

① 将试样切断或锯成两个半截砖,断开的半截砖长不得小于 100 mm。如果不足 100 mm,应另取备用试样补足。

② 在试样制备平台上,将已断开的两个半截砖放入室温的净水中浸 10～20 min 后取出,并以断口相反方向叠放,两者中间抹以厚度不超过 5 mm 的用强度等级 32.5 的普通硅酸盐水泥调制成稠度适宜的水泥净浆黏结,上下两面用厚度不超过 3 mm 的同种水泥浆抹平。制成的试件上下两面须相互平行,并垂直于侧面,如图 7.10 所示。

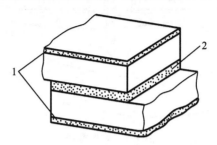

图 7.10　水泥净浆层厚度示意图
1—净浆层厚 3 mm;2—净浆层厚 5 mm

(2) 多孔砖、空心砖试件制作采用坐浆法操作。

将玻璃板置于试件制备平台上,其上铺一张湿的垫纸,纸上铺一层厚度不超过 5 mm 的、强度等级为 32.5 的普通硅酸盐水泥调制成稠度适宜的水泥净浆,再将试件在水中浸泡 10～20 min,在钢丝网架上滴水 3～5 min 后,将试样受压面平稳地坐放在水泥浆上,在另一受压面上稍加压力,使整个水泥层与砖受压面相互黏结,砖的侧面应垂直于玻璃板。待水泥浆适当凝固后,连同玻璃板翻放在另一铺纸放浆的玻璃板上,再进行坐浆,用水平尺校正好玻璃板的水平。

(3) 非烧结砖试样的放量。

非烧结砖试样的两半截砖切断口相反叠放,叠合部分不得小于 100 mm。如果不足 100 mm 时,则应剔除,另取备用试样补足。

2) 模具制样

将试样(烧结普通砖)切断成两个半截砖,截断面应平整,断开的半截砖长度不得小于 100 mm。如果不足 100 mm,应另取备用试样补足。

2. 强度检测

将已断开的半截砖放入室温的净水中浸 20～30 min 后取出,在铁丝网架上滴水 20～30 min,以断口相反方向装入制样模具中。用插板控制两个半砖间距为 5 mm,砖大面与模具间距 3 mm,砖断面、顶面与模具间垫以橡胶垫或其他密封材料,模具内表面涂油或脱膜剂。制样模具及插板如图 7.11 所示。

将经过 1 mm 筛的干净细砂 2%～5% 与强度等级为 32.5 或 42.5 的普通硅酸盐水泥,用砂浆搅拌机调制砂浆,水胶比为 0.50～0.55 左右。

将装好砖样的模具置于振动台上,在砖样上加少量水泥砂浆,接通振动台电源,边振动边向砖缝及砖模缝间加入水泥砂浆,加浆及振动过程为 0.5～1 min。关闭电源,停止振动,稍事静置,将模具上表面刮平整。两种制样方法并行使用,仲裁检验采用模具制样。

普通制样法制成的抹面试件应置于不低于 10 ℃ 的不通风室内养护 3 d;机械制样的试

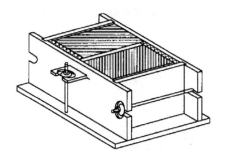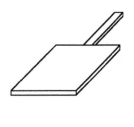

图 7.11 制样模具及插板

件连同模具在不低于 10 ℃的不通风室内养护 24 h 后脱模,再在相同条件下养护 48 h,进行试验。非烧结砖试件不需养护,直接进行试验。

先测量每个试件连接面或受压面的长、宽尺寸各两次,分别取其平均值,精确至 1 mm。再将试件平放在加压板的中央,垂直于受压面加荷,应均匀平稳,不得发生冲击或振动。加荷速度以 4 kN/s 为宜,直至试件破坏为止,记录最大破坏荷载 P。

每块试样的抗压强度 R_p 按式(7-1)计算,精确到 0.01 MPa。

$$R_p = \frac{P}{LB} \tag{7-1}$$

式中 R_p——抗压强度,MPa;

P——最大破坏荷载,N;

L——受压面的长度,mm;

B——受压面的宽度,mm。

试验结果以试样抗压强度的算术平均值和标准值或单块最小值表示,精确至 0.1 MPa。分别计算出强度变异系数 δ、标准差 s 和抗压强度标准值 f_k。在评定强度等级时,若强度变异系数 $\delta \leqslant 0.21$ 时,采用平均值-标准值方法,若强度变异系数 $\delta > 0.21$ 时,则采用平均值-最小值方法,各等级的强度标准详见表 7.3。

$$S = \sqrt{\frac{1}{9} \sum_{i=1}^{10} (f_{CU,i} - \overline{f}_{CU})^2} \tag{7-2}$$

$$f_k = \overline{f}_{CU} - 1.8s \tag{7-3}$$

$$\delta = \frac{s}{f_{CU}} \tag{7-4}$$

式中 s——10 块试样的抗压强度标准差,MPa,精确至 0.01;

$\overline{f}$——10 块试样的抗压强度平均值,MPa,精确至 0.01;

f_i——单块试样抗压强度测定值,MPa,精确至 0.01;

f_k——抗压强度标准值砖强度值,MPa,精确至 0.01;

δ——强度变异系数,精确至 0.01。

【思考题】

1.为什么要用多孔砖、空心砖等新型墙体材料来替代烧结黏土砖?

2.烧结普通砖分几个强度等级? 根据什么划分的? 各应用在哪些工程部位?

3.烧结多孔砖和烧结空心砖的主要性能特点和应用场合如何?

4.灰砂砖的强度是怎样产生的？为什么说灰砂砖不准用在 200 ℃以上或急冷、急热的建筑部位？

5.工程上应用的砌块主要有哪些品种？

6.请你预测一下未来墙体材料的发展方向有哪些？

第8章 建筑钢材

》→|学习目标与重点|......

（1）了解钢、铁的定义。

（2）了解钢材的冶炼和脱氧方法。

（3）熟悉钢材的分类。

（4）掌握建筑钢材的技术性能及化学元素对性能的影响。

（5）掌握建筑钢材的分类、选用。

（6）掌握建筑结构用型钢的分类、特点、选用。

（7）掌握钢材的拉伸检测方法和弯曲试验方法，屈服强度、抗拉强度、伸长率的计算。

建筑钢材主要是指所有用于钢结构中的型钢（圆钢、方钢、角钢、槽钢、工字钢、H 钢等）、钢板、钢管和用于钢筋混凝土中的钢筋、钢丝等。

建筑钢材具有强度高、硬度高、塑性韧性好的特点；并且品质均匀，易于冷、热加工，同时又与混凝土有良好的黏结性，且二者的线性膨胀系接近，因此广泛应用于建筑工程中。

8.1 建筑钢材概述

8.1.1 钢、铁的定义

钢指的是碳含量在 0.0218%～2.11% 的铁碳合金。

碳含量小于 0.0218% 的铁碳合金称为工业纯铁。碳含量大于 2.11% 的铁碳合金称为工业铸铁。

8.1.2 钢的冶炼和分类

1. 钢的冶炼

炼钢主要是以高炉炼成的生铁和直接还原炼铁法炼成的海绵铁以及废钢为原料，用不同的方法炼成钢。主要的炼钢方法有转炉炼钢法、平炉炼钢法、电弧炉炼钢法三类。

氧气转炉法炼钢是以熔融铁水为原料，由转炉顶部吹入高压纯氧去除杂质，冶炼时间短，约 30 min，钢质较好且成本低。

平炉法炼钢是以铁矿石、废钢、液态或固态生铁为原料，用煤气或重油为燃料，靠吹入空气或氧气及利用铁矿石或废钢中的氧使碳及杂质氧化。这种方法冶炼时间长，为 4～12 h，钢质好，但成本较高。

电炉炼钢是以生铁和废钢为原料，利用电能转变为热能来冶炼钢的一种方法。电炉熔炼温度高，而且温度可以自由调节，因此该法去除杂质干净，质量好，但能耗大，成本高。

经冶炼后的钢液须经过脱氧处理后才能铸锭，因钢冶炼后含有以 FeO 形式存在的氧，对钢质量产生影响。通常加入脱氧剂如锰铁、硅铁、铝等进行脱氧处理,将 FeO 中的氧去除,将铁还原出来。根据脱氧程度的不同,钢可分为沸腾钢、镇静钢、半镇静钢、特殊镇静钢四种。沸腾钢是加入锰铁进行脱氧且脱氧不完全的钢种。脱氧过程中产生大量的 CO 气体外逸,产生沸腾现象,故名沸腾钢。其致密程度较差,易偏析(钢中元素富集于某一区域的现象),强度和韧性较低。镇静钢是用硅铁、锰铁和铝为脱氧剂,脱氧较充分的钢种。其铸锭时平静入模,故称镇静钢。镇静钢结构致密,质量好,机械性能好,但成本较高。半镇静钢是脱氧程度和质量介于沸腾钢和镇静钢之间的钢。

2. 钢的分类

根据国家标准《钢分类》(GB/T 13304—2008)规定,钢材的主要分类方式如下。

1) 按化学成分

钢按化学成分可分为碳素钢和合金钢两类。

(1) 碳素钢。

根据碳含量不同分为:低碳钢,含碳量小于 0.25%;中碳钢,含碳量为 0.25%~0.60%;高碳钢,含碳量大于 0.60%。

(2) 合金钢。

按合金元素含量不同分为:低合金钢,合金元素含量小于 5.0%;中合金钢,合金元素含量 5.0%~10%;高合金钢,合金元素含量大于 10%。

2) 按质量等级分

根据 S、P 等有害物质含量,钢按质量等级可分为:普通钢,优质钢,高级优质钢,特级优质碳素钢。

3) 按成型方法分类

分为锻钢,铸钢,热轧钢,冷拉钢。

4) 按用途分类

(1) 建筑及工程用钢。

①普通碳素结构钢;②低合金结构钢。

(2) 结构钢。

① 机械制造用钢:a. 调质结构钢;b. 表面硬化结构钢:包括渗碳钢、氨钢、表面淬火用钢;c. 易切结构钢;d. 冷塑性成型用钢:包括冷冲压用钢、冷镦用钢。

② 弹簧钢。

③ 轴承钢。

(3) 工具钢。

①碳素工具钢;②合金工具钢;③高速工具钢。

(4) 特殊性能钢。

①不锈耐酸钢;②耐热钢包括抗氧化钢、热强钢、气阀钢;③电热合金钢;④耐磨钢;⑤低温用钢;⑥电工用钢。

(5) 专业用钢。如桥梁用钢、船舶用钢、锅炉用钢、压力容器用钢、农机用钢等。

5) 按冶炼方法分类

(1) 按炉种分为:平炉钢、转炉钢、电炉钢。

(2) 按脱氧程度和浇注制度分为:

① 沸腾钢,代号为 F;

② 半镇静钢,代号为 BZ;

③ 镇静钢,代号为 Z;

④ 特殊镇静钢,代号为 TZ。

8.1.3 力学性能

钢材的力学性能主要包括抗拉性能、冲击韧度、硬度、耐疲劳性等。

1. 抗拉性能

抗拉性能是建筑钢材最主要的技术性能。通过拉伸试验可以测得屈服强度、抗拉强度和伸长率,这些是钢材的重要技术性能指标。建筑钢材的抗拉性能可用低碳钢受拉时的应力-应变图来阐明。低碳钢从受拉至拉断,分为以下四个阶段,见图 8.1。

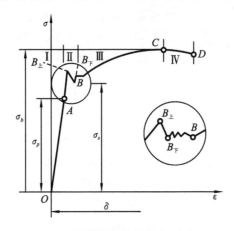

图 8.1 低碳钢受拉的应力-应变图

1) 弹性阶段

OA 为弹性阶段。在 OA 范围内,随着荷载的增加,应变随应力成正比增加。如卸去荷载,试件将恢复原状,表现为弹性变形,与 A 点相对应的应力为弹性极限,用 σ_p 表示。在这一范围内,应力与应变的比值为一常量,称为弹性模量,用 E 表示,即 $E = \sigma/\varepsilon$。弹性模量反映钢材的刚度,是钢材在受力条件下计算结构变形的重要指标。常用低碳钢的弹性模量 E 为 $2.0 \times 10^5 \sim 2.1 \times 10^5$ MPa,弹性极限 σ_p 为 $180 \sim 200$ MPa。

2) 屈服阶段

AB 为屈服阶段。在 AB 曲线范围内,应力与应变不成比例,开始产生塑性变形,应变增加的速度大于应力增长速度,钢材抵抗外力的能力发生"屈服"了。图中 $B_\perp$ 点是这一阶段应力最高点,称为屈服上限,$B_\top$ 点为屈服下限。因 $B_\top$ 点比较稳定易测,故一般以 $B_\top$ 点对应的应力作为屈服点,用 σ_s 表示。常用低碳钢的 σ_s 为 $195 \sim 300$ MPa。钢材受力达屈服点后,变形即迅速发展,尽管尚未破坏但已不能满足使用要求。故设计中一般以屈服点作为强度取值依据。

3) 强化阶段

BC 为强化阶段。过 B 点后,抵抗塑性变形的能力又重新提高,变形发展速度比较快,随着应力的提高而增强。对应于最高点 C 的应力,称为抗拉强度,用 σ_b 表示。常用低碳钢的 σ_b 为 $385 \sim 520$ MPa。抗拉强度不能直接利用,但屈服点与抗拉强度的比值(即屈强比 σ_s/σ_b),能反映钢材的安全可靠程度和利用率。屈强比越小,表明材料的安全性和可靠性越高,结构越安全。但屈强比过小,则钢材有效利用率太低,造成浪费。国家标准规定:有抗震要求的钢筋混凝土工程,钢筋实测抗拉强度与实测屈服强度之比不小于1.25(屈强比不大于0.8),钢筋实测屈服强度与标准规定的屈服强度特征值之比不大于1.30(超屈比)。

4)颈缩阶段

CD 为颈缩阶段。过 C 点后,材料变形迅速增大,而应力反而下降。试件在拉断前,于

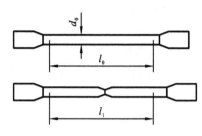

图 8.2　钢材拉伸试件示意图

薄弱处截面显著缩小,产生"颈缩现象",直至断裂。通过拉伸试验,除能检测钢材屈服强度和抗拉强度等强度指标外,还能检测出钢材的塑性。塑性表示钢材在外力作用下发生塑性变形而不破坏的能力,它是钢材的一个重要性指标。钢材塑性用伸长率或断面收缩率表示。将拉断后的试件于断裂处对接在一起(见图 8.2),测得其断后标距 l_1。试件拉断后标距的伸长量与原始标距(l_0)的百分比称为伸长率(δ)。伸长率的计算公式为:

$$\delta = \frac{l_1 - l_0}{l_0} \times 100\% \tag{8-1}$$

钢材拉伸时塑性变形在试件标距内的分布是不均匀的,颈缩处的伸长较大。所以原始标距(l_0)与直径(d_0)之比越大,颈缩处的伸长值在总伸长值中所占的比例就越小,计算出的伸长率(δ)也越小。通常钢材拉伸试件取 $l_0 = 5d_0$ 或 $l_0 = 10d_0$,对应的伸长率分别记为 δ_5 和 δ_{10},对于同一钢材,$\delta_5 > \delta_{10}$。测定试件拉断处的截面积(A_1)。试件拉断前后截面积的改变量与原始截面积(A_0)的百分比称为断面收缩率(φ)。断面收缩率的计算公式如下:

$$\varphi = \frac{A_0 - A_1}{A_0} \times 100\% \tag{8-2}$$

伸长率和断面收缩率都表示钢材断裂前经受塑性变形的能力。伸长率越大或者断面收缩率越高,表示钢材塑性越好。尽管结构是在钢的弹性范围内使用,但在应力集中处,其应力可能超过屈服点,此时产生一定的塑性变形,可使结构中的应力产生重分布,从而使结构免遭破坏。钢材塑性大,则在塑性破坏前,有很明显的塑性变形和较长的变形持续时间,便于人们发现和补救问题,从而保证钢材在建筑上的安全使用。另外,钢材的塑性也有利于钢材加工成各种形式。

国家标准规定:有抗震要求的钢筋混凝土工程,钢筋的最大力总伸长率不小于9%(均匀伸长率)。

钢筋最大力总伸长率 A_{gt} 的测试方法如下:选择 Y 和 V 两个标记,这两个标记之间的距离在拉伸试验之前至少应为 100 mm。两个标记都应当位于夹具离断裂点较远的一侧。两个标记离开夹具的距离都应不小于 20 mm 或钢钢筋公称直径 d(取二者之较大者);两个标记与断裂点之间的距离应不小于 50 mm。见图 8.3。在最大力作用下试样总伸长率 A_{gt}(%)按以公式计算:

$$A_{gt} = \left[\frac{L - L_0}{L_0} + \frac{R_m}{E} \right] \times 100 \tag{8-3}$$

式中　L——断裂后的距离,mm。

　　　L_0——试验前同样标记间的距离,mm。

　　　R_m——抗拉强度实测值,MPa。

E——弹性模量,其值可取 $2.0×10^5$,MPa。

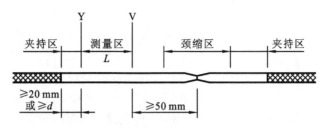

图 8.3 钢筋拉伸试件

中碳钢与高碳钢(硬钢)拉伸时的应力-应变曲线与低碳钢的不同,无明显屈服现象,伸长率小,断裂时呈脆性破坏,其应力-应变曲线如图 8.4 所示。这类钢材由于不能测定屈服点,规范规定以产生 0.2% 残余变形时的应力值作为名义屈服点,也称条件屈服点,用 $\sigma_{0.2}$ 表示。

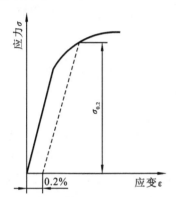

图 8.4 中碳钢与高碳钢(硬钢)的应力-应变曲线

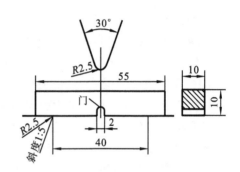

图 8.5 冲击韧度试验示意图

2. 冲击韧度

冲击韧度是指钢材抵抗冲击荷载作用的能力,用冲断试件所需能量的多少来表示。钢材的冲击韧度试验是采用中部加工有 V 形或 U 形缺口的标准弯曲试件,置于冲击机的支架上,试件非切槽的一侧对准冲击摆,如图 8.5 所示。当冲击摆从一定高度自由落下将试件冲断时,试件吸收的能量等于冲击摆所做的功,以缺口底部处单位面积上所消耗的功,即为冲击韧度指标,冲击韧度计算公式如下:

$$\alpha_k = \frac{mg(H-h)}{A} \tag{8-4}$$

式中 α_k——冲击韧度,J/cm²;

m——摆锤质量,kg;

A——试件槽口处断面面积,cm²。

α_k 值越大,冲击韧度越好,即其抵抗冲击作用的能力越强,脆性破坏的危险性越小。

影响钢材冲击韧度的因素很多,钢材内硫、磷的含量高,脱氧不完全,存在化学偏析,含有非金属夹杂物及焊接形成的微裂纹,都会使钢材的冲击韧度显著下降。同时环境温度对钢材的冲击韧度影响也很大。

试验表明,冲击韧度随温度的降低而下降,开始时下降缓慢,当达到一定温度范围时,突

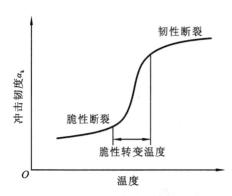

图 8.6　钢材的冲击韧度与温度的关系

然下降很快而呈脆性。这种性质称为钢材的冷脆性,这时的温度称为脆性转变温度,如图8.6所示。脆性转变温度越低,钢材的低温冲击韧度越高。因此,在负温下使用的结构,应当选用脆性转变温度低于使用温度的钢材。脆性临界温度的测定较复杂,规范中通常是根据气温条件规定－20 ℃或－40 ℃的负温冲击韧度值指标。

冷加工时效处理也会使钢材的冲击韧度下降。钢材的时效是指钢材随时间的延长,钢材强度逐渐提高而塑性、韧度下降的现象。完成时效的过程可达数十年,但钢材如经过冷加工或使用中受振动和反复荷载作用,时效可迅速发展。因时效导致钢材性能改变的程度称为时效敏感性。时效敏感性大的钢材,经过时效后,冲击韧度的降低越显著。为了保证结构安全,对于承受动荷载的重要结构,应当选用时效敏感性小的钢材。

3. 疲劳强度

钢材在交变荷载反复作用下,可在远小于抗拉强度的情况下突然破坏,这种破坏称为疲劳破坏。钢材的疲劳破坏指标用疲劳强度(或称疲劳极限)来表示,它是指试件在交变应力下,作用 10^7 周次,不发生疲劳破坏的最大应力值。

钢材的疲劳破坏一般由拉应力引起的,首先在局部开始形成细小裂纹,随后由于微裂纹尖端的应力集中而使其逐渐扩大,直至突然发生瞬时疲劳断裂。钢材内部的组织结构、成分偏析及其他缺陷,是决定其疲劳性能的主要因素。钢材的截面变化、表面质量及内应力大小等造成应力集中的因素,都与其疲劳极限有关。如钢筋焊接接头和表面微小的腐蚀缺陷,都可使疲劳极限显著降低。

疲劳破坏经常突然发生,因而有很大的危险性,往往造成严重事故。当疲劳条件与腐蚀环境同时出现时,可促使局部应力集中的出现,大大增加了疲劳破坏的危险,在设计承受反复荷载且须进行疲劳验算的结构时,应当了解所用钢材的疲劳强度。

4. 硬度

钢材的硬度是指其表面抵抗硬物压入产生局部变形的能力。测定钢材硬度的方法有布氏法、洛氏法和维氏法等,建筑钢材常用布氏硬度表示,其代号为HB。布氏法的测定原理是利用直径为 $D(mm)$ 的淬火钢球,以荷载 $P(N)$ 将其压入试件表面,经规定的持续时间后卸去荷载,得直径为 $d(mm)$ 的压痕,以压痕表面积 $A(mm^2)$ 除荷载 P,即得布氏硬度(HB)值,此值无量纲。图 8.7 是布氏硬度测定示意图。

在测定前应根据试件厚度和估计的硬度范围,按试验方法的规定选定钢球直径、所加荷载及荷载持续时间。布氏法适用于 HB<450 的钢材,测定时所得压痕直径应在 $0.25D<d<0.6D$ 范围内,否则测定结果不准确。当被测材料硬度 HB>450 时,钢球本身将发生较大变形,甚至破坏,应采用洛氏法测定其硬度。布氏法比较准确,但压痕较大,不适宜用于成品检验,而洛氏法压痕小,它是以压头压入试件的深度

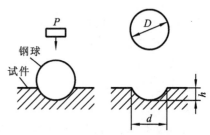

图 8.7　布氏硬度测定示意图

P—荷载;D—钢球直径

来表示硬度值的,常用于判断工件的热处理效果。

　　材料的硬度是材料弹性、塑性、强度等性能的综合反映。实验证明,碳素钢的 HB 值与其抗拉强度 σ_b 之间存在较好的相关关系,当 HB<175 时,$\sigma_b \approx 3.6$ HB;当 HB>175 时,$\sigma_b \approx 3.5$ HB。根据这些关系,可以在钢结构原位上测出钢材的 HB 值,来估算钢材的抗拉强度。

8.1.4　工艺性能

　　钢材应具有良好的工艺性能,以满足施工工艺的要求。冷弯、冷拉、冷拔及焊接性能是建筑钢材的重要工艺性能。

1. 冷弯性能

　　冷弯性能是指钢材在常温下承受弯曲变形的能力。钢材的冷弯性能是以试验时的弯曲角度(α)和弯心直径(d)为指标表示,如图 8.8 所示。

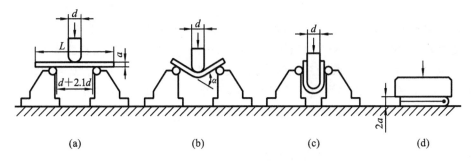

图 8.8　冷弯性能试验示意图

　　钢材冷弯试验时,用直径(或厚度)为 a 的试件,选用弯心直径 $d = na$ 的弯头(n 为自然数,其大小由试验标准来规定),弯曲到规定的角度(90°或 180°)后,弯曲处若无裂纹、断裂及起层等现象,即认为冷弯试验合格。钢材的冷弯性能和其伸长率一样,也是表示钢材在静荷载条件下的塑性。但冷弯是钢材处于不利变形条件下的塑性,而伸长率是反映钢材在均匀变形下的塑性。故冷弯试验是一种比较严格的检验。它能揭示钢材内部组织的均匀性,以及存在内应力或夹杂物等缺陷的程度。在拉力试验中,这些缺陷常因塑性变形导致应力重分布而反映不出来。在工程实践中,冷弯试验还被用作检验钢材焊接质量的一种手段,能揭示焊件在受弯表面存在的未熔合、微裂纹和夹杂物。

2. 焊接性能

　　建筑工程中,钢材间的连接 90% 以上采用焊接方式。因此,要求钢材应有良好的焊接性能。在焊接中,由于高温作用和焊接后急剧冷却作用,焊缝及其附近的过热区将发生晶体组织及结构变化,产生局部变形及内应力,使焊缝周围的钢材产生硬脆倾向,降低了焊接的质量。可焊性良好的钢材,焊缝处性质应尽可能与母材相同,焊接才牢固可靠。

　　钢材的化学成分、冶炼质量、冷加工、焊接工艺及焊条材料等都会影响焊接性能。含碳量小于 0.25% 的碳素钢具有良好的可焊性,含碳量大于 0.3% 时可焊性变差;硫、磷及气体杂质会使可焊性降低;加入过多的合金元素,也会降低可焊性。对于高碳钢和合金钢,为改善焊接质量,一般要采用预热和焊后处理,以保证质量。

　　钢材焊接后必须取样进行焊接质量检验,一般包括拉伸试验。有些焊接种类还包括了弯曲试验,要求试验时试件的断裂不能发生在焊接处。同时还要检查焊缝处有无裂纹、砂眼、咬肉和焊件变形等缺陷。

8.1.5 冷加工性能及时效处理

1. 冷加工强化与时效处理的概念

将钢材于常温下进行冷拉、冷拔或冷轧,使之产生塑性变形,从而提高强度,但钢材的塑性和韧度会降低,这个过程称为冷加工强化处理。

将经过冷拉的钢筋,于常温下存放 15~20 d,或加热到 100~200 ℃并保持 2~3 h 后,则钢筋强度将进一步提高,这个过程称为时效处理。前者称为自然时效,后者称为人工时效。通常对强度较低的钢筋可采用自然时效,强度较高的钢筋则须采用人工时效。对钢材进行冷加工强化与时效处理的目的是提高钢材的屈服强度,以便节约钢材。

2. 常见冷加工方法

建筑工地或预制构件厂常用的冷加工方法是冷拉和冷拔。

1) 冷拉

将热轧钢筋用冷拉设备进行张拉,拉伸至产生一定的塑性变形后,卸去荷载。冷拉参数的控制直接关系到冷拉效果和钢材质量。一般钢筋冷拉仅控制冷拉率,称为单控,对用作预应力的钢筋,须采用双控,即既控制冷拉应力,又控制冷拉率。冷拉时当拉至控制应力时可应未达控制冷拉率,反之钢筋则应降级使用。钢筋冷拉后,屈服强度可提高 20%~30%,可节约钢材 10%~20%,钢材经冷拉后屈服阶段缩短,伸长率降低,材质变硬。

2) 冷拔

将光圆钢筋通过硬质合金拔丝模孔强行拉拔。每次拉拔断面缩小应在 10% 以内。钢筋在冷拔过程中,不仅受拉,同时还受到挤压作用,因而冷拔的作用比纯冷拉作用强烈。经过一次或多次冷拔后的钢筋,表面光滑,屈服强度可提高 40%~60%,但塑性大大降低,具有硬钢的性质。

3. 钢材冷加工强化与时效处理的机理

钢筋经冷拉、时效后的力学性能变化规律,可从其拉伸试验的应力-应变图得到反映(如图 8.9 所示)。

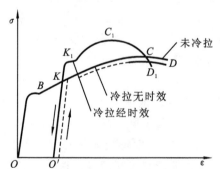

图 8.9 钢筋经冷拉时效后应力-应变图的变化

(1) 图 8.9 中 $OBCD$ 曲线为未冷拉,其含义是将钢筋原材一次性拉断,而不是指不拉伸。此时,钢筋的屈服点为 B 点。

(2) 图 8.9 中 $O'KCD$ 曲线为冷拉无时效,其含义是将钢筋原材拉伸至超过屈服点但不超过抗拉强度(使之产生塑性变形)的某一点 K,卸去荷载,然后立即再将钢筋拉断。卸去荷载后,钢筋的应力-应变曲线沿 KO' 恢复部分变形(弹性变形部分),保留 OO' 残余变形。

通过冷拉无时效处理，钢筋的屈服点升高至 K 点，以后的应力-应变关系与原来曲线 KCD 相似。这表明钢筋经冷拉后，屈服强度得到提高，抗拉强度和塑性与钢筋原材基本相同。

（3）图 8.9 中 $O'K_1C_1D_1$ 曲线为冷拉经时效，其含义是将钢筋原材拉伸至超过屈服点但不超过抗拉强度（使之产生塑性变形）的某一点 K，卸去荷载，然后进行自然时效或人工时效，再将钢筋拉断。通过冷拉经时效处理，钢筋的屈服点升高至 K_1 点，以后的应力-应变关系 $K_1C_1D_1$ 比原来曲线 KCD 短。这表明钢筋经冷拉经时效后，屈服强度进一步提高，与钢筋原材相比，抗拉强度亦有所提高，塑性和韧度则相应降低。

钢材冷加工强化的原因是钢材经冷加工产生塑性变形后，塑性变形区域内的晶粒产生相对滑移，导致滑移面下的晶粒破碎，晶格歪曲畸变，滑移面变得凹凸不平，对晶粒进一步滑移起阻碍作用，亦即提高了抵抗外力的能力，故屈服强度得以提高。同时，冷加工强化后的钢材，由于塑性变形后滑移面减少，从而使其塑性降低，脆性增大，且变形中产生的内应力，使钢的弹性模量降低。

钢筋经冷拉后，一般屈服点可提高 20%～25%，冷拔钢丝的屈服点可提高 40%～60%。由此可适当减小钢筋混凝土结构设计截面，或减少混凝土中配筋数量，从而达到节约钢材的目的。钢筋冷拉还有利于简化施工工序。冷拉盘条钢筋可省去开盘和调直工序，冷拉直条钢筋则可与矫直、除锈等工序一并完成。

8.1.6　钢材的组织和化学成分

1. 钢材的组织

建筑钢材属晶体材料，晶体结构中个原子以金属键方式结合，形成晶粒，晶粒中的原子按照一定的规则排列。如纯铁在 910 ℃ 以下为体心立方晶格，称为 α-铁，910～1390 ℃ 之间为面心立方晶格，称为 γ-铁。每个晶粒表现出的特点是各向异性，但由于许多晶粒是不规则聚集在一起的，因而宏观上表现出的性质为各向同性。

钢材的力学性能如强度、塑性、韧度等与晶格中的原子密集面、晶格中存在的各种缺陷、晶粒粗细、晶粒中溶入其他元素所形成的固溶体密切相关。

建筑钢材中的铁元素和碳元素在常温下有三种结合形式，即固溶体、化合物、机械混合物。工程上常用的碳素结构钢在常温下形成的基本组织为铁素体、渗碳体和珠光体。

铁素体是碳溶于 α-铁中的固溶体，其含碳量少，强度较低，塑性好。

渗碳体是铁碳化合物 Fe_3C，其含碳量高，强度高，性质硬脆，塑性较差。

珠光体是铁素体和渗碳体形成的机械混合物，性质介于二者之间。

2. 化学成分

钢中的主要成分为铁元素，此外还含有少量的碳、硅、锰、硫、磷、氧、氮等元素，这些元素对钢材性质的影响各不相同。

碳（C）：含碳量小于 1% 时，随含碳量增加，钢材的强度和硬度提高，塑性、韧度和焊接性能降低，同时，钢的冷脆性和时效敏感性提高，抗大气锈蚀性降低。

硅（Si）：可提高钢材强度，对塑性和韧度影响不明显。

锰（Mn）：可提高钢材强度，细化晶粒，改善热加工性质。

钒（V）：增加钢材红硬性。

铬（Cr）：细化晶粒，提高钢材强度。

氮(N):表面富氮时,可提高钢材的耐磨性。

硫(S):为钢中有害元素,易偏析,使钢材产生热脆性。

磷(P):可提高钢材强度,降低塑性韧性,易偏析,使钢材产生冷脆性。

氧(O)、氢(H):为钢中有害元素,偏析严重,使钢材的塑性韧性降低,甚至产生微裂纹导致断裂,且随钢材强度提高,危害性增大。

8.1.7 建筑钢材的标准

1.《碳素结构钢》(GB/T 700—2006)

1)碳素结构钢的牌号

根据现行国家标准《碳素结构钢》(GB/T 700—2006)规定,碳素结构钢牌号由字母和数字组合而成,按顺序为:屈服点符号、屈服极限值、质量等级及脱氧程度。共有四个牌号:Q195、Q215、Q235、Q275;按质量等级分为 A、B、C、D 四级;按脱氧程度分为沸腾钢(F)、镇静钢(Z)、半镇静钢(b)、特殊镇静钢(TZ)四类,Z 和 TZ 在钢号中可省略。

例 Q235-A 表示为屈服极限为 235 MPa、质量等级为 A 的镇静钢。

2)主要技术标准

(1)各牌号钢的主要力学性质见表 8.1。冷弯性能应符合表 8.2 的要求。

表 8.1 碳素结构钢的拉伸性能(GB/T 700—2006)

牌号	等级	拉伸试验												冲击试验(V 形缺口)	
		屈服强度[a]/(N/mm²)						抗拉强度[b](N/mm²)	断后伸长率 A/(%),不小于					温度/(℃)	V 形冲击功(纵向)/J
		厚度(直径)/mm							厚度(或直径)/mm						
		≤16	>16~40	>40~60	>60~100	>100~150	>150~200		≤40	>40~60	>60~100	>100~150	>150~200		
Q195	—	195	185	—	—	—	—	315~430	33	—	—	—	—	—	—
Q215	A	215	205	195	185	175	165	335~450	31	30	29	27	26	—	—
	B													+20	27
Q235	A	235	225	215	215	195	185	370~500	26	25	24	22	21	—	—
	B													+20	27[c]
	C													0	
	D													-20	
Q275	A	275	265	255	245	225	215	410~540	22	21	20	18	17	—	—
	B													+20	27
	C													—	
	D													-20	

注:①[a]Q195 的屈服强度值仅供参考,不作交货条件;

②[b]厚度大于 100 mm 的钢材抗拉强度下限允许降低 20 N/mm²。宽带钢(包括剪切钢板)抗拉强度上限不作交货条件;

③[c]厚度小于 25 mm 的 Q235B 级钢材,如供方能保证冲击吸收功值合格,经需方同意,可不做检验。

表 8.2　碳素结构钢的冷弯性能(GB/T 700—2006)

牌　　号	试样方向	冷弯试验 $180°B=2a$[a]	
		钢材厚度(或直径)/mm	
		≤60	60~100
		弯心直径 d	
Q195	纵	0	—
	横	0.5a	
Q215	纵	0.5a	1.5a
	横	a	2a
Q235	纵	a	2a
	横	1.5a	2.5a
Q275	纵	1.5a	2.5a
	横	2a	3a

注:①[a]B 为试样宽度,a 为试样厚度(或直径)。

②[b]钢材厚度(或直径)大于 100 mm 时,弯曲试验由双方协商确定。

(2)碳素结构钢的牌号和化学成分(熔炼分析)应符合表 8.3 规定。

表 8.3　碳素结构钢的牌号和化学成分(熔炼分析)(GB/T 700—2006)

牌号	统一数字代号[a]	等级	厚度(或直径)/mm	脱氧方法	化学成分(质量分数)/(%),不大于				
					C	Si	Mn	P	S
Q195	U11952	—	—	F、Z	0.12	0.30	0.50	0.035	0.040
Q215	U12152	A	—	F、Z	0.15	0.35	1.20	0.045	0.050
	U12155	B							0.045
Q235	U12352	A	—	F、Z	0.22	0.35	1.40	0.045	0.050
	U12355	B			0.20[b]				0.045
	U12358	C		Z	0.17			0.040	0.040
	U12359	D		TZ				0.035	0.035
Q275	U12752	A	—	F、Z	0.24	0.35	1.50	0.045	0.050
	U12755	B	≤40	Z	0.21			0.045	0.045
			>40		0.22				
	U12758	C	—	Z	0.20			0.040	0.040
	U12759	D		TZ				0.035	0.035

注:①[a]表中为镇静钢、特殊镇静钢牌号的统一数字,沸腾钢牌号的统一数字代号如下:

Q195F——U11950;Q215AF——U12150,Q215BF——U12153,Q235AF——U12350,Q235BF——U12153,

Q275AF——U12750。

②[b]经需方同意,Q235B 的碳含量可不大于 0.22%。

从表 8.1、表 8.2 可看出:碳素结构钢随钢号递增而含碳量提高,强度提高,塑性和冷弯性能降低。

3）选用

碳素结构钢各钢号中 Q195、Q215 强度较低、塑性韧性较好,易于冷加工和焊接,常用作铆钉、螺丝、铁丝等;Q235 强度较高,塑性韧性也较好,可焊性较好,为建筑工程中主要钢号;Q275 强度高、塑性韧性较差,可焊性较差,且不易冷弯,多用于机械零件,极少数用于混凝土配筋及钢结构或制作螺栓。同时,应根据工程结构的荷载情况、焊接情况及环境温度等因素来选择钢的质量等级和脱氧程度。如受振动荷载作用的重要焊接结构,处于计算温度低于 −20 ℃的环境下,宜选用质量等级为 D 的特种镇静钢。

2. 低合金结构钢

工程上使用的钢材要求强度高,塑性好,且易于加工,碳素结构钢的性能不能完全满足工程的需要。在碳素结构钢基础上掺入少量(掺量小于 5%)的合金元素(如锰、钒、钛、铌、镍等)即成为低合金结构钢。

低合金钢与碳素钢相比,具有较高的强度,综合性能好,所以在相同使用条件下,可比碳素钢节省用钢 20%～30%,这对减轻结构自重十分有利。

低合金钢具有良好的塑性、韧性、可焊性、耐低温性及抗腐蚀等性能,有利于延长结构使用寿命。

低合金钢特别适用于高层建筑、大柱网结构和大跨度结构。

1）低合金结构钢的牌号

根据《低合金高强度结构钢》(GB/T 1591—2008)规定:低合金高强度结构钢按力学性能和化学成分分为 Q345、Q390、Q420、Q460、Q500、Q550、Q620、Q690 八个钢号,按硫、磷含量分 A、B、C、D、E 五个质量等级,其中 E 级质量最好。钢号按屈服点符号、屈服极限值和质量等级顺序排列。

例:Q420-B 的含义为:屈服极限为 420 MPa、质量等级为 B 的低合金高强度结构钢。

2）主要技术标准

低合金高强度结构钢的化学成分和力学性能见表 8.4 和表 8.5。

表 8.4 低合金高强度结构钢的化学成分《低合金高强度结构钢》(GB/T 1591—2008)

牌号	质量等级	化学成分[a,b](质量分数)/(%)													
		C≤	Si≤	Mn≤	P	S	Nb	V	Ti	Cr	Ni	Cu	N	Mo	B	Als
					≤											≥
Q345	A	0.20	0.50	1.70	0.035	0.035	0.07	0.15	0.20	0.30	0.50	0.30	0.012	0.10	—	—
	B				0.035	0.035										
	C				0.030	0.030										
	D	0.18			0.030	0.025										0.015
	E				0.025	0.020										
Q390	A	0.20	0.50	1.70	0.035	0.035	0.07	0.20	0.20	0.30	0.50	0.30	0.015	0.10	—	—
	B				0.035	0.035										
	C				0.030	0.030										
	D				0.030	0.025										0.015
	E				0.025	0.020										

牌号	质量等级	化学成分[a,b]（质量分数）/（%）													
		C≤	Si≤	Mn≤	P	S	Nb	V	Ti	Cr	Ni	Cu	N	Mo	B	Als
					≤											≥
Q420	A	0.20	0.50	1.70	0.035	0.035	0.07	0.20	0.20	0.30	0.80	0.30	0.015	0.20	—	—
	B	0.20	0.50	1.70	0.035	0.035	0.07	0.20	0.20	0.30	0.80	0.30	0.015	0.20	—	—
	C	0.20	0.50	1.70	0.030	0.030	0.07	0.20	0.20	0.30	0.80	0.30	0.015	0.20	—	—
	D	0.20	0.50	1.70	0.030	0.025	0.07	0.20	0.20	0.30	0.80	0.30	0.015	0.20	—	0.015
	E	0.20	0.50	1.70	0.025	0.020	0.07	0.20	0.20	0.30	0.80	0.30	0.015	0.20	—	0.015
Q460	C	0.20	0.60	1.80	0.030	0.030	0.11	0.20	0.20	0.30	0.80	0.55	0.015	0.20	0.004	0.015
	D	0.20	0.60	1.80	0.030	0.025	0.11	0.20	0.20	0.30	0.80	0.55	0.015	0.20	0.004	0.015
	E	0.20	0.60	1.80	0.025	0.020	0.11	0.20	0.20	0.30	0.80	0.55	0.015	0.20	0.004	0.015
Q500	C	0.18	0.60	1.80	0.030	0.030	0.11	0.12	0.20	0.60	0.80	0.55	0.015	0.20	0.004	0.015
	D	0.18	0.60	1.80	0.030	0.025	0.11	0.12	0.20	0.60	0.80	0.55	0.015	0.20	0.004	0.015
	E	0.18	0.60	1.80	0.025	0.020	0.11	0.12	0.20	0.60	0.80	0.55	0.015	0.20	0.004	0.015
Q550	C	0.18	0.60	2.00	0.030	0.030	0.11	0.12	0.20	0.80	0.80	0.80	0.015	0.30	0.004	0.015
	D	0.18	0.60	2.00	0.030	0.025	0.11	0.12	0.20	0.80	0.80	0.80	0.015	0.30	0.004	0.015
	E	0.18	0.60	2.00	0.025	0.020	0.11	0.12	0.20	0.80	0.80	0.80	0.015	0.30	0.004	0.015
Q620	C	0.18	0.60	2.00	0.030	0.030	0.11	0.12	0.20	1.00	0.80	0.80	0.015	0.30	0.004	0.015
	D	0.18	0.60	2.00	0.030	0.025	0.11	0.12	0.20	1.00	0.80	0.80	0.015	0.30	0.004	0.015
	E	0.18	0.60	2.00	0.025	0.020	0.11	0.12	0.20	1.00	0.80	0.80	0.015	0.30	0.004	0.015
Q690	C	0.18	0.60	2.00	0.030	0.030	0.11	0.12	0.20	1.00	0.80	0.80	0.015	0.30	0.004	0.015
	D	0.18	0.60	2.00	0.030	0.025	0.11	0.12	0.20	1.00	0.80	0.80	0.015	0.30	0.004	0.015
	E	0.18	0.60	2.00	0.025	0.020	0.11	0.12	0.20	1.00	0.80	0.80	0.015	0.30	0.004	0.015

注：①[a]型材及棒材 P、S 含量可提高 0.005%，其中 A 级钢可为 0.045%；

②[b]当细化晶粒元素组合加入时，20(Nb+V+Ti)≤0.22%，20(Mo+Cr)≤0.30%。

表 8.5　低合金高强度结构钢钢材的拉伸性能（GB/T 1591—2008）

牌号	质量等级	拉伸试验[a,b,c]																						
		以下公称厚度(直径,边长)/mm 下屈服强度/MPa									以下公称厚度(直径,边长)/mm 下抗拉强度/MPa							断后伸长率/(%) 公称厚度(直径,边长)/mm					
		≤16	>16~40	>40~63	>63~80	>80~100	>100~150	>150~200	>200~250	>250~400	≤40	>40~63	>63~80	>80~100	>100~150	>150~250	>250~400	≤40	>40~63	>63~100	>100~150	>150~250	>250~400
Q345	A	≥345	≥335	≥325	≥315	≥305	≥285	≥275	≥265		—	470~630	470~630	470~630	450~600	450~600		≥20	≥19	≥19	≥18	≥17	—
	B	≥345	≥335	≥325	≥315	≥305	≥285	≥275	≥265		—	470~630	470~630	470~630	450~600	450~600		≥20	≥19	≥19	≥18	≥17	—
	C	≥345	≥335	≥325	≥315	≥305	≥285	≥275	≥265		—	470~630	470~630	470~630	450~600	450~600		≥21	≥20	≥20	≥19	≥18	—
	D	≥345	≥335	≥325	≥315	≥305	≥285	≥275	≥265	≥265	—	470~630	470~630	470~630	450~600	450~600	450~600	≥21	≥20	≥20	≥19	≥18	≥17
	E	≥345	≥335	≥325	≥315	≥305	≥285	≥275	≥265	≥265	—	470~630	470~630	470~630	450~600	450~600	450~600	≥21	≥20	≥20	≥19	≥18	≥17

续表

牌号	质量等级	拉伸试验[a,b,c]																					
		以下公称厚度(直径,边长)/mm — 下屈服强度/MPa									以下公称厚度(直径,边长)/mm — 下抗拉强度/MPa							断后伸长率/(%) 公称厚度(直径,边长)/mm					
		≤16	>16~40	>40~63	>63~80	>80~100	>100~150	>150~200	>200~250	>250~400	≤40	>40~63	>63~80	>80~100	>100~150	>150~250	>250~400	≤40	>40~63	>63~100	>100~150	>150~250	>250~400
Q390	A B C D E	≥390	≥370	≥350	≥330	≥330	≥310	—	—	—	490~650	490~650	490~650	490~650	470~620	—	—	≥20	≥19	≥19	≥18	—	—
Q420	A B C D E	≥420	≥400	≥380	≥360	≥360	≥340	—	—	—	520~680	520~680	520~680	520~680	500~650	—	—	≥19	≥18	≥18	≥18	—	—
Q460	C D E	≥460	≥440	≥420	≥400	≥400	≥380	—	—	—	550~720	550~720	550~720	550~720	530~700	—	—	≥17	≥16	≥16	≥16	—	—
Q500	C D E	≥500	≥480	≥470	≥450	≥440	—	—	—	—	610~770	600~760	590~750	540~730	—	—	—	≥17	≥17	≥17	—	—	—
Q550	C D E	≥550	≥530	≥520	≥500	≥490	—	—	—	—	670~830	620~810	600~790	590~780	—	—	—	≥16	≥16	≥16	—	—	—
Q620	C D E	≥620	≥600	≥590	≥570	—	—	—	—	—	710~880	690~880	670~860	—	—	—	—	≥15	≥15	≥15	—	—	—
Q690	C D E	≥690	≥670	≥660	≥640	—	—	—	—	—	770~940	750~920	730~900	—	—	—	—	≥14	≥14	≥14	—	—	—

注：①[a] 当屈服不明显时,可测量 $R_{p0.2}$ 代替屈服强度；

②[b] 宽度不小于 600 mm 扁平材,拉伸试验取横向试样；宽度小于 600 mm 的扁平材、型材及棒材取纵向试样,断后伸长率最小值相应提高 1%(绝对值)；

③[c] 厚度大于 250~400 mm 的数值适用于扁平材。

3）选用

Q345、Q390,综合力学性能好,焊接性能、冷热加工性能和耐蚀性能均好,C、D、E 级钢具有良好的低温韧性。主要用于工程中承受较高荷载的焊接结构。Q420、Q460,强度高,特别是在热处理后有较高的综合力学性能。主要用于大型工程结构及要求强度高、荷载大的轻型结构。

8.1.8　常用建筑钢材

钢筋是建筑工程中用途最多、用量最大的钢材品种。常用的有热轧钢筋、冷拉钢筋、热处理钢筋、冷轧带肋钢筋、冷拔低碳钢丝和钢绞线等。

1. 热轧钢筋

1) 热轧光圆钢筋(GB 1499.1—2008)

热轧光圆钢筋(hot rolled plain bars)是经热轧成型并自然冷却,横截面通常为圆形,表面光滑的成品光圆钢筋。热轧光圆钢筋分为 HPB235、HPB300 两种,其公称直径范围为6~22 mm,推荐的公称直径为 6,8,10,12,16,20。HPB300 质量稳定,塑性好易成型。目前正在替代 HPB235 钢筋应用在建筑工程中。但热轧光圆钢筋的屈服强度较低,不宜用于结构中的受力钢筋,热轧光圆钢筋的牌号构成及意义见表 8.6。

表 8.6　热轧光圆钢筋的牌号构成及意义

类　　别	牌　　号	牌 号 构 成	英文字母含义
热轧光圆钢筋	HPB235	由 HPB+屈服强度特征值构成	HPB—热轧光圆钢筋的英文 (Hot rolled Plain Bars)缩写
	HPB300		

热轧光圆钢筋牌号及化学成分应符合表 8.7 的规定。

表 8.7　热轧光圆钢筋的牌号及化学成分

牌　　号	化学成分(质量分数)/(%)　不大于				
	C	Si	Mn	P	S
HPB235	0.22	0.30	0.65	0.045	0.050
HPB300	0.25	0.55	1.50		

热轧光圆钢筋的屈服强度 R_{eL}、抗拉强度 R_m、断后伸长率 A、最大力总伸长率 A_{gt} 应符合表 8.8 的规定,并作为交货检验的最小保证值(A、A_{gt} 可任选测一个,但有争议时,A_{gt} 作为仲裁检验)。

表 8.8　热轧光圆钢筋的力学性能指标

牌　　号	R_{eL}/MPa	R_m/MPa	A/(%)	A_{gt}/(%)	冷弯试验 180° d—弯芯直径 a—钢筋公称直径
	不小于				
HPB235	235	370	25.0	10.0	$d=a$
HPB300	300	420			

2) 热轧带肋钢筋《钢筋混凝土用钢　第 2 部分:热轧带肋钢筋》(GB 1499.2—2007)

热轧带肋钢筋(hot rolled Ribbed bars)是横截面为圆形,且表面通常有两条纵肋和沿长度方向均匀分布的横肋的钢筋。按横肋的纵截面形状分为月牙肋钢筋和等高肋钢筋。其外形见图 8.10。热轧带肋钢筋分为 HRB335、HRB400、HRB500、HRBF335、HRBF400、HRBF500 六种,HRBF 表示细晶粒热轧钢筋,是在热轧过程中,通过控轧和控冷工艺形成的细晶粒钢筋,其金相组织主要是铁素体加珠光体,不得有影响使用性能的其他组织存在,晶粒度不粗于 9 级。公称直径范围为 6～50 mm,常见的钢筋公称直径为 6 mm、8 mm、10 mm、12 mm、16 mm、20 mm、25 mm、32 mm、40 mm、50 mm。HRB335 钢筋因强度较低,目前正在被建筑工程淘汰,HRB400 强度较高,塑性、可焊性好,在钢筋混凝土结构中作受力筋及构造筋的主要用筋;HRB500 强度高,塑性韧性有保证,但可焊性较差,常用作预应力钢筋。细化晶粒的钢筋通常钢材牌号中带 E,主要用于有抗震要求的钢筋混凝土结构工程,热轧带肋钢筋的牌号构成及意义见表 8.9。

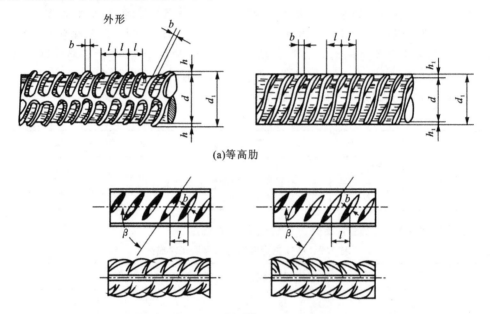

(a)等高肋

(b)月牙肋

图 8.10　热轧带肋钢筋的外形

表 8.9　热轧带肋钢筋的牌号构成及意义(《钢筋混凝土用钢　第 2 部分:热轧带肋钢筋》(GB 1499.2—2007))

类　别	牌　号	牌号构成	英文字母含义
普通热轧钢筋	HRB335	由 HRB＋屈服强度特征值构成	H-Hot rolled R-Ribbed B-Bars F-Fine
	HRB400		
	HRB500		
细晶粒热轧钢筋	HRBF335	由 HRBF＋屈服强度特征值构成	
	HRBF400		
	HRBF500		

　　热轧带肋钢筋牌号及化学成分和碳当量应符合表 8.10 的规定。根据需要,钢中还可加入 V、Nb、Ti 等元素。

表 8.10　热轧带肋钢筋牌号及化学成分和碳当量(《钢筋混凝土用钢　第 2 部分:热轧带肋钢筋》(GB 1499.2—2007))

牌　号	化学成分(质量分数)/(%)不大于					
	C	Si	Mn	P	S	C_{eq}
HRB335	0.25	0.80	1.60	0.045	0.045	0.52
HRBF335						
HRB400						0.54
HRBF400						
HRB500						0.55
HRBF500						

注:碳当量 C_{eq}(百分比)值可按下式计算:

$$C_{eq} = C + Mn/6 + (Cr + V + Mo)/5 + (Cu + Ni)/15$$

热轧带肋钢筋的屈服强度 R_{eL}、抗拉强度 R_m、断后伸长率 A、最大力总伸长率 A_{gt} 时力学性能特征值应符合表 8.11 的规定,并可作为交货检验的最小保证值。

表 8.11　热轧带肋钢筋的力学性能指标(《钢筋混凝土用钢　第 2 部分:热轧带肋钢筋》(GB 1499.2—2007))

牌　　号	R_{eL}/MPa	R_m/MPa	A/(%)	A_{gt}/(%)
	不小于			
HRB335 HRBF335	335	455	17	7.5
HRB400 HRBF400	400	540	16	
HRB500 HRBF500	500	630	15	

热轧带肋钢筋的弯曲性能应按表 8.12 规定的弯芯直径弯曲 180°后,钢筋的受弯曲部位表面不得产生裂纹。

表 8.12　热轧带肋钢筋的公称直径与弯芯直径关系表　　　　　　(单位:mm)

牌　号	公称直径 d	弯芯直径 d
HRB335 HRBF335	6~25	3
	28~40	4
	>40~50	5
HRB400 HRBF400	6~25	4
	28~40	5
	>40~50	6
HRB500 HRBF500	6~25	6
	28~40	7
	>40~50	8

热轧带肋钢筋的反向弯曲性能应根据需方要求,进行反向弯曲性能试验。反向弯曲试验的弯芯直径比弯曲试验相应增加一个钢筋公称直径。反向弯曲试验:先正向弯曲 90°后再反向弯曲 20°。两个弯曲角度均应在去载之前测量。经反向弯曲试验后,钢筋受弯曲部位表面不得产生裂纹。

2. 冷轧带肋钢筋

热轧圆盘条经冷轧后,在其表面带有沿长度方向均匀分布的三面或二面横肋的钢筋。

冷轧带肋钢筋的牌号由 CRB 和钢筋的抗拉强度最小值构成。C、R、B 分别为冷轧(Cold rolled)、带肋(Ribbed)、钢筋(Bars)三个词的英文首位字母。冷轧带肋钢筋分为 CRB550、CRB650、CRB800、CRB970 四个牌号。其中,CRB550 为普通钢筋混凝土用钢筋,其他牌号为预应力混凝土用钢筋。CRB550 钢筋的公称直径范围为 4～12 mm。CRB650 以上的牌号钢筋的公称直径为 4 mm、5 mm、6 mm。其力学性能和工艺性能应符合国家标准:冷轧带肋钢筋的力学性能和工艺性能指标《冷轧带肋钢筋》(GB13788—2008),见表 8.13 的要求。

表 8.13　冷轧带肋钢筋的力学性能和工艺性能(《冷轧带肋钢筋》(GB 13788—2008))

牌　号	$R_{p0.2}$/MPa 不小于	R_m/MPa 不小于	伸长率/(%) 不小于		弯曲试验 180°	反复弯曲次数	应力松弛初始应力应相当于公称抗拉强度的 70%
			$A_{11.3}$	A_{100}			1000 h 松弛率/(%)不大于
CRB550	500	550	8.0	—	$D=3d$	—	—
CRB650	585	650	—	4.0	—	3	8
CRB800	720	800	—	4.0	—	3	8
CRB970	875	970	—	4.0	—	3	8

注:表中 D 为弯心直径;d 为钢筋公称直径。

当进行弯曲试验时,受弯曲部位表面不得产生裂纹。反复弯曲试验的弯曲半径应符合表 8.14 规定。

表 8.14　反复弯曲试验的弯曲半径(《冷轧带肋钢筋》(GB 13788—2008))　　(单位:mm)

钢筋公称直径	4	5	6
弯曲半径	10	15	15

3. 冷轧扭钢筋(《冷轧扭钢筋》(JG190—2006))

冷轧扭钢筋(cold-rolled and twisted bars),低碳钢热轧圆盘条经专用钢筋冷轧扭机调直、冷轧并冷扭(或冷滚)一次成型具有规定截面形式和相应节距的连续螺旋状钢筋。

冷轧扭钢筋按其截面形状不同分为三种类型:近似矩形截面为Ⅰ型;近似正方形截面为Ⅱ型;近似圆形截面为Ⅲ型,三种钢筋的外观及截面见图 8.11。冷轧扭钢筋按其强度级别不同分为二级:550 级和 650 级。

冷轧扭钢筋的标记由产品名称代号、强度级别代号、标志代号、主参数代号以及类型代号组成。示例 1:冷轧扭钢筋 550 级Ⅱ型,标志直径 10 mm,标记为:CTB550ϕ^T10-Ⅱ。

冷轧扭钢筋力学性能和工艺性能应符合表 8.15 规定。

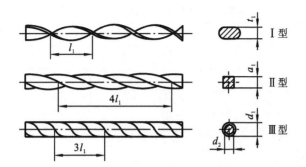

图 8.11　冷轧扭钢筋示意图

表 8.15　冷轧扭钢筋力学性能和工艺性能

强度级别	型　号	抗拉强度 σ_b/MPa	伸长率 A/(%)	180°弯曲试验 （弯心直径＝3d）	应力松弛率/(%)	
					10 h	1000 h
CTB550	Ⅰ	≥550	$A_{11.3}$≥4.5	受弯曲部位钢筋表 面不得产生裂纹	—	—
	Ⅱ	≥550	A≥10		—	—
	Ⅲ	≥550	A≥12		—	—
CTB650	Ⅲ	≥650	A_{100}≥4		≤5	≤8

注：①d 为冷轧扭钢筋标志直径。

②A、$A_{11.3}$ 分别表示以标距 $5.65\sqrt{S_0}$ 或 $11.3\sqrt{S_0}$（S_0 为试样原始截面面积）的试样拉断伸长率，A_{100} 表示以标距 100 mm 的试样拉断伸长率。

4. 热处理钢筋

热处理钢筋以热轧中碳低合金钢筋经淬火和回火调质处理而成。按其螺纹外形分有纵肋和无纵肋两种（均有横肋）。《预应力混凝土用热处理钢筋》(GB/T4463—1984)规定该钢筋只有三个规格，即公称直径 6 mm、8.2 mm、10 mm，其力学性能的要求为屈服强度 R 不小于 1325 MPa、抗拉强度 R 不小于 1470 MPa、伸长率不小于 6%，1000 h 的应力松弛率不大于 3.5%，热处理钢筋示意图见图 8.12。这种钢筋不能冷拉和焊接，且对应力腐蚀及缺陷敏感性较强。热处理钢筋具有强度高、预应力值稳定、韧性好、黏结力高等特点，适用于预应力混凝土构件如吊车梁、预应力混凝土轨枕或其他各种预应力混凝土结构等。其力学性能指标应符合表 8.16 的要求。

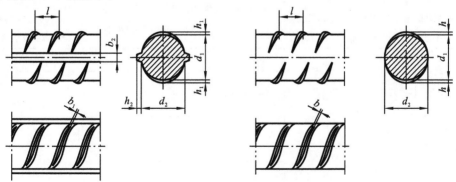

图 8.12　热处理钢筋示意图

表 8.16　热处理钢筋的力学性能指标

公称直径 /mm	牌　号	屈服强度 $\sigma_{0.2}$/MPa	抗拉强度 σ_b/MPa	伸长率 δ_{10}/(%)
		不小于		
6	$40Si_2Mn$			
8.2	$48Si_2Mn$	1325	1470	6
10	$45Si_2Cr$			

5. 预应力钢丝、钢绞线

预应力筋除了上面冷轧带肋钢筋中提到的 CRB650、CRB800，CRB970 和热处理钢筋外，根据《混凝土结构工程施工质量验收规范》(GB50204—2008)规定，预应力筋还有钢丝、钢绞线等。

1) 钢丝

预应力筋混凝土用钢丝为高强度钢丝，使用优质碳素结构钢经冷拔或再经回火等工艺处理制成。其强度高，柔性好，适用于大跨度屋架、吊车梁等大型构件及 V 形折板等，使用钢丝可节省钢材，施工方便，安全可靠，但成本较高。

预应力钢丝按加工状态分为冷拉钢丝和消除应力钢丝两类。

消除应力钢丝按松弛性能又分为低松弛级钢丝和普通松弛级钢丝，其代号如下。

冷拉钢丝——WCD。

低松弛级钢丝——WLR。

普通松弛级钢丝——WNR。

钢丝按外形可分为光圆、螺旋肋、刻痕三种，其代号如下。

光圆钢丝——P。

螺旋肋钢丝——H。

刻痕钢丝——I。

经低温回火消除应力后钢丝的塑性比冷拉钢丝要高，刻痕钢丝是经压痕轧制而成，刻痕后与混凝土握裹力大，可减少混凝土产生裂缝。根据《预应力混凝土用钢丝》(GB/T5223—2002)，上述钢丝应符合表 8.17～表 8.19 中所要求的机械性能。

表 8.17　冷拉钢丝的力学性能(《预应力混凝土用钢丝》(GB/T5223—2002))

公称直径 d/mm	抗拉强度 σ/MPa 不小于	规定非比例伸长应力 $\sigma_{0.2}$/MPa 不小于	最大力下总伸长率 ($L_0=200$ mm) δ_{gt}/(%)不小于	弯曲次数 /(次/180°) 不小于	断面收缩率 φ/(%)	弯曲半径 R/mm	每 210 mm 扭距的扭转次数 n 不小于	初始应力相当于 70%公称抗拉强度时，1000 h 后应力松弛率 r/(%)不大于
3.00	1470 1570	1100 1180	1.5	4	—	7.5	—	8
4.00				4	35	10	8	
5.00				4		15	8	
6.00	1470 1570	1100 1180		5	30	15	7	
7.00				5		20	6	
8.00				5		20	5	

表 8.18　消除应力光圆及螺旋肋钢丝的力学性能(《预应力混凝土用钢丝》(GB/T5223—2002))

公称直径 d/mm	抗拉强度 σ/MPa 不小于	规定非比例伸长应力 σ0.2/MPa 不小于		最大力下总伸长率 (L0=200 mm) δgt/(%) 不小于	弯曲次数/(次/180°) 不小于	弯曲半径 R/mm	初始应力相当于公称抗拉强度百分数/(%)	1000 h 后应力松弛率 r/(%)不大于	
		WLR	WNR				对所有规格	WLR	WNR
4.00					3	10	60	1.0	4.5
4.80	1470 1570	1290 1380	1250 1330		4	15			
5.00									
6.00					4	15	70	2.0	8
6.25	1470 1570	1290 1380	1250 1330	3.5		20			
7.00					4	20			
8.00	1470 1570	1290 1380	1250 1330		4	20			
9.00					4	25			
10.00	1470	1290	1250		4	25			
12.00						30			

表 8.19　消除应力的刻痕钢丝的力学性能(《预应力混凝土用钢丝》(GB/T5223—2002))

公称直径 d/mm	抗拉强度 σb/MPa 不小于	规定非比例伸长应力 σ0.2/MPa 不小于		最大力下总伸长率 (L0=200 mm) δgt/(%) 不小于	弯曲次数/(次/180°) 不小于	弯曲半径 R/mm	初始应力相当于公称抗拉强度百分数/(%)	1000 h 后应力松弛率 r/(%)不大于	
		WLR	WNR				对所有规格	WLR	WNR
≤5.00	1470	1290	1250				60	1.5	4.5
	1570	1380	1330			15			
	1670	1470	1410						
	1770	1560	1500				70	2.5	8
	1860	1640	1580	3.5	3				
>5.00	1470	1290	1250				80	4.5	12
	1570	1380	1330			20			
	1670	1470	1410						
	1770	1560	1500						

2) 钢绞线

钢绞线是用 2、3 或 7 根钢丝在绞线机上,经绞捻后,再经低温回火处理而成。钢绞线具有强度高、柔性好、与混凝土黏结力好、易锚固等特点。主要用于大跨度、重荷载的预应力混凝土结构。其力学性能应符合标准:预应力混凝土用钢绞线尺寸及拉伸性能 GB/T5224—2003。见表 8.20～表 8.22。

表 8.20 1×2 结构钢绞线尺寸及力学性能(GB/T5224—2003)

钢绞线结构	钢绞线公称直径/mm	抗拉强度/MPa	整根钢绞线的最大力/kN 不小于	规定非比例延伸力 $F_{P0.2}$/kN 不小于	最大力总伸长率 ($L_0 \geq 400$ mm)/(%)	应力松弛性能	
						初始负荷相当于公称最大力的百分数/(%)	1000 h 后应力松弛率/(%)不大于
1×2	5.00	1570	15.4	13.9	对所有规格	对所有规格	对所有规格
		1720	16.9	15.2			
		1860	18.3	16.5			
		1960	19.2	17.3			
	5.80	1570	20.7	18.6			
		1720	22.7	20.4		60	1.0
		1860	24.6	22.1			
		1960	25.9	23.3			
	8.00	1470	36.9	33.2	3.5		
		1570	39.4	35.5		70	2.5
		1720	43.2	38.9			
		1860	46.7	42.0			
		1960	49.2	44.3			
	10.00	1470	57.8	52.0			
		1570	61.7	55.5			
		1720	67.6	60.8		80	4.5
		1860	73.1	65.8			
		1960	77.0	69.3			
	12.00	1470	83.1	74.8			
		1570	88.7	79.8			
		1720	97.2	87.5			
		1860	105	94.5			

注:规定非比例延伸力 $F_{P0.2}$ 值不小于整根钢绞线公称最大力 F_m 的 90%。

表 8.21 1×3 结构钢绞线尺寸及力学性能(GB/T5224—2003)

钢绞线结构	钢绞线公称直径/mm	抗拉强度/MPa	整根钢绞线的最大力/kN 不小于	规定非比例延伸力 $F_{P0.2}$/kN 不小于	最大力总伸长率 $(L_0 \geqslant 400\ mm)$/(%)	应力松弛性能	
						初始负荷相当于公称最大力的百分数/(%)	1000 h 后应力松弛率/(%)不大于
1×3	6.20	1570	31.1	28.0	对所有规格	对所有规格	对所有规格
		1720	34.1	30.7			
		1860	36.8	33.1			
		1960	38.8	34.9			
	6.50	1570	33.3	30.0		60	1.0
		1720	36.5	32.9			
		1860	39.4	35.5			
		1960	41.6	37.4			
	8.60	1470	55.4	49.9	3.5	70	2.5
		1570	59.2	53.3			
		1720	64.8	58.3			
		1860	70.1	63.1			
		1960	73.9	66.5			
	8.74	1570	60.6	54.5		80	4.5
		1670	64.5	58.1			
		1860	71.8	64.6			
	10.80	1470	86.6	77.9			
		1570	92.5	83.3			
		1720	101	90.9			
		1860	110	99.0			
		1960	115	104			
	12.90	1470	125	113			
		1570	133	120			
		1720	146	131			
		1860	158	142			
		1960	166	149			
1×3 I	8.74	1570	60.6	54.5			
		1670	64.5	58.1			
		1860	71.8	64.6			

注:规定非比例延伸力 $F_{P0.2}$ 值不小于整根钢绞线公称最大力 F_m 的 90%。

表 8.22　1×7 结构钢绞线尺寸及力学性能(GB/T5224—2003)

钢绞线结构	钢绞线公称直径/mm	抗拉强度/MPa	整根钢绞线的最大力/kN 不小于	规定非比例延伸力 $F_{P0.2}$/kN 不小于	最大力总伸长率 ($L_0 \geqslant 400$ mm)/(%)	应力松弛性能	
						初始负荷相当于公称最大力的百分数/(%)	1000 h 后应力松弛率/(%)不大于
1×7	9.50	1720	94.3	84.9	对所有规格	对所有规格	对所有规格
		1860	102	91.8			
		1960	107	96.3			
	11.10	1570	128	115			
		1720	138	124			
		1860	145	131			
	12.70	1720	170	153			
		1860	184	166		60	1.0
		1960	193	174			
	15.20	1470	206	185			
		1570	220	198			
		1670	234	211	3.5		
		1720	241	217		70	2.5
		1860	260	234			
		1960	274	247			
	15.70	1770	266	239			
		1860	279	251			
	17.80	1720	327	294			
		1860	353	318		80	4.5
(1×7) C	12.70	1860	208	187			
	15.20	1820	300	270			
	18.00	1720	384	346			

注:规定非比例延伸力 $F_{P0.2}$ 值不小于整根钢绞线公称最大力 F_m 的 90%。

预应力混凝土钢丝与钢绞丝具有强度高、柔性好、无接头等优点,且质量稳定,安全可靠,施工时不需冷拉及焊接,主要用作大跨度桥梁、屋架、吊车梁、薄腹梁、电杆、轨枕等预应力钢筋。

6.钢结构用钢材

钢结构用钢材主要是热轧成型的钢板和型钢等;薄壁轻型钢结构中主要采用薄壁型钢、圆钢和小角钢;钢材所用的母材主要是普通碳素结构钢和低合金高强度结构钢。

1)热轧型钢

钢结构常用型钢有工字钢、H 型钢、T 型钢、Z 型钢、槽钢、等边角钢和不等边角钢等。如图 8.13 所示为几种常用型钢示意图。型钢由于截面形式合理,材料在截面上分布对受力最为有利,且构件间连接方便,所以它是钢结构中采用的主要钢材。

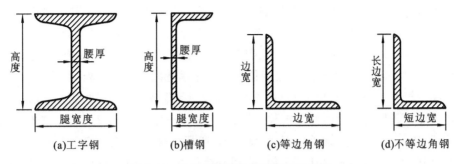

图 8.13　几种常用热轧型钢截面示意图

钢结构用钢的钢种和钢号,主要根据结构与构件的重要性、荷载的性质(静载或动载)、连接方法(焊接、铆接或螺栓连接)、工作条件(环境温度及介质)等因素来选择。

工字钢广泛应用于各种建筑结构和桥梁,主要用于承受横向弯曲(腹板平面内受弯)的杆件,但不宜单独用作轴心受压构件或双向弯曲的构件。与工字钢相比,H 型钢优化了截面的分布,有翼缘宽,侧向刚度大,抗弯能力强,翼缘两表面相互平行、连接构造方便、省劳力、重量轻、节省钢材等优点。常用于承载力大、截面稳定性好的大型建筑,其中宽翼缘和中翼缘 H 型钢适用于钢柱等轴心受压构件,窄翼缘 H 型钢适用于钢梁等受弯构件。槽钢可用做承受轴向力的杆件、承受横向弯曲的梁以及联系杆件,主要用于建筑结构、车辆制造等。

角钢主要用做承受轴向力的杆件和支撑杆件,也可作为受力构件之间的连接零件。

2) 钢板

钢板有热轧钢板和冷轧钢板之分,按厚度可分为厚板(厚度>4 mm)和薄板(厚度≤4 mm)两种。厚板用热轧方式生产,材质按使用要求相应选取;薄板用热轧或冷轧方式均可生产,冷轧钢板一般质量较好,性能优良,但其成本高,土木工程中使用的薄钢板多为热轧型。钢板的钢种主要是碳素钢,某些重型结构、大跨度桥梁等也采用低合金钢。厚板主要用于结构,薄板主要用于屋面板、楼板和墙板等。在钢结构中,单块钢板不能独立工作,必须用几块板组合成工字形、箱形等结构来承受荷载。

3) 钢管

按照生产工艺,钢结构所用钢管分为热轧无缝钢管和焊接钢管两大类。

(1) 热轧无缝钢管。

以优质碳素钢和低合金结构钢为原材料,多采用热轧-冷拔联合工艺生产,也可用冷轧方式生产,但后者成本高昂。主要用于压力管道和一些特定的钢结构。

焊接钢管采用优质或普通碳素钢钢板卷焊而成,表面镀锌或不镀锌(视使用而定)。按其焊缝形式有直缝电焊钢管和螺旋焊钢管,适用于各种结构、输送管道等用途。焊接钢管成本较低,容易加工,但多数情况下抗压性能较差。在土木工程中,钢管多用于制作桁架、塔桅、钢管混凝土等,广泛应用于高层建筑、厂房柱、塔柱、压力管道等工程中。

(2) 建筑结构用冷弯矩形钢管(JG/T178—2005)。

建筑结构用冷弯矩形钢管指采用冷轧或热轧钢带,经连续辊式冷弯及高频直缝焊接生产形成的矩形钢管。成型方式包括直接成方和先圆后方。冷弯矩形钢管以冷加工状态交货。如有特殊要求由供需双方协商确定。

按产品截面形状分为:冷弯正方形钢管、冷弯长方形钢管。按产品屈服强度等级分为:235,345,390;按产品性能和质量要求等级分为:较高级Ⅰ级,在提供原料的化学性能和产品的机械性能前提下,还必须保证原料的碳当量,产品的低温冲击性能、疲劳性能及焊缝无损检测可作为协议条款。普通级Ⅱ级,仅提供原料的化学性能和机械性能。

按产品成型方式分为:直接成方(方变方),以Z表示。先圆后方(圆变方),以X表示。

冷弯矩形钢管用的标记由原料钢种牌号、长×宽×壁厚、产品等级/成型方式、产品标准号四部分组成。例如,原料钢种牌号为Q235B,产品截面尺寸是500 mm×400 mm×16 mm,产品性能和质量要求等级达到Ⅰ级,采用直接成方成型方式制造的冷弯矩形钢管标记为:Q235B-500×400×16(I/Z)-JG/T178—2005。

(3)结构用高频焊接薄壁H型钢(JG/T137—2007)。

结构用高频焊接薄壁H型钢包括普通高频焊接薄壁H型钢和卷边高频焊接薄壁H型钢两种。其中,普通高频焊接薄壁H型钢是由三条平直钢带经连续高频焊接而成的,截面形式为工字形的型钢。卷边高频焊接薄壁H型钢是上下翼缘冷弯成"C"形,其余形式与普通高频焊接薄壁H型钢相同的型钢。

普通高频焊接薄壁H型钢的标记由代号LH、截面高度×翼缘宽度×腹板厚度×翼缘厚度组成。卷边高频焊接薄壁H型钢的标记由代号CLH、截面高度×翼缘宽度×翼缘卷边高度×腹板厚度×翼缘厚度组成。

示例1:截面高度为200 mm,翼缘宽度为100 mm,腹板厚度为3.2 mm,翼缘厚度为4.0 mm的普通高频焊接薄壁H型钢表示为LH200×100×3.2×4.5。

示例2:截面高度为200 mm,翼缘宽度为100 mm,卷边高度25 mm,腹板及翼缘厚度均3.2 mm的卷边高频焊接薄壁H型钢表示为CLH200×100×25×3.2×3.2。

8.2 建筑钢材检测

8.2.1 建筑钢材的验收

1. 建筑结构用钢材的验收和复验

(1)钢筋进场应有产品合格证,出厂检验报告,钢筋标牌等。

(2)钢筋进场时需要进行外观质量检查,同时按照现行国家标准规定,抽取试件作力学性能检验,质量符合有关标准规定方可使用。

(3)外观检查全数进行,要求钢筋平直,无损伤,表面不得有结疤、裂纹、折叠和分层、油污、锈迹等缺陷。力学性能复验主要作拉伸试验和冷弯性能试验,测定屈服强度、抗拉强度、伸长率、冷弯性能等指标,衡量钢筋强度、塑性、工艺等性能。指标中有一项不合格则重新加倍取样检测,合格后方确定该批钢筋合格。当发现钢筋脆断、焊接性能不良或力学性能显著不正常等现象时,应对该批钢筋进行化学成分检验或其他专项检验。

(4)根据国家标准按批次抽取试样检测钢材的力学性能。同一级别、种类,同一规格、批号、批次不大于60 t为一检验批(不足60 t也为一检验批),取样方法应符合国家标准规定,即进行现场见证取样。冷拉钢筋每批重量不大于20 t的同等级、同直径的冷拉钢筋为一个检验批。

（5）钢筋取样的试样分为抗拉试件两根，冷弯试件两根。实验室进行检验时，每一检验批至少应检验一个拉伸试件，一个弯曲试件。试件长度：冷拉试件长度一般不小于 500 mm（500～650 mm），冷弯试件长度一般不小于 250（250～350 mm）。取样时，从任一钢筋端头，截取 500～1000 mm 的钢筋，余下部分再进行取样。

2. 型钢的验收与复验

（1）型钢应经确认各项技术指标及包装质量符合要求时方可出厂，每批交货的型钢应附有证明该批型钢符合标准要求和订货合同的质量证明书，质量证明书主要包括以下内容：供方名称、需方名称、发货日期、标准号、牌号、炉（批）号、交货状态、品种名称、尺寸（型号）和级别，出场检验的试验结果等。

（2）型钢应成批验收。每批钢筋应由同一牌号、同一质量等级、同一炉号的钢材组成，每批重量不大于 60 t。

（3）型钢做拉伸、弯曲和冲击性能检测抽样时，要求同一批次产品抽样基数不少于 50 根。同一批号、同一规格的产品中随机抽取 5 根，每根截取 2 支 1000 mm 试样，共计 10 支，并作出一一对应的标识，将试样分别包装。

（4）型钢复验时，按照规定抽取试样试验的方法进行检验的项目包括化学成分、拉、弯曲、常温冲击等，逐根目视或量测的项目包括表面质量和尺寸、外形。

8.2.2 建筑钢材拉伸性能、冷弯性能检测

1. 拉伸试验

1）试验目的

测定钢筋的屈服点、抗拉强度和伸长率，评定钢筋的强度等级。

2）主要仪器设备

（1）万能材料试验机　示值误差不大于 1%。量程的选择：试验时达到最大荷载时，指针最好在第三象限（180°～270°）内，或者数显破坏荷载在量程的 50%～75% 之间。

（2）钢筋打点机或划线机、游标卡尺（精度为 0.1 mm）等。

3）试样制备

拉伸试验用钢筋试件不得进行车削加工，可以用两个或一系列等分小冲点或细划线标出试件原始标距，测量标距长度 L_0，精确至 0.1 mm，见图 8.14。计算钢筋强度用横截面积采用表 8.23 所列公称截面积。

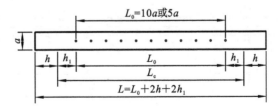

图 8.14　钢筋拉伸试验试件

a—试样原始直径；L_0—标距长度；h_1—取（0.5～1）a；h—夹具长度

表 8.23　钢筋的公称横截面积

公称直径/mm	公称横截面积/mm²	公称直径/mm	公称横截面积/mm²
8	50.27	22	380.1
10	78.54	25	490.9
12	113.1	28	615.8
14	153.9	32	804.2
16	201.1	36	1018
18	254.5	40	1257
20	314.2	50	1964

4）试验步骤

（1）将试件上端固定在试验机上夹具内，调整试验机零点，装好描绘器、纸、笔等，再用下夹具固定试件下端。

（2）开动试验机进行拉伸，拉伸速度为：屈服前，应力增加速度按表 8.24 规定，并保持试验机控制器固定于这一速率位置上，直至该性能测出为止；屈服后试验机活动夹头在荷载下移动速度不大于 $0.5L_c/\text{min}$，直至试件拉断。

表 8.24　屈服前的加荷速率

金属材料的弹性模量 /MPa	应力速率/[N/(mm² · s)]	
	最小	最大
＜150000	2	20
≥150000	6	60

（3）拉伸过程中，测力度盘指针停止转动时的恒定荷载，或第一次回转时的最小荷载，即为屈服荷载 $F_s(\text{N})$。向试件继续加荷直至试件拉断，读出最大荷载 $F_b(\text{N})$。

（4）测量试件拉断后的标距长度 L_1。将已拉断的试件两端在断裂处对齐，尽量使其轴线位于同一条直线上。

如拉断处距离邻近标距端点大于 $L_0/3$ 时，可用游标卡尺直接量出 L_1。如拉断处距离邻近标距端点小于或等于 $L_0/3$ 时，可按下述移位法确定 L_1：在长段上自断点起，取等于短段格数得 B 点，再取等于长段所余格数（偶数见图 8.15(a)）之半得 C 点；或者取所余格数（奇数见图 8.15(b)）减 1 与加 1 之半得 C 与 C_1 点。则移位后的 L_1 分别为 $AB+2BC$ 或 $AB+BC+BC_1$。

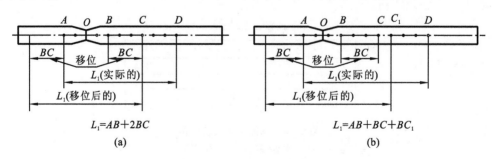

图 8.15　用移位法计算标距

如果直接测量所求得的伸长率能达到技术条件要求的规定值,则可不采用移位法。

5) 结果评定

(1) 钢筋的屈服点 σ_s 和抗拉强度 σ_b 按下式计算:

$$\sigma_s = \frac{F_s}{A} \tag{8-5}$$

$$\sigma_b = \frac{F_b}{A} \tag{8-6}$$

式中　σ_s、σ_b——分别为钢筋的屈服点和抗拉强度,MPa;当 $\sigma_s>1000$ MPa 时,应计算至 10 MPa,σ_s 为 200～1000 MPa 时,计算至 5 MPa,$\sigma_s<200$ MPa 时,计算至 1 MPa。σ_b 的精度要求同 σ_s。

　　F_s、F_b——分别为钢筋的屈服荷载和最大荷载(N)。

　　A——试件的公称横截面积(mm^2)。

(2) 钢筋的伸长率 δ_5 或 δ_{10} 按下式计算:

$$\delta_5(\text{或 } \delta_{10}) = \frac{L_1 - L_0}{L_0} \times 100\% \tag{8-7}$$

式中　δ_5、δ_{10}——分别为 $L_0 = 5a$ 或 $L_0 = 10a$ 时的伸长率(精确至 1%);

　　L_0——原标距长度 $5a$ 或 $10a$(mm);

　　L_1——试件拉断后直接量出或按移位法的标距长度(mm,精确至 0.1 mm)。

如试件在标距端点上或标距处断裂,则试验结果无效,应重做试验。

2. 冷弯试验

1) 试验目的

通过冷弯试验,对钢筋塑性进行严格检验,也间接测定钢筋内部的缺陷及可焊性。

2) 主要仪器设备

万能材料试验机、具有一定弯心直径的冷弯冲头等。

3) 试验步骤

(1) 钢筋冷弯试件不得进行车削加工,试样长度通常按下式确定:

$$L \approx 5a + 150 (\text{mm}) (a \text{ 为试件原始直径}) \tag{8-8}$$

(2) 半导向弯曲。

试样一端固定,绕弯心直径进行弯曲,试样弯曲到规定的弯曲角度或出现裂纹、裂缝或断裂为止。

(3) 导向弯曲。

① 试样放置在两个支点上,将一定直径的弯心在试样两个支点中间施加压力,使试样弯曲到规定的角度或出现裂纹、裂缝或断裂为止。

② 试样在两个支点上按一定弯心直径弯到两臂平行时,可以一次性完成试验,亦可先弯曲 45°,然后放置在试验机平板之间继续施加压力,压至试样两臂平行。此时可以加与弯心直径相同尺寸的衬垫进行试验。

③ 当试样需要弯曲至两臂接触时,首先将试样弯曲到两臂平行,然后放置在两平板间继续施加压力,直至两臂接触。

(4) 试验应在平稳压力作用下,缓慢施加试验压力。两支辊间距离为 $(d+2.5a) \pm 0.5a$,并且在试验过程中不允许有变化。当出现争议时,试验速率为 (1 ± 0.2)mm/s。

(5) 试验应在 10～35 ℃或控制在 (23 ± 5) ℃下进行。

4）结果评定

（1）应按照相关产品标准的要求评定弯曲试验结果。如未规定具体要求，弯曲试验后不使用方大仪器观察，试样弯曲外表面无可见裂纹应评定为合格。

（2）以相关产品标准规定的弯曲角度作为最小值；或规定弯曲压头直径，以规定的弯曲压头直径作为最大值。

【思考题】

1. 为何说屈服点、抗拉强度、伸长率是建筑用钢材的重要技术性能指标？

2. 简述低碳钢的拉伸经历了哪些阶段，其对应的技术指标分别是什么？各阶段有何特点？

3. 冷加工和时效对钢材性能有何影响？

4. 解释以下代号：

Q235-C.TZ　Q420-C.Z　HPB300　HRB335　CRB650

5. 建筑上常用有哪些牌号的低合金钢？

6. 工地上为何常对强度偏低而塑性偏大的低碳盘条钢筋进行冷拉？

7. 某一钢材试件，直径为 32 mm，原标距为 125 mm，做拉伸试验，屈服点荷载为 287.3 kN 时，达到最大荷载为 301.5 kN，拉断后测得的标距为 138 mm。试求该钢筋的屈服强度、抗拉强度及断后伸长率。

8. 某建筑工地有一批热轧钢筋，其标签上牌号字迹模糊，为了确定其牌号，截取两根钢筋做拉伸性能试验，测得结果如下：屈服点的荷载分别为 33.0 kN、34.0 kN，抗拉极限荷载分别为 63.1 kN、65.2 kN。钢筋实测直径为 12 mm，标距为 60 mm，拉断后长度分别为 73 mm、72.1 mm。试求该钢筋的屈服强度、抗拉强度及伸长率，并判断这批钢筋的牌号。

第9章 防水材料

>>→ |学习目标与重点| ......

（1）掌握沥青主要技术性质的含义及测定方法；熟悉常用防水材料的分类、性能、应用及检测技术。

（2）沥青主要技术性质的测定；常用防水卷材及防水涂料的检测技术。

9.1 防水材料概述

防水材料是指能够防止房屋建筑中的雨水、地下水及其他水渗透的材料，在建筑工程中必不可少，是阻止水侵害建筑物和构筑物的功能性基础材料，防水工程的质量在很大程度上取决于防水材料的性能和质量。

防水技术的不断更新也加快了防水材料的多样化，防水材料种类繁多，从不同角度和要求，有不同的分类方式。为达到方便实用的目的，可按防水材料的材性、组成、类别、品名和原材料性能等划分。为便于工程应用，目前建筑防水材料主要按其材性和外观形态分为防水卷材、防水涂料、防水密封材料、刚性防水材料、板瓦防水材料和堵漏材料六大类。

9.1.1 防水卷材

防水卷材是建筑防水工程中应用的主要材料，约占整个防水材料的90%。防水卷材要满足建筑防水工程的需求，必须具备耐水、耐热、韧性、强度及大气稳定性等。在实际工程应用时，要考虑建筑的特点、地区环境条件、使用条件等实际情况，与卷材特性及性能指标相结合，选择合适品种及性能的防水卷材。根据其所用原材料不同，防水材料分为沥青卷材、高分子防水卷材、高聚物改性沥青防水卷材、细石防水混凝土等。

1. 石油沥青防水卷材

沥青防水卷材是以沥青（石油沥青或煤焦油、煤沥青）为主要防水原材料，以原纸、织物、纤维毡、塑料薄膜、金属箔等为胎基（载体），用不同矿物粉料或塑料薄膜等作隔离材料所制成的防水卷材，通常称之为油毡。胎基是油毡的骨架，使卷材具有一定的形状、强度和韧性，从而保证了在施工中的铺设性和防水层的抗裂性，对卷材的防水效果有直接影响。沥青防水卷材由于卷材质量轻、价格低廉、防水性能良好、施工方便、能适应一定的温度变化和基层伸缩变形，故多年来在工业与民用建筑的防水工程中得到了广泛应用。据《2009年中国建筑防水材料行业发展报告》统计，沥青防水卷材占防水材料比重17%。通常根据沥青和胎基的种类对油毡进行分类，如石油沥青纸胎油毡、石油沥青玻纤油毡等。

2. 改性石油沥青防水材料

沥青具有良好的塑性，能加工成良好的柔性防水材料。但沥青耐热性与耐寒性较差，即高温下强度低，低温下缺乏韧性。表现为高温易流淌，低温易脆裂。这是沥青防水屋面渗漏现象严重,使用寿命短的原因之一。为此,常添加高分子的聚合物对沥青进行改性。常见品种主要有以下几种。

1) SBS 改性沥青防水卷材

SBS 改性沥青防水卷材是以聚酯纤维无纺布为胎体,以 SBS(苯乙烯-丁二烯-苯乙烯)弹性体改性沥青为浸渍涂盖层,以塑料薄膜或矿物细料为隔离层制成的防水卷材。这类卷材具有较高的弹性、延伸率、耐疲劳性和低温柔性,主要用于屋面及地下室防水,尤其适用寒冷地区。以冷法施工或热熔铺贴,适于单层铺设或复合使用。

2) APP 改性沥青防水卷材

APP 改性沥青防水卷材是以 APP(无规聚丙烯)树脂改性沥青浸涂玻璃纤维或聚酯纤维(布或毡)胎基,上表面撒以细矿物粒料,下表面覆以塑料薄膜制成的防水卷材。这类卷材弹塑性好,具有突出的热稳定性和抗强光辐射性,适用于高温和有强烈太阳辐射地区的屋面防水。单层铺设,可冷、热施工。

3) 铝箔塑胶改性沥青防水卷材

铝箔塑胶改性沥青防水卷材是以玻璃纤维或聚酯纤维(布或毡)为胎基,用高分子(合成橡胶或树脂)改性沥青为浸渍涂盖层,以银白色铝箔为上表面反光保护层,以矿物粒料和塑料薄膜为底面隔离层制成的防水卷材。

这种卷材对阳光的反射率高,具有一定的抗拉强度和延伸率,弹性好,低温柔性好,在$-20\sim80$ ℃温度范围内适应性较强,抗老化能力强,具有装饰功能,适用于外露防水面层,并且价格较低,是一种中档的新型防水材料。

其他常见的还有再生橡胶改性沥青防水卷材、丁苯橡胶改性沥青防水卷材、PVC 改性煤焦油防水卷材等。

3. 合成高分子防水卷材

合成高分子防水卷材是以合成橡胶、合成树脂或二者的共混体为基材,加入适量的化学助剂、填充料等,经过塑炼、混炼、压延或挤出成型、硫化、定型、检验、分卷、包装等工序加工制成的无胎防水材料。具有抗拉强度高、断裂延伸率大、抗撕裂强度好、耐热耐低温性能优良、耐腐蚀、耐老化、单层施工及冷作业等优点。是继改性石油沥青防水卷材之后发展起来的性能更优的新型防水材料,显示出独特的优异性,据《2009 年中国建筑防水材料行业发展报告》统计,合成高分子防水卷材占防水材料比重16%。常用的有三元乙丙橡胶、丁基橡胶、氯丁橡胶、再生橡胶、聚氯乙烯、氯化聚乙烯、氯磺化聚乙烯等几十个品种。

9.1.2 防水涂料

防水涂料是一种流态或半流态物质,涂布在基层表面,经溶剂或水分挥发或各组分间的化学反应,形成有一定弹性和一定厚度的连续薄膜,使基层表面与水隔绝,起到防水、防潮作用。所以防水涂料更确切地讲应是防水涂层材料,它是无定型材料(液状或现场拌制成液状)经涂覆固化形成具有防水功能膜层材料的统称。

防水涂料固化成膜后的防水涂膜具有良好的防水性能,特别适合于各种复杂、不规则部位的防水,能形成无接缝的完整防水膜。防水涂料广泛适用于工业与民用建筑的屋面防水工程,地下室防水工程和地面防潮、防渗等。防水涂料按液态分为溶剂型、水乳型和反应型三种;按成膜物质的主要成分可分为沥青类、高聚物改性沥青类和合成高分子类。

9.2　沥青检测

沥青是一种有机胶凝材料,由复杂的大分子碳氢化合物及非金属(氧、硫、氮等)衍生物混合而成的常温下为黑色或黑褐色液体、固体或半固体的材料。沥青是一种憎水性材料,结构致密,能抵抗一般酸、碱、盐等侵蚀性液体和气体的侵蚀,在建筑工程中应用最广泛的一种防水材料。

沥青根据其来源分为地沥青和焦油沥青两类。地沥青是天然存在或由石油精制加工得到的沥青,分为天然沥青和石油沥青。焦油沥青是由各种有机物(木材、页岩或烟煤等)干馏加工得到焦油,再分馏提炼出轻质油后所得,分为煤沥青、木沥青和页岩沥青。建筑工程上主要应用的为石油沥青,另有少量煤沥青。

9.2.1　石油沥青

石油沥青是由石油原油经蒸馏等炼制工艺提炼出各种轻质油(汽油、煤油、柴油等)和润滑油后的残余物,经再加工后的产物,成分复杂,主要组成元素为碳、氢,并包括不到 3% 的氧、硫、氮等非金属元素。

石油沥青的化学成分很复杂,难以分离出来做化学成分分析,为便于研究,通常将其化合物按化学成分和物理性质比较接近的,并与沥青技术性质有一定联系的几个组群划分为若干组群,这些组群即为“组分”。根据我国交通行业标准《公路工程沥青及沥青混合料实验规程》(JTJ 052—2000)规定,石油沥青可有三组分和四组分两种分析方法,一般常用三组分分析法分析。

三组分分析法是将沥青在不同的有机溶剂中的选择性溶解分离出来,分别为油分、树脂和沥青质三个组分,其含量及形状见表 9.1。

表 9.1　石油沥青三组分分析法各组分特征

组分	外观特征	密度/(g/cm³)	平均分子量	碳氢比	含量/(%)
油分	淡黄色至红褐色的流动至黏稠的油状液体	0.7～1.0	300～500	0.5～0.7	40～60
树脂	黄色至黑褐色黏稠状半固体	1.0～1.1	600～1000	0.7～0.8	15～30
沥青质	深褐色至黑色无定形固体粉末	1.1～1.5	1000～6000	0.8～1.0	5～30

油分为淡黄色至红褐色的流动至黏稠的油状液体,是沥青中分子量及密度均最小的组分,在石油沥青中,其含量为 40%～60%。油分使石油沥青具有流动性,在 170 ℃加热较长时间可挥发。其含量越高,黏度越小、软化点越低,沥青流动性越大,但温度稳定性差。

树脂为黄色至黑褐色的黏稠半固体,分子量比油分大,在石油沥青中,树脂的含量为 15%～30%,它赋予石油沥青良好的塑性、可流动性和黏结性。其含量越高,塑性及黏结力越好。酸性树脂作为沥青中的表面活性物质,能改善石油沥青对矿物材料的亲和黏附性,并增加了其可乳化性。

沥青质为深褐色至黑色的硬、脆无定形不溶性固体,分子量比树脂大,在石油沥青中,地沥青质含量为 10%～30%。沥青质是决定石油沥青热稳定性和黏性的重要组分,其含量增加,软化点越高,黏性越大,愈硬越脆。其染色力强、光敏感性强,感光后不溶解。

此外,石油沥青中往往还含有一定量的固体石蜡,是沥青中的有害物质,会降低沥青的黏结性、塑性、耐热性和稳定性。另外含有少量的沥青碳及似碳物,会降低石油沥青的黏结力。

不同组分对石油沥青的性质影响不同,液体沥青中油分、树脂多,流动性好,而固体沥青中树脂、沥青质多,特别是沥青质多,所以热稳定性和黏性好。石油沥青中的组分比例并非固定不变,在热、阳光、空气和水等外界因素作用下,组分会由油分向树脂、树脂向沥青质转变,油分、树脂逐渐减少,而沥青质逐渐增多,使沥青流动性、塑性逐渐变小,脆性增加直至脆裂。这个现象称为沥青材料的老化。

9.2.2 石油沥青的主要技术性质

1. 黏滞性(黏性)

黏滞性是指石油沥青在外力作用下抵抗变形的性能,反映沥青材料内部胶团阻碍其相对流动的特性,也反映了沥青软硬、稀稠程度。沥青黏滞性通常用黏度表示,是其重要指标之一,也是划分沥青牌号的主要依据。

沥青黏度可由针入度仪及标准黏度计测定,测得的为"相对黏度"。针入度法适用于黏稠石油沥青,反映的是石油沥青抵抗剪切变形的能力,针入度越小,黏度越大。针入度是在规定温度和时间内,附加一定质量的标准针垂直贯入沥青试样的深度,以 0.1 mm 计。参照我国行业标准《公路工程沥青及沥青混合料实验规程》(JTG E20—2011)中 T 0604—2011 沥青针入度实验。对于液体石油沥青或较稀的石油沥青,一般用标准黏度计测定所得的标准黏度表示。标准黏度是在规定温度、规定直径的孔口流出 50 mL 沥青所需的秒数,常用 $C_{t,d}$ 表示,d 表示孔径(mm)、t 表示温度(℃)。显然,实验温度越高,流孔直径越大,流出时间越长,则沥青黏度越大。

当沥青含量较高,有适量树脂,但油分含量较少时,黏滞性较大。在一定温度范围内,当温度升高时,黏滞性随之降低,反之则增大。

2. 塑性

塑性是指石油沥青在外力作用时产生变形而不破坏,除去外力后变形保持不变的性能,是重要指标之一。

石油沥青的塑性与其组分有关。石油沥青中树脂含量大,其他组分含量适当,则塑性较高;温度及沥青膜层厚度会影响塑性,温度升高,塑性增大;膜层增厚,塑性也增大,反之亦然。在常温下,沥青的塑性较好,对振动和冲击作用有一定承受能力,并在被破坏后由于其黏滞性可自行愈合,因此常将沥青铺作路面。另外,沥青能被制成性能良好的柔性防水材料,很大程度上也取决于这种性质。

沥青的塑性用延度(延伸度)表示。参照我国行业标准《公路工程沥青及沥青混合料实验规程》(JTG E20—2011)中 T 0605—2011 沥青延伸度实验,延度是将沥青制成倒"8"字形标准试件,在延度仪中以规定拉伸速度(5 cm/min)和规定温度下可伸长的最大长度(cm)。延度越大,塑性越好。

3. 温度敏感性(温度稳定性)

沥青是一种有机非晶态热塑性物质,因此没有固定熔点。当温度升高时,沥青由固态或半固体逐渐软化,使沥青胶团之间发生相对滑动,呈现黏流态。反之,温度降低时,沥青由黏流态转变为固态,甚至向硬脆玻璃态转变。这就是沥青随温度变化所呈现的温度敏感性。温度敏感性是指石油沥青的黏滞性和塑性随温度升降而变化的性质。温度敏感性是评价沥青质量的重要性质。温度敏感性越大,则沥青的温度稳定性越低。

评价沥青温度敏感性的指标很多,通常用"软化点"表示。软化点是指沥青材料由固体状态转变为具有一定流动性膏体的温度。软化点可通过试验测定。参照我国行业标准《公路工程沥青及沥青混合料实验规程》(JTG E20—2011)中 T 0606—2011 软化点("环球法")实验,参照实验部分附录。沥青软化点各不相同,大致在 25～100 ℃之间。软化点高,说明沥青的耐热性好,但软化点过高,又不易加工;软化点低的沥青,温度敏感性高,不利于夏季高温使用,易产生变形,甚至流淌。因此在实际工程应用中要选取合适软化点的沥青,为保证其塑性及温度敏感性,常对沥青作改性处理,如添加增塑剂、胶粉、树脂等。

4. 大气稳定性

大气稳定性是指石油沥青在热、阳光、水分和空气等大气因素作用下抵抗老化的能力,也即沥青材料的耐久性。在外界因素作用下,沥青的化学组成和性能都会发生变化,低分子物质将逐渐转变为大分子物质,即油分和树脂减少而沥青质逐渐增多,流动性和塑性逐渐减小,硬脆性逐渐增大,直至脆裂,甚至完全松散而失去黏结力,这个过程即沥青的老化。

石油沥青的大气稳定性用抗老化性能表征。参照我国行业标准《公路工程沥青及沥青混合料实验规程》(JTG E20—2011)中 T 0608—1993 沥青蒸发损失实验,是以沥青试样经加热蒸发前后的质量损失、针入度变化等试验结果评定。

5. 施工安全性

沥青在施工过程中通常需要加热,当加热至一定温度时,沥青挥发的有机物蒸汽与空气结合成的混合气体如遇火源易发生闪火,若温度继续升高,则易燃混合气体极易燃烧从而引发火灾。因此,需测定其闪点和燃点温度,以保证沥青施工安全。

闪点也称闪火点,是指沥青加热时挥发的可燃气体与空气组成的混合气体,在规定条件下与火源接触,有蓝色闪光即初次闪火时对应的温度。燃点也称着火点,是指沥青加热时挥发的可燃气体与空气组成的混合气体,与火源接触并能持续燃烧 5 s 以上时对应的温度。燃点一般比闪点高 10 ℃左右,沥青质含量越高,闪点和燃点越高,而液体沥青轻质组分越多,闪点和燃点的温度相差越小。

闪点和燃点的测定参照我国行业标准《公路工程沥青及沥青混合料实验规程》(JTG E20—2011)中 T 0611—2011 沥青闪点与燃点试验(克利夫兰开口杯法)。

9.2.3　石油沥青主要技术性质的测定

1. 石油沥青针入度

1) 试验目的与适用范围

本方法适用于测定道路石油沥青、聚合物改性沥青针入度以及液体石油沥青蒸馏或乳化沥青蒸发后残留物的针入度,以 0.1 mm 计。其标准试验条件为温度 25 ℃,荷重 100 g,贯入时间 5 s。

针入度指数 PI 用以描述沥青的温度敏感性,宜在 15 ℃、25 ℃、30 ℃等 3 个或 3 个以上温度条件下测定针入度后按规定的方法计算得到,若 30 ℃时的针入度值过大,可采用 5 ℃代替。当量软化点 T_{800} 是相当于沥青针入度为 800 时的温度,用以评价沥青的高温稳定性。当量脆点 $T_{1.2}$ 是相当于沥青针入度为 1.2 时的温度,用以评价沥青的低温抗裂性能。

2) 仪器与设备

(1) 针入度仪:为提高测试精度,针入度试验宜采用能够自动计时的针入度仪(如图 9.1

图 9.1 针入度仪

针入度仪照片)进行测定,要求针和针连杆必须在无明显摩擦下垂直运动,针的贯入深度必须准确至 0.1 mm。针和针连杆组合件总质量为(50±0.05) g,另附(50±0.05) g 砝码一只,试验时总质量为(100±0.05) g。仪器应有放置平底玻璃保温皿的平台,并有调节水平的装置,针连杆应与平台相垂直。应有针连杆制动按钮,使针连杆可自由下落。针连杆应易于装拆,以便检查其质量。仪器还设有可自由转动与调节距离的悬臂,其端部有一面小镜或聚光灯泡,借以观察针尖与试样表面接触情况。且应对装置的准确性经常校验。当采用其他试验条件时,应在试验结果中注明。

(2)标准针:由硬化回火的不锈钢制成,洛氏硬度 HRC54~60,表面粗糙度 $Ra0.2~0.3~\mu m$,针及针杆总质量(2.5±0.05) g。针杆上应打印有号码标志。针应设有固定用装置盒(筒),以免碰撞针尖。每根针必须附有计量部门的检验单,并定期进行检验。其尺寸及形状如图 9.2 所示。

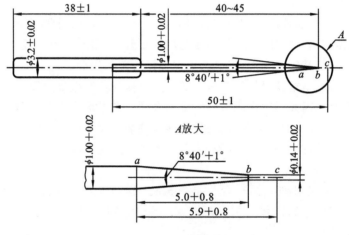

图 9.2 针入度标准针

(3)盛样皿:金属制,圆柱形平底。小盛样皿的内径 55 mm、深 35 mm,适用于针入度小于 200 的试样;大盛样皿内径 70 mm、深 45 mm,适用于针入度为 200~350 的试样;对针入度大于 350 的试样需使用特殊盛样皿,其深度不小于 60 mm、容积不小于 125 mL。

(4)另有:恒温水槽、温度计或温度传感器、盛样皿盖、溶剂等。

3)试验材料取样与试样制备

石油沥青常规检验的取样数量要求:黏稠沥青或固体沥青不少于 4.0 kg,液体沥青不少于 1 L,沥青乳液不少于 4 L。取样时根据不同储备方式取样方法也有所区别,但均要求在不同部位及不同时间取出至少三个规定数量样品混合后取 4 kg 为试样,再进行试样准备。

需加热后才能进行试验的黏稠道路石油沥青、煤沥青及聚合物改性沥青等,按前述规定取样的沥青试样放入恒温烘箱中,脱水后通过 0.6 mm 的滤筛过滤,不等冷却立即一次灌入各项试验的模具中。

装模时按试验要求将恒温水槽调节到要求的试验温度 25 ℃,或 15 ℃、30 ℃(5 ℃),保持稳定。将试样注入盛样皿中,试样高度应超过预计针入度值 10 mm,并盖上盛样皿盖,以防落入灰尘。盛有试样的盛样皿在 15～30 ℃室温中冷却不少于 1.5 h(小盛样皿)、2 h(大盛样皿)或 3 h(特殊盛样皿)后,应移入保持规定试验温度±0.1 ℃的恒温水槽中,并应保温不少于 1.5 h(小盛样皿)、2 h(大盛样皿)或 2.5 h(特殊盛样皿)。

4) 试验方法及步骤

(1) 调整针入度仪使之水平。检查针连杆和导轨,以确认无水和其他外来物,无明显摩擦。用三氯乙烯或其他溶剂清洗标准针,并擦干。将标准针插入针连杆,用螺钉固紧。按试验条件,加上附加砝码。

(2) 取出达到恒温的盛样皿,并移入水温控制在试验温度±0.1 ℃(可用恒温水槽中的水)的平底玻璃皿中的三脚支架上,试样表面以上的水层深度不小于 10 mm。

(3) 将盛有试样的平底玻璃皿置于针入度仪的平台上。慢慢放下针连杆,用适当位置的反光镜或灯光反射观察,使针尖恰好与试样表面接触,将位移计或刻度盘指针复位为零。

(4) 开始试验,按下释放键,这时计时与标准针落下贯入试样同时开始,至 5 s 时自动停止。读取位移计或刻度盘指针的读数,准确至 0.1 mm。同一试样平行试验至少三次,各测试点之间及与盛样皿边缘的距离不应小于 10 mm。每次试验后应将盛有盛样皿的平底玻璃皿放入恒温水槽,使平底玻璃皿中水温保持试验温度。每次试验应换一根干净标准针或将标准针取下用蘸有三氯乙烯溶剂的棉花或布揩净,再用干棉花或布擦干。

5) 试验结果分析

(1) 取三次测定针入度的平均值,取至整数作为试验结果。三次测定的针入度值相差不应大于表 9.2 中规定的数值。否则,试验应重做。

表 9.2 针入度测定允许最大差值

针入度	0～49	50～149	150～249	250～350
最大差值	2	4	6	20

(2) 重复性和再现性的要求见表 9.3。

表 9.3 针入度测定的重复性与再现性要求

试样针入度,25 ℃	重 复 性	再 现 性
＜50	不超过 2 单位	不超过 4 单位
50≥50	不超过平均值的 4%	不超过平均值的 8%

2. 石油沥青延度试验

1) 试验目的与适用范围

此方法适用于测定道路石油沥青、聚合物改性沥青、液体石油沥青蒸馏残留物和乳化沥青蒸发残留物等材料的延度。

沥青延度的实验温度与拉伸速率可根据要求采用,通常采用的实验温度为 25 ℃、15 ℃、10 ℃或 5 ℃,拉伸速度为(5±0.25) cm/min,低温采用(1±0.5) cm/min 拉伸速度时,应在报告中注明。

2）仪器与设备

（1）延度仪：要求延度仪的测量长度不宜大于 150 cm，并附有自动控温、控速系统，并满足试件浸没于水中，能保持规定的实验温度及规定的拉伸速度，且无明显振动。其形状及组成如图9.3所示。

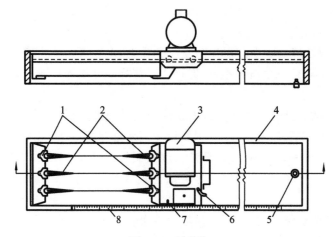

图9.3　延度仪

1—试模；2—试样；3—电动机；4—水槽；5—泄水孔；6—开关柄；7—指针；8—标尺

（2）试模及试模底板：试模为黄铜制，由两个端模和两个侧模组成，试模内侧表面粗糙度要求 $Ra0.2\ \mu m$。试模底板为玻璃板或磨光的铜板、不锈钢板（表面粗糙度 $Ra0.2\ \mu m$），其形状及尺寸如图9.4所示。

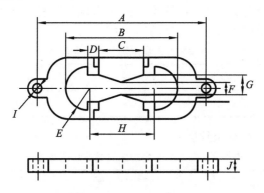

图9.4　延度试模（八字模）

A—两端模环中心点距离 111.5～113.5 mm；B—试件总长 74.5～75.5 mm；

C—端模间距 29.7～30.3 mm；D—肩长 6.8～7.2 mm；E—半径 15.75～16.25 mm；

F—最小横断面宽 9.9～10.1 mm；G—端模口宽 19.8～20.2 mm；

H—两半圆心间距离 42.9～43.1 mm；I—端模孔直径 6.5～6.7 mm；J—厚度 9.9～10.1 mm

（3）恒温水槽：容量不少于 10 L，温度精确度为 0.1 ℃。水槽中设有带孔搁架，搁架距水槽底不低于 50 mm，试件浸入水中深度不少于 100 mm。

（4）温度计量程为 0～50 ℃，分度值为 0.1 ℃。

（5）其他有砂浴或其他加热炉具、甘油滑石粉隔离剂、平刮刀、石棉网、酒精、食盐等。

3）试验材料取样及试样制备

取样方式与针入度实验取样方式一致。

试样制备:将隔离剂涂于清洁干燥的试模底板和两个侧模的内侧表面,并将试模在试模底板上装妥;将取样沥青自试模的一端至另一端往返数次缓缓注入模中,最后略高出试模,灌模时不得使气泡混入;试件在室温中冷却不少于 1.5 h,然后用热刮刀刮除高出试模的沥青,使沥青面与试模面齐平;沥青的刮法应自试模的中间刮向两端,且表面应刮得平滑;最后将试模连同底板放入规定试验温度的水槽中保温 15 h。

4)试验方法及步骤

(1)检查延度仪延伸速度是否符合规定要求,然后移动滑板使其指针正对标尺的零点。将延度仪注水,并保温达到试验温度,误差±0.1 ℃。

(2)将保温后的试件连同底板移入延度仪的水槽中,然后将盛有试样的试模自玻璃板或不锈钢板上取下,将试模两端的孔分别套在滑板及槽端固定板的金属柱上,并取下侧模;水面距试件表面应不小于 25 mm。

(3)开动延度仪,并注意观察试样的延伸情况。此时应注意,在试验过程中,水温应始终保持在试验温度规定范围内,且仪器不得有振动,水面不得有晃动,当水槽采用循环水时,应暂时中断循环,停止水流。在试验中,当发现沥青细丝浮于水面或沉入槽底时,应在水中加入酒精或食盐,调整水的密度至与试样相近后,重新试验。

(4)试件拉断时,读取指针所指标尺上的读数,以 cm 计。在正常情况下,试件延伸时应成锥尖状,拉断时实际断面接近零。如不能得到这种结果,则应在报告中注明。

5)试验结果分析

同一样品,每次平行试验不少于三个,如三个测定结果均大于 100 cm,试验结果记作">100 cm",特殊需要也可分别记录实测值。三个测定结果中,当有一个以上的测定值小于 100 cm 时,若最大值或最小值与平均值之差满足重复性试验要求,则取三个测定结果的平均值的整数作为延度试验结果,若平均值大于 100 cm,记作">100 cm";若最大值或最小值与平均值之差不符合重复性试验要求时,试验应重新进行。

当试验结果小于 100 cm 时,重复性试验的允许误差为平均值的 20%,再现性试验的允许误差为平均值的 30%,见图 9.5。

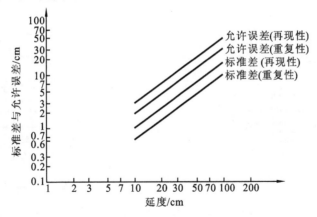

图 9.5 延度值的允许误差要求

3. 石油沥青软化点试验

1)试验目的与适用范围

本方法适用于测定道路石油沥青、聚合物改性沥青的软化点,也适用于测定液体石油

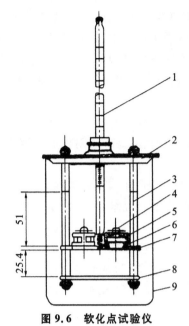

图 9.6　软化点试验仪

1—温度计；2—上盖板；3—立杆；
4—钢球；5—钢球定位环；6—试样环；
7—中层板；8—下底板；9—烧杯

沥青、煤沥青蒸馏残留物或乳化沥青蒸发残留物的软化点。

2）仪器与设备

所用仪器为软化点试验仪，如图 9.6 所示。由下列部件组成。

（1）钢球：直径 9.53 mm，质量为（3.5±0.05）g。

（2）试样环：由黄铜或不锈钢等制成，形状和尺寸如图 9.7 所示。

（3）钢球定位环：黄铜或不锈钢制成，形状和尺寸如图 9.8 所示。

（4）金属支架：由两个主杆和三层平行的金属板组成。上层为一圆盘，直径略大于耐热玻璃烧杯直径，中间有一圆孔，用以插放温度计。中层板形状和尺寸如图 9.9 所示。板上有两个孔，各放置金属环，中间一小孔可支持温度计的测温端部，一侧立杆距环上面 51 mm 处刻有水高标记。环下面距下层底板为 25.4 mm，而下底板距烧杯底不小于 12.7 mm，且不得大于 19 mm。三层金属板和两个主杆由两螺母固定在一起。

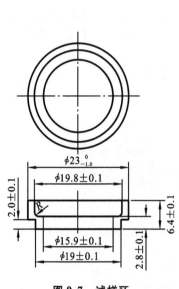

图 9.7　试样环

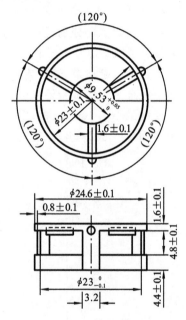

图 9.8　钢球定位环

（5）耐热玻璃烧杯：容量 800～1000 mL，直径不小于 86 mm，高不小于 120 mm。

（6）温度计量程：0～100 ℃，分度值为 0.5 ℃。

（7）装有温度调节器的电炉或其他加热炉具（液化石油气、天然气等）。应采用带有振荡搅拌器的加热电炉，振荡子置于烧杯底部。当采用自动软化点仪时，温度采用温度传感器测，并能自动显示或记录，且应对自动装置的准确性经常校验。

（8）试样底板：金属板（表面粗糙度应达 $Ra0.8\ \mu m$）或玻璃板。

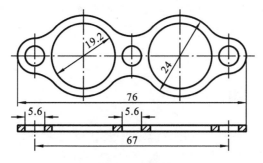

图 9.9　中层板

（9）恒温水槽：控温的准确度为±0.5 ℃。

（10）另有平直刮刀、隔离剂、蒸馏水或纯净水、石棉网等。

3）试验材料取样及试样制备

取样方式与针入度实验取样方式一致。

试样制备：将试样环置于涂有甘油滑石粉隔离剂的试样底板上，将准备好的沥青试样徐徐注入试样环内至略高出环面为止；如估计试样软化点高于 120 ℃，则试样环和试样底板（不用玻璃板）均应预热至 80～100 ℃；试样在室温冷却 30 min 后，用热刮刀刮除环面上的试样，应使其与环面齐平。

4）试验方法及步骤

根据沥青软化点大于或小于 80 ℃，所用方法有所区别。

试样软化点在 80 ℃以下者，试验步骤如下：

（1）将装有试样的试样环连同试样底板置于装有（5±0.5）℃水的恒温水槽中至少 15 min，同时将金属支架、钢球、钢球定位环等亦置于相同水槽中。

（2）烧杯内注入新煮沸并冷却至 5 ℃的蒸馏水或纯净水，水面略低于立杆上的深度标记。

（3）从恒温水槽中取出盛有试样的试样环放置在支架中层板的圆孔中，套上定位环；然后将整个环架放入烧杯中，调整水面至深度标记，并保持水温为（5±0.5）℃。环架上任何部分不得附有气泡。将 0～100 ℃的温度计由上层板中心孔垂直插入，使端部测温头底部与试样环下面齐平。

（4）将盛有水和环架的烧杯移至放有石棉网的加热炉具上，然后将钢球放在定位环中间的试样中央，立即启动电磁振荡搅拌器，使水微微振荡，并开始加热，使杯中水温在 3 min 内调节至维持每分钟上升（5±0.5）℃。在加热过程中，应记录每分钟上升的温度值，如温度上升速度超出此范围，则试验应重做。

（5）试样受热软化逐渐下坠，至与下层底板表面接触时立即读取温度，准确至 0.5 ℃。

试样软化点在 80 ℃以上者，试验步骤如下。

（1）将装有试样的试样环连同试样底板置于装有（32±1）℃甘油的恒温槽中至少 15 min，同时将金属支架、钢球、钢球定位环等亦置于甘油中。

（2）在烧杯内注入预先加热至 32 ℃的甘油，其液面略低于立杆上的深度标记。

（3）从恒温槽中取出装有试样的试样环，按上述方法进行测定，准确至 1 ℃。

5）试验结果分析

同一试样平行试验两次，当两次测定值的差值符合重复性试验允许误差要求时，取其平均值作为软化点实验结果，精确至 0.5 ℃。

当试样软化点小于 80 ℃时,重复性实验的允许误差为 1 ℃,再现性试验的允许误差为 4 ℃;当试样软化点大于等于 80 ℃时,重复性实验的允许误差为 2 ℃,再现性试验的允许误差为 8 ℃。

9.3 防水卷材检测

防水卷材是一种可卷曲的片状防水材料,在建筑防水工程中应用广泛,主要是用于建筑墙体、屋面以及隧道、公路、垃圾填埋场等处,以纤维织物或纤维毡为胎体,粉状、粒状、片状或薄膜材料为覆面材料制成。合成高分子防水卷材是以合成橡胶、合成树脂或它们两者的共混体为基料,加入适量的化学助剂和填充料等,经混炼、压延或挤出等工序加工而制成,是新型防水卷材。

防水卷材品种众多,检测参数各异,一般检测项目有不透水性、拉伸性能、低温柔度、撕裂强度、耐热度等,各测定项目的取样方法及数量不尽相同。本书仅选出常见、有代表性的几个品种列出取样及制备要求,具体参照各产品的测定标准。

9.3.1 不透水性

不透水性是指柔性防水卷材防水的能力,根据试验过程,具体指在整个试验过程中承受水压后试件表面的滤纸不变色或最终压力与开始压力相比下降不超过 5% 的性质。

1. 适用范围及目的

不透水性试验适用于沥青和高分子屋面防水卷材测定不透水性,即产品耐积水或有限表面承受水压。对于低压力场合使用的卷材(如屋面、基层、隔气层),以其在 60 kPa 压力下保持(24±1) h 时滤纸有无变色判断其不透水性;对于高压力场合使用的卷材(如特殊屋面、隧道、水池),以试件在开缝盘(或七孔圆盘)中加压至规定压力保持(24±1) h(七孔圆盘保持(30±2) min)时试件的不透水性。

2. 试件

(1) 低压力场合使用的卷材采用圆形试件,直径为(200±2) mm;

(2) 高压力场合使用的卷材采用试件直径不小于盘外径(约 130 mm);

试验前试件在 235 ℃下放置至少 6 h,且试验在(23±5) ℃进行。产生争议时,在(23±2) ℃,相对湿度(50±5)%下进行。

3. 仪器设备

(1) 低压力场合使用的为低压力不透水性装置,为一个带法兰盘的金属圆柱体箱体,孔径为 150 mm,并连接到开放管子末端或容器,如图 9.10 所示。

(2) 高压力场合使用的不透水仪,由两部分组成(见图 9.11),由压力试验装置产生压力作用于试件的一面,并用有四个狭缝的盘(见图 9.12)或七孔圆盘(见图 9.13)盖上试样。

4. 试验方法及步骤

1) 低压力场合使用的卷材

(1) 将试件放在不透水仪上,旋紧翼形螺母固定夹环,打开阀 11 让水进入,同时打开阀 10 排出空气,直至水出来关闭阀 10,说明设备已水满;

(2) 调整试件上表面所要求的压力,保持压力(24±1) h;

(3) 检查试件,观察上面滤纸有无变色。

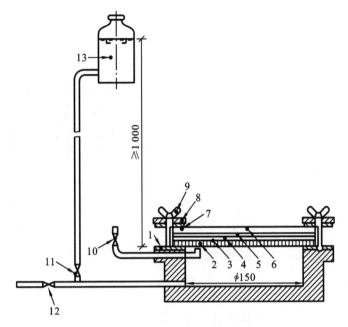

图 9.10　低压力不透水性装置

1—下橡胶密封垫圈；2—试件的迎水面是通常暴露于大气/水的面；3—实验室用滤纸；4—湿气指示混合物，均匀地铺在滤纸上面，湿气透过试件能容易地探测到，指示剂由细白糖（冰糖）（99.5%）和亚甲基蓝染料（0.5%）组成的混合物，用 0.074 mm 筛过筛并在干燥器中用氯化钙干燥；5—实验室用滤纸；6—圆的普通玻璃饭，其中水压小于等于 10 kPa 时其厚为 5 mm；水压小于等于 60 kPa 时其厚为 8 mm；7—上橡胶密封垫圈；8—金属夹环；9—带翼螺母；10—排气阀；11—进水阀；12—补水和排水阀；13—提供和控制水压到 60 kPa 的装置

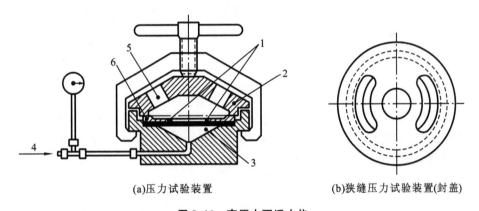

(a)压力试验装置　　　　　　　　(b)狭缝压力试验装置(封盖)

图 9.11　高压力不透水仪

1—狭缝；2—封盖；3—试件；4—静压力；5—观测孔；6—开缝盘

2）高压力场合使用的卷材

（1）不透水仪充水直到满出，彻底排除水管中的空气。

（2）试件的上表面朝下放置在透水盘上，盖上规定的开缝盘（或七孔圆盘），其中一个缝的方向与卷材纵向平行。放上封盖，慢慢夹紧直到试件夹紧在盘上，用布或压缩空气干燥试件的非迎水面，慢慢加压到规定的压力。

（3）达到规定的压力后，保持压力（24±1）h（七孔盘保持规定压力（30±2）min）。试验时观察试件的不透水性（水压突然下降或试件的非迎水面有水）。

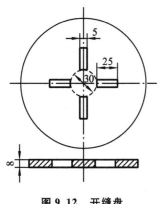

图 9.12 开缝盘

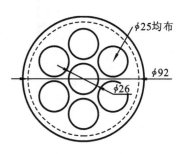

图 9.13 七孔圆盘

5. 结果判定

所有试件在规定时间不透水即可判定不透水性试验符合要求。

9.3.2 拉伸性能

防水卷材的拉伸性能是指防水卷材承受一定荷载、应力或在一定变形的条件下不断裂的性能,常用拉力、拉伸强度和断裂伸长率等指标表示。对于沥青防水卷材和高分子防水卷材,其拉伸性能的测试有所区别。

1. 沥青防水卷材拉伸性能的测定

1）适用范围及目的

此方法适用石油沥青纸胎油毡、弹性体改性沥青防水卷材、塑性体改性沥青防水卷材、沥青复合胎柔性防水卷材、胶粉改性沥青玻纤毡与玻纤网格布增强防水卷材、胶粉改性沥青玻纤毡与聚乙烯膜增强防水卷材、胶粉改性沥青聚酯毡与玻纤网格布增强防水卷材、改性沥青聚乙烯胎防水卷材等的拉力试验。

2）仪器设备

拉力试验机:测量范围 0～2000 N,夹具移动速度要求(100±10) mm/min,夹持宽度不小于 50 mm;拉伸试验机的夹具能随着试件拉力的增加而保持或增加夹具的夹持力,对于厚度不超 3 mm 的产品能夹住试件使其在夹具中的滑移不超过 1 mm,更厚的产品不超过 2 mm,且不应在夹具内外产生过早的破坏。

量尺:精确度 0.1 cm。

3）试件

整个拉伸试验应制备两组试件,一组纵向五个试件,一组横向五个试件。用模板或裁刀在试样上距边缘 100 mm 以上位置裁取试件,矩形试件宽为(50±0.5) mm,长为(200 mm＋2×夹持长度),长度方向为试验方向,去除表面的非持久层,并在(23±2) ℃和相对湿度30%～70%的条件下至少放置 20 h。

4）试验步骤

调整好拉力机后,将试件紧紧地夹在拉伸试验机的夹具中,注意试件长度方向的中线与试验机夹具中心在一条线上,夹具间距离为(200±2) mm,速度为(100±10) mm/min 或者50 mm/min。为防止试件从夹具中滑移应作标记。开动试验机使受拉试件被拉断为止,读出拉断时试验机的读数即为试件的拉力 F,并测量夹具间的距离 L。

5）数据处理及结果判定

记录得到的拉力和距离,最大的拉力和对应的由夹具(或引伸计)间距离与起始距离的百分率计算的延伸率。去除任何在夹具 10 mm 以内断裂或在试验机夹具中滑移超过极限值的试件的试验结果,用备用件重测。

最大拉力单位为 N,对应的延伸率用百分率表示,作为试件同一方向结果。分别记录每个方向五个试件的拉力值和延伸率,计算平均值。拉力的平均值修约到 5 N,延伸率的平均值修约到 1%。同时对于复合增强的卷材在应力应变图上有两个或更多的峰值,拉力和延伸率应记录两个最大值。

2. 高分子防水卷材拉伸性能的测定

1）适用范围及目的

适用高分子防水卷材片材类,聚氯乙烯防水卷材、氯化聚乙烯防水卷材等的拉伸试验。

2）仪器设备

与沥青防水卷材的测定一致。

3）试件

除非有其他规定,整个拉伸试验应准备两组试件,一组纵向五个试件,一组横向五个试件。用模板或裁刀在距试样边缘(100±10) mm 以上裁取试件,此方法分两种试件,试件 A 类和试件 B 类。

试件 A:矩形试件为(50±5) mm×200 mm,见图 9.14 和表 9.4;

试件 B:哑铃型试件为(6±0.4) mm×115 mm,见图 9.15 和表 9.4。

去除表面的非持久层,且试件中的网格布、织物层、衬垫或层合增强层在长度或宽度方向应裁一样的经纬数,避免切断筋,在(23±2) ℃和相对湿度(50±5)%的条件下至少放置 20 h。

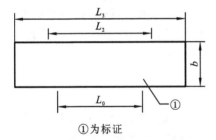

①为标证

图 9.14　矩形试件图

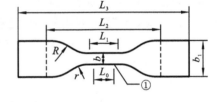

①为标证

图 9.15　哑铃型试件

表 9.4　试件尺寸规定

方　　法	试件 A/mm	试件 B/mm
全长,至少(L_3)	＞200	＞115
端头宽度(b_1)		25±1
狭窄平行部分长度(L_1)		33±2
宽度(b)	50±0.5	6±0.4
小半径(r)		14±1
大半径(R)		25±2
标记间距离(L_0)	100±5	25±0.25
夹具间起始距离(l_2)	120	80±5

4）试验步骤

将试件紧紧地夹在拉伸试验机的夹具中,注意试件长度方向的中线与试验机夹具中心线在一条线上。夹具移动速度为(100±10) mm/min,橡胶类试件(500±50) mm/min,树脂类试件(250±50) mm/min。试验在试验环境条件下进行,夹具移动的速度恒定,连续记录拉力和对应夹具(或引伸计)间分开的距离,直至试件断裂,读取断裂时力 F_b,试件断裂时标线间的长度 L_b,若试件在标线外断裂,数据作废。

5）数据处理与结果判定

（1）最大拉力单位为 N/50 mm,对应的延伸率用百分率表示,作为试件同一方向结果。分别记录每个方向五个试件的拉力值和延伸率,计算平均值。拉力的平均值修约到 5 N,延伸率的平均值修约到 1%。

（2）计算公式分别为

拉伸强度 $\qquad\qquad TS_b = F_b / W$

扯断伸长率 $\qquad\qquad E_b = 100(L_b - L_0) / L_0$

（3）试件所取中值达到标准规定的指标判为该项合格。

9.3.3　温度稳定性

温度稳定性指材料在高温下不流淌、不起泡、不滑动,低温下不脆裂的性能,即在一定温度变化下保持原有性能的能力。常用耐热度、耐热性等指标表示。耐热性试验根据沥青防水卷材和高分子防水卷材类别不同,其测试方法有所区别。

1. 沥青防水卷材耐热性的测定

1）适用范围及目的

该测定方法规定了沥青屋面防水卷材在温度升高时的抗流动性测定,试验卷材的上表面和下表面在规定温度或连续在不同温度测定的耐热性极限。主要检验产品耐热性要求,或测定规定产品的耐热性极限,如测定老化后性能的变化结果。

本方法不适用于无增强层的沥青卷材。

2）仪器设备

（1）电热恒温干燥箱:带有热风循环装置,在试验范围内最大温度波动±2 ℃,当门打开30 s 后,恢复温度到工作温度的时间不超过 5 min。箱内带有可悬挂的平板。

（2）悬挂装置:至少 100 mm 宽,能夹住试件的整个宽度在一条线上,并被悬挂在试验区域。

（3）光学测量装置:刻度至少达到 0.1 mm。

3）试件

矩形试件尺寸(115±1) mm×(100±1) mm,试件均匀地在试样宽度方向裁取,长边是卷材的纵向。试件应距卷材边缘 150 mm 以上,试件从卷材的一边开始连续编号,卷材上表面和下表面应标记。去除任何非持久保护层,适宜的方法是:常温下用胶带粘在上面,冷却到接近假设的冷弯温度,然后从试件上撕去胶带;另一方法是用压缩空气吹(压力约 0.5 MPa,喷嘴直径约 0.5 mm);假若上面的方法不能除去保护腹,用火焰烤,用最少的时间破坏膜而不损伤试件。

在试件纵向的横断面一边,去除上表面和下表面大约 15 mm 的一条涂盖层直至胎体,若卷材有超过一层的胎体,去除涂盖层直到另外一层胎体。在试件的中间区域的涂盖层也从上表面和下表面的两个接近处去除,直至胎体。为此,可采用热刮刀或类似装置,小心地去除涂盖层不损坏胎体。两个内径约 4 mm 的插销在裸露区域穿过胎体。任何表团浮着的矿物料或表面材料通过轻轻敲打试件去除。然后,标记装置放在试件两边插入插销定位于中心位置,在试件表面整个宽度方向沿着直边用记号笔垂直画一条线(宽度约 0.5 mm),操作时试件平放。

试件试验前至少放置在 23±2 ℃的平面上 2 h,相互之间不要接触或粘住,有必要时,将试件分别放在硅纸上防止黏结。

4)试验步骤

(1)将制备的一组三个试件露出的胎体处用悬挂装置夹住,注意不要夹到涂盖层。必要时,用如硅纸等不粘层包住两面便于在试验结束时除去夹子。

(2)制备好的试件垂直悬挂在烘箱的相同高度,间隔至少 30 mm,此时烘箱的温度不能下降太多,开关烘箱门放入试件的时间不超过 30 s。放入试件后加热时间为(120±2)min。

(3)加热周期一结束,试件和悬挂装置一起从烘箱中取出,相互间不要接触,在(23±2)℃自由悬挂冷却至少 2 h。

(4)除去悬挂装置,在试件两面画第二个标记,用光学测量装置在每个试件的两面测量两个标记底部间最大距离 ΔL,精确到 0.1 mm。

5)数据处理及结果判定

在试验温度下卷材上表面和下表面的滑动平均值不超过 2.0 mm 认为合格。

2. 高分子防水卷材耐热性的测定

适用范围及目的、仪器设备、试件及试验步骤均与沥青防水卷材测定的一致。不同在于加热周期一结束,试件从烘箱中取出,相互之间不要接触,目测观察并记录试件表面的涂盖层有无滑动、流淌、滴落、集中性气泡。集中性气泡指破坏涂盖层原形的密集气泡。其数据处理以试件任意端涂盖层不应与胎基发生位移,试件下端的涂盖层不应超过胎基,无流淌、滴落、集中性气泡,为规定温度下耐热性符合要求且规定一组三个试件都符合标准要求才可判定为该项合格。

9.3.4　低温柔度

柔韧性指材料在低温条件下保持柔性的性能。它对保证易于施工、不脆裂十分重要。常用柔度、低温弯折性等指标表示。

1. 沥青防水卷材低温柔度的测定

沥青防水卷材柔性指沥青防水卷材试件在规定温度下弯曲无裂缝的能力。冷弯温度是指沥青防水卷材绕规定的棒弯曲无裂缝的最低温度。

1)适用范围

适用于测定增强的和没有增强的沥青屋面防水卷材低温柔度。

2)仪器设备

(1)低温箱:有空气循环的低温空间,可调节温度至−45 ℃,精度±2 ℃,符合标准低温柔度与低温弯折的温度要求。

(2)低温柔度测试仪:上装置由两个直径(20±0.1) mm 不旋转的圆筒,一个直径(30±0.1) mm 的圆筒或半圆筒弯曲轴组成,可以根据样品要求替换其他直径弯曲轴,如 20 mm、50 mm 等,该轴在两个圆筒中间,能够向上移动。两个圆筒间距离可以调节,即圆筒和弯曲轴间的距离能调节为卷材的厚度。整个装置浸入能控制温度在＋20 ℃～－40 ℃、精度 0.5 ℃温度条件冷冻液中。试验时,试件完全浸入冷冻液中,弯曲轴可以保持(360±40) mm/min 的速度移动,并使试件能够弯曲180°,且试验结束时试件应露出冷冻液,如图 9.16 所示。

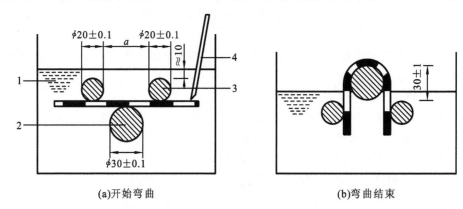

(a)开始弯曲   (b)弯曲结束

图 9.16　试验装置原理和弯曲过程

1—冷冻液;2—弯曲轴;3—固定圆筒;4—半导体温度计(热敏探头)

(3) 冷冻液:不与卷材反应的液体,如低于－20 ℃的乙醇/水混合物(体积比 2:1),丙烯乙二醇/水溶液(体积比 1:1)等。

(4) 柔度棒或弯板:半径 r 为 15 mm、25 mm 等。

3) 试样

用矩形试件尺寸(150±1) mm×(25±1) mm,试件从试样宽度方向上均匀地裁取,长边在卷材的纵向,裁取试件时应距卷材边缘不少于 150 mm,试件应从卷材的一边开始做连续的记号,同时标记卷材的上表面和下表面.去除表面的任何保护膜,适宜的方法是:常温下用胶带粘在上面,冷却到接近假设的冷弯温度,然后从试件上撕去胶带;另一方法是用压缩空气吹(压力约 0.5 MPa,喷嘴直径约 0.5 mm);假若上面的方法不能除去保护膜,用火焰烤,用最少的时间破坏膜而不损伤试件。

试件试验前应在(23±2) ℃的平板上放置至少 4 h,并且相互之间不能接触,也不能粘在板上。可以用硅纸垫,表面的松散颗粒用手轻轻敲打除去。两组各五个试件,全部试件按规定温度处理后,一组是上表面试验,另一组是下表面试验。

4) 试验步骤

(1) 低温柔度的测定。

试件放置在圆筒和弯曲轴之间,试验面朝上,然后设置弯曲轴以(360±40) mm/min 速度顶着试件向上移动,试件同时绕轴弯曲。轴移动的终点在圆筒上面(30±1) mm 处。试件的表面明显露出冷冻液,同时液面也因此下降。在弯曲过程的 10 s 内,在适宜的光源下用肉眼检查试件有无裂纹,必要时,用辅助光学装置帮助。假若有一条或更多的裂纹从涂盖层深入到胎体层,或完全贯穿无增强卷材,即存在裂缝。

一组五个试件应分别试验检查。假若装置的尺寸满足,可以同时试验几组试件。

(2) 冷弯温度的测定。

假若沥青卷材的冷弯温度要测定(如人工老化后变化的结果),冷弯温度的范围(未知)最初测定,从期望的冷弯温度开始,每隔 6 ℃试验每个试件,因此每个试验温度都是 6 ℃的倍数(如－12 ℃、－18 ℃、－24 ℃等)。

　　从开始导致破坏的最低温度开始,每隔 6 ℃分别试验每组五个试件的上表面和下表面,连续地每次 6 ℃的改变温度。

　　5) 结果判定

　　(1) 规定温度的柔度结果:一个试验面五个试件在规定温度至少四个无裂缝为通过,上表面和下表面的试验结果要分别记录。

　　(2) 冷弯温度测定的结果:测定冷弯温度时,要求按试验得到的温度应五个试件中至少四个通过,冷弯温度是该卷材试验面的,上表面和下表面的结果应分别记录(卷材的上表面和下表面可能有不同的冷弯温度)。

　　2. 高分子防水卷材低温弯折性的测定

　　与沥青防水卷材不同,高分子卷材在低温下的柔性用低温弯折性评定。

　　1) 适用范围

　　适用于高分子屋面防水卷材暴露在低温下弯折性能的测定方法。

　　2) 仪器设备(见图 9.17)

　　(1) 弯折板:由金属制成的平板,上下平板间距离可任意调节。

　　(2) 低温试验箱:有空气循环的低温空间,可调节温度至−45 ℃,精度±2 ℃,符合标准低温柔度与低温弯折的要求。

　　(3) 检查工具:6 倍玻璃放大镜。

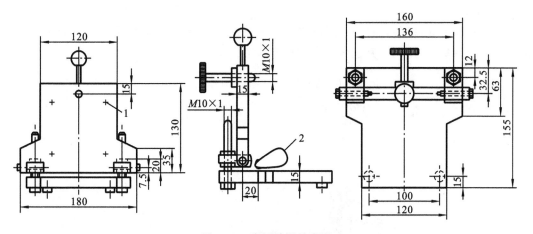

图 9.17　弯折装置示意图

1—测量点;2—试件

　　3) 试样

　　每个试验温度取四个(100±50) mm 试件,两个卷材纵向(L),两个卷材横向(T)。试验前试件应在(23±2) ℃和相对湿度(50±5)%的条件下放置至少 20 h。

　　4) 试验步骤

　　(1) 实验条件:除了低温箱,试验步骤中所有操作在(23±5) ℃进行。沿长度方向弯曲试件,将端部固定在一起,例如用胶粘带。卷材的上表面弯曲朝外,如此弯曲固定一个纵向、一个横向试件,然后卷材的上表面弯曲朝内,如此弯曲另外一个纵向和横向试件。

　　(2) 调节弯折试验机的两个平板间的距离为试件全厚度的 3 倍。

　　(3) 放置弯曲试件在试验机上,胶带端对着平行于弯板的转轴。放置翻开的弯折试验机和试件于调好规定温度的低温箱中。

（4）放置 1 h 后，弯折试验机从超过 90°的垂直位置到水平位置，1 s 内合上，保持该位置 1 s，整个操作过程在低温箱中进行。

（5）从试验机中取出试件，恢复到（23±5）℃。

（6）用 6 倍放大镜检查试件弯折区域的裂纹或断裂。

（7）临界低温弯折温度：弯折程序每 5 ℃重复一次，直至按步骤 7，试件无裂纹和断裂。

5）数据处理

按步骤 8 重复进行弯折程序，卷材的低温弯折温度，为任何试件不出现裂纹和断裂的最低的 5 ℃间隔。

按照标准规定温度下，试件均无裂纹出现即可判定为该项符合要求。

9.3.5 撕裂性能

1. 沥青防水卷材撕裂性能的测定

1）适用范围

适用于沥青屋面防水卷材撕裂性能（钉杆法）的测定方法。

2）仪器设备

（1）拉伸试验机：有连续记录力和对应力矩的装置，能按规定的速度均匀移动夹具。有足够的量程，至少 2000 N，最小读数不小于 5 N，移动速度能够满足标准要求，夹具宽度不得小于 50 mm。

（2）U 形装置：U 形装置一端通过连接件连在拉伸试验机夹具上，另一端有两个臂支撑试件。臂上有钉杆穿过孔，其位置能允许按要求进行试验，见图 9.18。

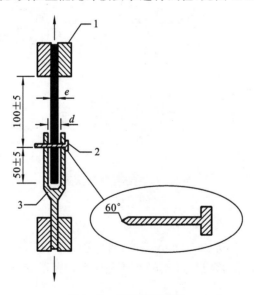

图 9.18　顶杆撕裂试验

1—夹具；2—钉杆（Φ2.5±0.1）；3—U 形头；e—样品厚度；d—U 形头间隙（$e+l\leqslant d\leqslant e+2$）

3）试样

用模板或裁刀距卷材边缘 100 mm 以上在试样上任意裁取试样，要求的长方形试件宽（100±1）mm，长至少 200 mm。试件长度方向是试验方向，试件从试样的纵向或横向裁取。对卷材用于机械固定的增强边，应取增强部位试验。每个选定的方向试验五个试件，去除任何表面的非持久层。

试验前试件应在(23±2)℃和相对湿度 30%～70%的条件下放置至少 20 h。

4）试验步骤

（1）试件放入打开的 U 形头的两臂中，用一直径(2.5±0.1) mm 的尖钉穿过 U 形头的孔位置，同时钉杆位置在试件的中心线，距 U 形头中试件一端(50±5) mm。

（2）钉杆距上夹具的距离是(100±5) mm。

（3）把该装置试件一端的夹具和另一端的 U 形头放入拉伸试验机，开动试验机使它穿过材料面的钉杆直到材料的末端。

（4）试验在(23±2)℃进行，拉伸速度(100±10) mm/min。

（5）穿过试件钉杆的撕裂力应连续记录。

5）数据处理

连续记录的力，试件撕裂性能（钉杆法）是记录试验的最大力。每个试件分别列出拉力值，计算平均值，精确到 5 N，记录试验方向。

2. 高分子防水卷材撕裂性能的测定

1）适用范围

适用于高分子层面卷材采用梯形缺口或割口试件的撕裂性能测定。

2）仪器设备

拉伸试验机与沥青卷材撕裂性能要求一致。裁取试件的模板尺寸见图 9.19。

3）试样

试样形状和尺寸如图 9.20 所示，α 角的精度在 1°。卷材纵向和横向分别用模板裁取 5个带缺口或割口试件。在每个试件上的夹持线位置做好记号。

试验前试件应在(23±2)℃和相对湿度(50±5)%的条件下放置至少 20 h。

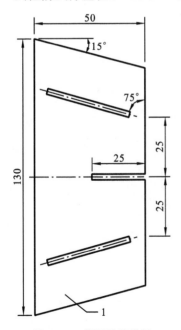

图 9.19　裁取试件模板

1—试件厚度：2～3 mm

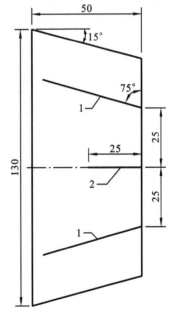

图 9.20　试样形状和尺寸

1—夹持线；2—缺口或割口

4）试验步骤

试件应紧紧夹在拉伸试验机的夹具中，注意使夹持线沿着夹具的边缘。记录每个试件的最大拉力。

5）数据处理

每个试件的最大拉力用 N 表示。舍去试件从拉伸试验机夹具中滑移超过定值的结果，用备用件重新试验。计算每个方向的拉力算术平均值（F_L 和 F_T），用 N 表示，结果精确到 1 N。每个方向的算术平均值均符合标准即可判为该项符合要求。

9.4 防水涂料检测

防水涂料是一种流态或半流态物质，涂布在基层表面，经溶剂或水分挥发或各组分间的化学反应，形成有一定弹性和一定厚度的连续薄膜，使基层表面与水隔绝，起到防水、防潮作用。所以防水涂料更确切地讲应是防水涂层材料，它是无定型材料（液状或现场拌制成液状）经涂覆固化形成具有防水功能膜层材料的统称。防水涂料固化成膜后的防水涂膜具有良好的防水性能，特别适合于各种复杂、不规则部位的防水，能形成无接缝的完整防水膜。防水涂料广泛适用于工业与民用建筑的屋面防水工程，地下室防水工程和地面防潮、防渗等。防水涂料按液态分为溶剂型、水乳型和反应型三种；按成膜物质的主要成分可分为沥青类、高聚物改性沥青类和合成高分子类。

防水涂料取样按照 GB 3186—2006 标准要求执行。防水涂料种类很多，检测参数各异，包括不透水性、黏结强度、耐热性等，对应不同的种类其测定参数及试样制备方法也不尽相同，具体参照各产品标准。

【思考题】

1.石油沥青的技术性质有哪些？其测定方法如何？

2.建筑防水工程对防水卷材的要求有哪些？其检测性能主要有哪些？具体如何测定？

第10章 建筑陶瓷

10.1 建筑陶瓷的概述

陶瓷(Ceranics)的传统概念是指所有以黏土等无机非金属矿物为原料的人工工业产品。它包括由黏土或含有黏土的混合物经混炼、成形、煅烧而制成的各种制品。由最粗糙的土器到最精细的细陶和瓷器都属于它的范围。它的主要原料是取之于自然界的硅酸盐矿物(如黏土、长石、石英等),因此与玻璃、水泥、搪瓷、耐火材料等工业,同属于"硅酸盐工业"(Silicate Industry)的范畴。随着近代科学技术的发展,近百年来又出现了许多新的陶瓷品种。它们不再使用或很少使用黏土、长石、石英等传统陶瓷原料,而是使用其他特殊原料,甚至扩大到非硅酸盐,非氧化物的范围,并且出现了许多新的工艺。美国和欧洲一些国家的文献已将"Ceramic"一词理解为各种无机非金属固体材料的通称。因此陶瓷的含义实际上已远远超越过去狭窄的传统观念,迄今为止,陶瓷可定义为:是用铝硅酸盐矿物或某些氧化物等为主要原料,依照人的意图通过特定的化学工艺在高温下以一定的温度下制成的具有一定形式的工艺岩石。

陶瓷是由天然或人工合成的粉状矿物原料和化工原料组成,经过成型和高温烧结制成的,由金属和非金属元素构成化合物反应生成的多晶体固体材料。陶瓷是陶器、瓷器和炻器的总称。陶瓷的传统概念是指所有以黏土等无机非金属矿物为原料的人工工业产品。并且包括由黏土或含有黏土的混合物经混炼、成型、煅烧而制成的各种制品。

建筑陶瓷是指凡用于修饰墙面、铺设地面、安装上下水管、装备卫生间以及作为建筑和装饰零件作用的各种陶瓷材料制品。主要包括釉面内墙砖、陶瓷墙地砖、饰面瓦、建筑琉璃制品和陶管。其中应用最为广泛的是釉面内墙砖、陶瓷墙地砖。

10.1.1 釉面内墙砖

釉面内墙砖俗称瓷砖,因在精陶面上挂有一层釉,故称釉面砖。釉面砖釉面光滑,图案丰富多彩,有单色、印花、高级艺术图案等。釉面砖具有不吸污、耐腐蚀、易清洁的特点,所以多用于厨房、卫生间。釉面砖吸水率较高(国家规定其吸水率小于 21%),陶体吸水膨胀后,吸湿膨胀小的表层釉面处于张压力状态下,长期冻融,会出现剥落掉皮现象,所以釉面内墙砖只能用于室内,而不能用于室外。

1. 釉面砖的品种、形状、规格尺寸

1)品种

按釉面颜色分为单色(含白色)、花色和图案砖。

2)形状

按正面形状分为正方形、长方形和异形配件砖。异形配件砖有阳角条、阴角条、阳三角、阴三角、阳角座、阴角座、腰线砖、压顶条。压顶阴角、压顶阳角、阳角条一端圆、阴角条一端圆等。

3）规格尺寸

正方形釉面砖有 100 mm×100 mm、152 mm×152 mm、200 mm×200 mm，长方形釉面砖有 152 mm×200 mm、200 mm×300 mm、250 mm×330 mm、300 mm×450 mm 等，常用的釉面砖厚度 5～8 mm。

2. 釉面砖的技术要求

1）尺寸允许偏差

釉面砖的尺寸允许偏差应符合表 10.1 的规定。异形配件砖的尺寸允许偏差，在保证匹配的前提下由生产厂自定。

表 10.1　釉面内墙砖尺寸允许偏差

	尺寸/mm	允许偏差/mm
长度或宽度	≤152	±0.5
	>152,≤250	±0.8
	>250	±1.0
厚度	≤5	+0.4　−0.3
	>5	厚度的±8%

2）外观质量

根据外观质量分为优等品、一级品、合格品三个等级。表面缺陷允许范围应符合表 10.2规定。

表 10.2　表面缺陷允许范围

缺 陷 名 称	优等名	一级品	合格品
开裂、夹层、釉裂	—	不允许	—
背面磕碰	深度为砖厚的1/2	不影响使用	不影响使用
剥边、落脏、釉泡、斑点、坯粉釉缕、桔釉、波纹、缺釉、棕眼裂纹、图案缺陷、正面磕碰	距离砖面 1 m 处目测无可见缺陷	距离砖面 2 m 处目测缺陷不明显	距离砖面 3 m 处目测缺陷不明显

3）色差

允许色差应符合表 10.3 的规定。供需双方可以商定色差允许范围。

表 10.3　允许色差

	优等品	一级品	合格品
色差	基本一致	不明显	不严重

4）平整度

（1）尺寸不大于 152 mm 的釉面砖，平整度应符合表 10.4 和表 10.5 的规定。

表 10.4　平整度允许偏差（一）

平 整 度	优等品	一级品	合格品
中心弯曲度	+1.4 −0.5	+1.8 −0.8	+2.0 −1.2
翘曲度	0.8	1.3	1.5

表 10.5 平整度允许偏差(二)

平 整 度	优等品	一级品	合格品
中心弯曲度	+0.5	+0.7	+1.0
翘曲度	−0.4	−0.6	−0.8

(2)尺寸大于 152 mm 的釉面砖,平整度应符合其规定。数值以对角线长度的百分数表示。

5)边直度和直角度

尺寸大于 152 mm 的,其边直度和直角度应符合表 10.6 的规定。

表 10.6 边直度和直角度允许偏差

	优等品	一级品	合格品
边直度/mm	+0.8 −0.3	+1.0 −0.5	+1.2 −0.7
直角度/(%)	±0.5	±0.7	±0.9

6)白度

各等级白色釉面砖的白度不小于 73 度,白度指标也可以由供需双方商定。

3. 釉面砖的物理性能

1)吸水率

吸水率不大于 21%。

2)耐急冷、急热性

经耐急冷、急热性试验,釉面无裂纹。

3)弯曲强度

弯曲强度平均值不小于 16 MPa;当厚度大于或等于 7.5 mm 时,弯曲强度平均值不小于 13 MPa。

4)抗龟裂性

经抗龟裂性试验,釉面无裂纹。

5)釉面抗化学腐蚀性

釉面抗化学腐蚀性,需要时由供需双方商定级别。

10.1.2 陶瓷墙地砖

陶瓷墙地砖是指建筑物外墙装饰和室内外地面装饰用砖。通常在室温下通过挤、压或其他成型方法成型,然后干燥,在满足性能需要的一定温度下烧成。

墙地砖根据表面装饰方法的不同,分为无釉和有釉两种。表面不施釉的称为单色砖;表面施釉的称为彩釉砖。彩釉砖中又可根据釉面装饰的种类和花色的不同进行细分。例如立体彩釉砖(又称线砖)、仿花岗石面砖、斑纹釉砖、结晶釉砖,有光彩色釉砖、仿石光釉面砖、图案砖、花釉砖等。

1. 尺寸偏差

瓷砖的尺寸包括边长(长度、宽度)、边直度、直角度和表面平整度。尺寸偏差是指这些尺寸平均值对于工作尺寸的允许偏差。

(1) 边长是瓷砖的长度和宽度尺寸指标。

(2) 边直度是反映在砖的平面内,边的中央偏离直线的偏差。

(3) 直角度是指瓷砖四个角的垂直程度(将砖的一个角紧靠着放在用标准板校正过的直角上,测量它与标准直角的偏差)。

(4) 边弯曲度——砖的一条边的中心偏离该边两角为直线的距离。

(5) 表面平整度是由瓷砖表面上的三点来测量的。

① 中心弯曲度——砖的中心偏离由砖 4 个角中 3 个角所决定的平面的距离。

② 翘曲度——砖的三个角决定一个平面,其第 4 个角偏离该平面的距离。

2. 表面质量

优等品:至少有 95% 的砖距 0.8 米远处垂直观察表面无缺陷。

合格品:至少有 95% 的砖距 1 米远处垂直观察表面无缺陷。

为装饰目的而出现的斑点、色斑不认为是缺陷。

缺陷一般指:如抛光砖黑点、针孔、阴阳色、缺花、崩角、崩边等;釉面砖还有落脏、针孔、熔坑等。

3. 物理性能

(1) 吸水率:它是指陶瓷产品的开口气孔吸满水后,吸入水的重量占产品重量的百分比。国家标准规定吸水率小于等于 0.5% 的称为瓷质砖(平均值不大于 0.5%,单个值不大于 0.6%),吸水率大于 10% 的为陶质砖(陶质砖的吸水率平均值为 $e > 10\%$、单个值不小于 9%,当平均值 $e > 20\%$ 时,生产厂家应说明)。

(2) 强度。

a. 瓷质砖:厚度大于等于 7.5 mm,破坏强度平均值不小于 1300 N。陶质砖:厚度大于等于 7.5 mm,破坏强度平均值不小于 600 N。

b. 瓷质砖断裂模数平均值不小于 35 MPa,单个值不小于 32 MPa,陶质砖断裂模数平均值不小于 15 MPa,单个值不小于 12 MPa。

(3) 抗热震性:经 10 次抗热震试验不出现炸裂和裂纹。

(4) 抗釉裂性:有釉陶瓷砖经抗釉裂性试验后,釉面应无裂纹或剥落。

(5) 光泽度:抛光砖的光泽度不低于 55(光泽度是衡量抛光砖烧结程度的参考指标之一,光泽度越高,烧结致密性越好)。

(6) 耐磨性:无釉砖耐深度磨损体积不大于 175 mm³。

(7) 小色差:经检验后报告陶瓷砖的色差值。色差分两种,一种是单件产品自身上的色差,一种是单件与单件之间出现的色差。前者出现的几率很小,而后一种色差较为常见。

物理性能质量指标还有:抗冻性、耐磨性、抗冲击性、线性热膨胀系数、湿膨胀、地砖摩擦系数等。

4. 化学性能

(1) 耐化学腐蚀性:包括耐低浓度酸和碱,耐高浓度酸和碱,耐家庭化学试剂和游泳池盐类。

(2) 铅和镉的溶出量:(略)。

5. 放射性和 3C 认证

国家标准《建筑材料放射性核素限量》(GB6566—2001),规定了建筑材料中天然放射性核素:镭-226、钍-232、钾-40,放射性比活度的限量和试验方法。

2005 年 8 月 1 日起,我国开始对吸水率小于等于 0.5% 的瓷质砖进行强制性放射性检测。瓷砖生产企业必须通过此认证才允许产品销售,即所谓的 3C 强制认证。釉面砖、广场砖由于吸水率都大于 0.5%,所以不属"3C"认证范畴。

装修材料中天然放射性核素镭-226、钍-232、钾-40 的放射性比活度同时满足 ira≤1.0(内照射指标)和 ir≤1.3(外照射指标)要求的为 a 类装修材料,其产销与使用范围不受限制。

10.1.3　新型墙地砖

随着建筑装饰业的不断发展,新型墙、地砖装饰材料品种不断增加,如麻面砖、大规格墙地砖、陶瓷艺术砖等。

1. 麻面砖

麻面砖是采用仿天然岩石色彩的配料,压制成表面凹凸不平的麻面坯体后,经一次烧成的炻质面砖。砖的表面酷似经人工修凿过的天然岩石面,纹理自然,粗犷雅朴,有白、黄、红、灰、黑等多种色调。主要规格(一):200×100,200×75 和 100×100 等。麻面砖吸水率<1%,抗折强度>20 MPa,防滑耐磨。薄型砖适用于建筑物外墙装饰,厚型砖适用于广场、停车场、码头、人行道等地面铺设。

2. 大规格墙地砖

广东佛山石湾鹰牌陶瓷有限公司,1996 年引进设备,生产出 1000 mm×1000 mm、800 mm×1200 mm 和 650 mm×900 mm 等超大规格瓷质砖。这种大规格砖酷似天然石材而优于石材,它的硬度大于石材而密度小于石材,耐酸、耐碱、耐风化,没有天然石材边缝水渍现象,也不含对人体有危害的放射性物质,颜色丰富多彩,应用前景十分广阔。目前我国大规格瓷质砖在市场上繁花似锦,占据了主要位置。

3. 陶瓷艺术砖

陶瓷艺术墙地砖采用优质黏土、瘠性原料及无机矿化剂为原料,经成型、干燥、高温焙烧而成,砖表面具有各种图案浮雕,艺术夸张性强,组合空间自由度大,可运用点、线、面等几何组合原理,配以适量同规格彩釉砖或釉面砖,可组合成抽象的或具体的图案壁画。

10.1.4　饰面瓦(西式瓦)、建筑琉璃制品、陶管

饰面瓦是指以黏土为主要原料,经混炼、成型、烧成而制得的陶瓷瓦,用来装饰建筑物的屋面或作为建筑物的构建。

建筑琉璃制品是指用于建筑物构建及艺术装饰的具有强光泽色釉的陶器。

陶管是指用来排输污水、废水、雨水、灌溉用水或排输酸性、碱性废水及其他腐蚀性介质所用的承插式陶瓷管及配件。

10.2　建筑陶瓷检测

10.2.1　吸水率的测定

1. 目的

在无机非金属材料中,有的材料内部是有气孔的,这些气孔对材料的性能和质量有重要的影响。材料的吸水率、气孔率是材料结构特征的标志。在材料研究中,吸水率、气孔率的

测定是对制品质量进行检定的最常用的方法之一。

本实验的目的：

（1）了解吸水率、气孔率的物理意义；

（2）掌握吸水率的测定原理和测定方法。

2. 基本原理

材料吸水率的测定是基于阿基米德原理。将块体材料浸入可润湿材料的液体中，抽真空或煮沸的方式排除气孔中的气体。水泥、陶瓷等块体材料，含有部分大小不同，形状各异的气孔。浸渍时能被液体填充或与大气相通的气孔为开口气孔；不能被液体填充或不与大气相通的气孔称为闭口气孔。块体材料中固体材料的体积、开口及闭口气孔的体积之和称为总体积。材料所有开口气孔的体积与总体积之比称为开口气孔率或显气孔率，在科研和生产实际中往往采用吸水率来反映材料的显气孔率。

3. 所用设备与仪器

烘箱、加热炉、蒸馏水、烧杯、天平、陶瓷、抹布。

4. 测试步骤

（1）同类制品 3 件，取约 50 g 试样，构成 3 组。

（2）取样时力求各试样总表面积接近相等，去掉锋利的边角，冲洗干净。

（3）将试样干燥至恒重，称量为 G_0，置于盛蒸馏水的容器中（试样之间要求相互隔开），煮沸 2 h，煮沸期间水面应保持高于试样 10 mm。

（4）冷却后用已吸水饱和的布揩去试样表面附着水，迅速在天平上称量为 G_1。

5. 计算方法

$$W = (G_1 - G_0)/G_0 \times 100$$

10.2.2　陶瓷砖断裂模数和破坏强度测定

1. 检验评定依据

《陶瓷砖试验方法》（GB/T3810—2006）。

2. 仪器设备

（1）干燥箱：能在（110±5）℃温度下工作，也可使用能获得相同检测结果的微波、红外或其他干燥系统。

（2）压力表：精确到 2.0%。

（3）两根圆柱形支撑棒：用金属制成，与试样接触部分用硬度为 50IRHD±51RHD 橡胶包裹，橡胶的硬度按《硫化橡胶或热塑性橡胶硬度的测定（10～100IRHD）》（GB/T 6031）测定，一根棒能稍微摆动，另一根棒能绕其轴稍作旋转。

（4）圆柱形中心棒：一根与支撑棒直径相同且用相同橡胶包裹的圆柱形中心棒，用来传递荷载 F，此棒也可稍作摆动（相应尺寸见表 10.7）。

表 10.7　棒的直径、橡胶厚度和长度 l

砖的尺寸 K/mm	棒的直径 d/mm	橡胶厚度 t/mm	砖伸出支撑棒外的长度 l/mm
$K \geqslant 95$	20	5±1	10
$48 \leqslant K < 95$	10	2.5±0.5	5
$18 \leqslant K < 48$	5	1±0.2	2

3. 试验步骤

(1) 应用整砖检验,但是对超大的砖(即边长大于 300 mm 的砖)和一些非矩形的砖,有必要时可进行切割,切割成可能最大尺寸的矩形试样,以便安装在仪器上检验。其中心应与切割前砖的中心一致。在有疑问时,用整砖比用切割过的砖测得的结果准确。

(2) 每种样品的最小试样数量见表 10.8。

表 10.8　最小试样数量

砖的尺寸 K/mm	最小试样数量
$K \geqslant 48$	7
$18 \leqslant K < 48$	10

(3) 用硬刷刷去试样背面松散的黏结颗粒。将试样放入(110 ± 5) ℃的干燥箱中干燥至恒重,即间隔 24 h 的连续两次称量的差值不大于 0.1%。然后将试样放在密闭的干燥箱或干燥器中冷却至室温,干燥器中放有硅胶或其他合适的干燥剂,但不可放入酸性干燥剂。需在试样达到室温至少 3 h 后才能进行试验。

(4) 将试样置于支撑棒上,使釉面或正面朝上,试样伸出每根支撑棒的长度为 L。

(5) 对于两面相同的砖,例如无釉马赛克,以哪面向上都可以。对于挤压成型的砖,应将其背肋垂直于支撑棒放置,对于所有其他矩形砖,应以其长边垂直于支撑棒放置。

(6) 对凸纹浮雕的砖,在与浮雕面接触的中心棒上再垫一层厚度与表 10.8 相对应的橡胶层。

(7) 中心棒应与两支撑棒等距,以 1 N/(mm²·s)±0.2 N/(mm²·s)的速率均匀的增加荷载,每秒的实际增加率可按第 8 章的公式(2)计算,记录断裂荷载 F。

4. 试验结果

只有在宽度与中心棒直径相等的中间部位断裂试样,其结果才能用来计算平均破坏强度和平均断裂模数,计算平均值至少需要 5 个有效的结果。

如果有效结果少于 5 个,应取加倍数量的砖再做第二组试验,此时至少需要 10 个有效结果来计算平均值。破坏强度(S)以牛顿(N)表示,按下列公式计算:

$$S = \frac{FL}{b}$$

式中　F——破坏荷载,N;

　　　L——两根支撑棒之间的跨距,mm;

　　　b——试样的宽度,mm。

断裂模数(R)以牛顿每平方毫米(N/mm²)表示,按下列公式计算:

$$R = \frac{3FL}{2bh^2} = \frac{3S}{2h^2}$$

式中　F——破坏荷载,N;

　　　L——两根支撑棒之间的跨距,mm,

　　　b——试样的宽度,mm;

　　　h——试验后沿断裂边测得的试样断裂面的最小厚度,mm。

记录所有结果,以有效结果计算试样的平均破坏强度和平均断裂模数。

10.2.3 墙地砖耐污染性的测定

1. 目的意义

（1）了解测定墙地砖耐污染性的实际意义。

（2）掌握墙地砖耐污染性的测试原理和方法。

2. 基本原理

利用试验溶液和试验材料与砖正面接触在一定时间内的反应，然后按规定的清洗方法清洗砖面，以砖面的明显变化来确定砖的耐污染性。

3. 试验材料及试剂

墙地砖、铬绿（易产生痕迹的膏状污染物）、13 g/L 的碘酒液（留有化学氧化反应的污染物）、橄榄油（能生成薄膜的污染物）、清洗剂、盐酸（3％体积分数）、氢氧化钾溶液（200 g/L）。

4. 测试步骤

（1）将试样清洗干净，在（110±5）℃的温度下烘干，冷却至室温。

（2）在砖正面涂上或滴上铬绿、碘酒液（13 g/L）、橄榄油 3～4 滴，保持 24 h。

（3）按以下四个步骤依次清洗试样表面：

①在流动的热水（55±5）℃下清洗砖面并保持 5 min，然后用湿布擦净砖面。

②用普通的不含磨料的布在弱清洗剂中人工擦洗砖面，然后在流动的水下冲洗，擦净。

③用机械的方法在强清洗剂中清洗砖面，然后在流动的水下冲洗，擦净。

④试样在盐酸（3％体积分数）或氢氧化钾溶液（200 g/L）中浸泡 24 h 后，然后在流动的水下冲洗，擦净。

5. 注意事项

每次清洗后在（110±5）℃的温度下烘干试样，然后观察釉面的变化。程序 A 清洗后如果釉面未见变化，则为 5 级；如果污染不能擦掉，则进行下一个清洗程序，依此类推，分别定为 4、3、2、1 级。

10.2.4 热稳定性的测定

1. 目的

（1）了解测定陶瓷材料热稳定性的实际意义。

（2）了解影响热稳定性的因素及提高热稳定性的措施。

（3）掌握陶瓷材料热稳定性的测定原理及方法。

2. 基本原理

陶瓷的热稳定性取决于坯釉料的化学成分、矿物组成、相组成、显微结构、制备方法、成型条件及烧成制度等因素以及外界环境。由于陶瓷内外层受热不均匀，坯釉的热膨胀系数差异而引起陶瓷内部产生应力，导致机械强度降低，甚至发生开裂现象。

一般陶瓷的热稳定性与抗张强度成正比，与弹性模量、热膨胀系数成反比。而导热系数、热容、密度也在一定程度上影响热稳定性。

釉的热稳定性在较大程度上取决于釉的膨胀系数。要提高陶瓷的热稳定性首先要提高釉的热稳定性。陶坯的热稳定性则取决于玻璃相、莫来石、石英及气孔的相对含量、粒径大小及其分布状况等。

陶瓷制品的热稳定性在很大程度上取决于坯釉的适应性，所以它也是带釉陶瓷抗后期龟裂性的一种反映。

陶瓷热稳定性测定方法一般是把试样加热到一定程度时,接着放入适当温度的水中,判定方法如下。

(1) 根据试样出现裂纹或损坏到一定程度时,所经受的热变换次数。

(2) 经过一定的次数的热冷变换后机械强度降低的程度来决定热稳定性。

(3) 试样出现裂纹时经受的热冷最大温差来表示试样的热稳定性,温差愈大,热稳定性愈好。

本实验采用直观开裂法,即方法(1)判断试样的热稳定性。

3. 实验仪器与设备

烘箱、地板砖、温度计、高温钳、红墨水。

4. 测试步骤

(1) 测定流动冷却水的温度,以冷却水的实测温度加 100 ℃(即试验温差为 100 ℃)为起始温度,将加热装置升温至次温度保温。

(2) 选取 5 块表面无裂纹缺陷的试样放入加热装置内,达到试验温度后保温 30 min。

(3) 达到保温时间后将试样取出投入到冷却水中,冷却 5 min,取出试样,用布抹干,通过在试样表面粘上一层粉末或染色法观察试样表面是否有开裂,并记录开裂试样的个数。

(4) 没有开裂的试样放入加热炉内,每次温差增加 20 ℃,按步骤(2)、(3)进行下一次热冷循环,直至 5 个试样中出现 2 个或 2 个以上的开裂试样为止。

5. 实验结果

以出现或累计出现 2 个及 2 个以上开裂试样时的加热与冷却水的温差,表示该瓷材料的热稳定性。

【思考题】

1. 测定建筑陶瓷砖吸水率、断裂模数、破坏强度有何意义?

2. 建筑陶瓷砖耐污性与哪些因素有关?

3. 简述建筑陶瓷的吸水率和陶瓷质量的关系。

4. 建筑陶瓷在建筑领域的应用有哪些?

第11章 木 材

»»→ |学习目标与重点| ......

（1）了解木材的构造。

（2）掌握木材的主要物理力学性质。

（3）了解木材的腐蚀与防止措施。

（4）熟悉木材的分等及木材的综合利用。

（5）重点掌握木材的含水率、干缩性和力学性能检测方法。

木材是具有悠久使用历史的传统建筑材料。尽管现代建筑材料迅速发展,研究和生产了很多新型建筑材料来取代木材,但由于木材有其独特的性质,在建筑工程上仍占有一定的地位。

木材的特点如下。

（1）轻质高强。木材的表观密度小但强度高（顺纹抗拉强度可达 50～150 MPa）,比强度大。

（2）具有良好的弹性和韧性,抵抗冲击和振动荷载作用的能力比较强。

（3）加工方便,可锯、刨、钉、钻。

（4）在干燥环境或水中有良好的耐久性。

（5）绝缘性能好。

（6）保温性能好。

（7）有美丽的天然纹理。

但是,木材有各向异性、易燃易腐、湿胀干缩变形大等缺点。这些缺点在采取一些措施后能有所改善。

木材是一种天然资源,其生长受环境等多种因素的影响,过度采伐树木,会直接破坏生态及环境。因此,应尽量节约木材的使用并注意综合利用。木材由树木砍伐后加工而成,树木可分为针叶树和阔叶树两大类。

针叶树,叶形呈针状,树干通直部分较长,材质较软,胀缩变形小,耐腐蚀性较好,强度较高。工程上主要用作结构材料,如梁、柱、桩、屋架、门窗等。属此类树种的有杉木,松木,柏木等。

阔叶树,叶脉呈网状,树干通直部分较短,材质较硬,胀缩翘曲变形较大,强度高,加工较困难,有美丽的纹理。工程上主要用于装饰或制作家具等。属此类树种的有樟木、榉木、柚木、水曲柳、柞木、桦木等。

11.1 建筑木材概述

木材的构造可从宏观和微观两方面研究。由于树木的生长受自然环境的影响,因而木材的构造差异很大,从而对木材的性质影响也很大。因此,对木材的构造进行研究是掌握材性的主要依据。

1. 宏观构造

宏观构造是用眼睛和放大镜观察到的木材构造。通常通过三个不同的锯切面(即横切面、径切面和弦切面)来进行分析。

从横切面上观察,木材由树皮、木质部和髓心三个部分组成(见图 11.1),其中木质部又分为边材和心材(靠近树皮的色浅部分为边材,靠近髓心的色深部分为心材),是木材的主要取材部分。从横切面上可看到木质部有深浅相间的同心圆,称为年轮,即树木一年中生长的部分。在同一年轮中:春季生长的部分,色较浅,材质较软,称为春材(或早材);夏秋季生长的部分,色较深,材质较硬,称为夏材(或晚材)。

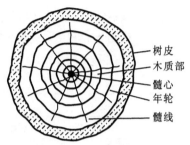

图 11.1 木材横切面图

从横切面上还可看到从髓心向四周辐射的线条,称为髓线。树种不同,髓线宽细不同,髓线宽大的树种易沿髓线产生干裂。

2. 微观构造

微观构造是在显微镜下观察到的木材的构造。

在显微镜下观察,可看到木材是由无数的管状细胞组成,大多数细胞之间横向连接,极少数为纵向连接。细胞分为细胞壁和细胞腔两部分。细胞壁由细纤维组成,细胞壁的厚薄对木材的表观密度、强度、变形都有影响。细胞壁愈厚,木材的表观密度愈大、强度愈高,湿胀干缩变形也愈大。

一般阔叶树细胞壁比针叶树的厚,夏材的比春材的厚。

木材细胞的种类有管胞、导管、树脂道、木纤维等。髓线由联系很弱的薄壁细胞所组成。针叶树主要由管胞和木纤维组成,阔叶树主要由导管、木纤维及髓线组成。

3. 木材的主要性质

木材的主要性质分为下述几类。

1) 含水率

木材中的水分有吸附水、自由水和化学水三种。吸附水存在于细胞壁中,自由水存在于细胞腔和细胞间隙中,化学水存在于化学成分中。当细胞壁中的吸附水达到饱和,而细胞腔和细胞间隙中无自由水时,木材的含水率称为纤维饱和点。它是木材物理力学性质变化的转折点,一般在 25%~35% 之间。含水率的测试方法参照 GB/T 1931—2009 执行。

木材具有很强的吸湿性,随环境中温度、湿度的变化,木材的含水率也会随之而变化。当木材中的水分与环境湿度相平衡时,木材的含水率称为平衡含水率,是选用木材的一个重要指标。

2) 干湿变形

木材的干湿变形较大,木材的细胞壁吸收或蒸发水分使木材产生湿胀或干缩。木材的湿胀干缩与纤维饱和点有关:当木材中的含水率大于纤维饱和点、只是自由水增减变化时,木材的体积无变化;当含水率小于纤维饱和点时,含水率降低,木材体积收缩,含水率提高,木材体积膨胀。因此,从微观上讲,木材的胀缩实际上是细胞壁的胀缩。

木材的干湿变形是各向异性的:顺纹方向胀缩最小,为 0.1%~0.2%;径向次之,为

3%～6%;弦向最大,为 6%～12%。木材弦向变形最大,是因管胞横向排列而成的髓线与周围联结较差所致;径向因受髓线制约而变形较小。一般阔叶树变形大于针叶树;夏材因细胞壁较厚,故胀缩变形比春材大。

3) 强度

木材的强度可分为抗压、抗拉、抗剪、抗弯强度等,木材强度具有明显的方向性。

抗压强度、抗拉强度、抗剪强度有顺纹、横纹之分,而抗弯强度无顺纹、横纹之分。其中顺纹抗拉强度最大,可达 50～150 MPa,横纹抗拉强度最小。若以顺纹抗压强度为1,则木材各强度之间的关系见表 11.1。

表 11.1 木材各强度之间关系

抗 压 强 度		抗 拉 强 度		抗 弯 强 度	抗 剪 强 度	
顺纹	横纹	顺纹	横纹		顺纹	横纹
1	1/10～1/3	2～3	1/20～1/3	3/2～2.0	1/7～1/3	1/2～1

注:以顺纹抗压为1。

木材的强度除取决于本身的组织构造外,还与下列因素有关。

(1)含水率。

根据现行标准《木材顺纹抗拉强度试验方法》(GB/T 1938—2009)规定,试样含水率为 W 时的顺纹抗拉强度,应按式(11-1)计算,精确至 0.1 MPa。

$$\sigma_{W1} = \frac{P_{\max}}{bt} \tag{11-1}$$

式中　σ_{W1} ——试样含水率为 W 时的顺纹抗拉强度,MPa;

　　　$P_{\max}$ ——破坏荷载,N;

　　　b——试样宽度,mm;

　　　t——试样厚度,mm。

当试样含水率为 12% 时的阔叶树材的顺纹抗拉强度,应按式(11-2)计算,精确至 0.1 MPa。

$$\sigma_{121} = \sigma_{W1}[1 + 0.015(W - 12)] \tag{11-2}$$

式中　σ_{121} ——试样含水率为 12% 时的顺纹抗拉强度,MPa;

　　　W——试样含水率,%。

试样含水率在 9%～15% 范围内,按式(11-2)计算有效。

当试样含水率在 9%～15% 范围内时,对针叶树材可取 $\sigma_{121} = \sigma_{W1}$。

(2)荷载作用时间。

荷载作用持续时间越长,木材抵抗破坏的强度越低。木材的持久强度(长期荷载作用下不引起破坏的最大强度)一般仅为短期极限强度的 50%～60%。

(3)疵病。

木材中存在的缺陷,如腐朽、木节(死节、漏节、活节)、斜纹、乱纹、干裂、虫蛀等都会导致木材的强度降低。

(4)温度。

木材不宜用于长期受较高温度作用的环境中,因为随温度升高,木材中的有机胶质会软化。若长期处于 40～60 ℃ 的环境中,会引起木材缓慢碳化;若超过 100 ℃,则导致木质分解,使木材强度降低。

4. 木材的腐蚀与防腐、阻燃与防火

1）腐朽与防腐

木材在适合的条件下,有良好的耐久性,但处于干湿交替环境中,木材会产生腐朽。俗语说:"干千年,湿千年,干干湿湿两三年。"这就说明环境条件对木材的影响很大。木材的腐朽是由于真菌腐蚀所致,影响木材的真菌有霉菌和腐朽菌。霉菌以细胞腔内物质为养料,对木材无影响;腐朽菌则以细胞壁为养料,是造成木材腐朽的主要原因。腐朽菌生存和繁殖必须同时具备水分、温度、空气这三个条件。当木材处于含水率 15％～50％、温度为 25～30℃,又有足够的空气的条件下,腐朽菌最易生存和繁殖,木材也最易腐朽。若处于干燥条件下或水中,由于腐朽菌难以生存,因而木材具有良好的耐久性。

木材防腐的途径是破坏真菌生存和繁殖条件。常用的方法有干燥法和化学防腐法两种。干燥法是将木材干燥至含水率 20％以下,置于干燥通风的环境中。

化学防腐法是将木材用化学防腐剂涂刷或浸渍,从而起到防腐、防虫的目的。常用的防腐剂有水溶性和油溶性两类。水溶性防腐剂有氟化钠、硼铬合剂、氯化锌及铜铬合剂等。油溶性防腐剂有林丹、五氯酚合剂等。

2）阻燃与防火

木材是木质纤维材料,其燃烧点很低,仅为 220 ℃,极易燃烧。木材在燃烧过程中,木质纤维燃烧并炭化(固相燃烧),同时受热分解,形成大量含高能活化基的可燃气体,活化基的燃烧又产生新的活化基(气相燃烧),燃烧温度可高达 800～1300 ℃,形成气固相燃烧链。因此,对木材进行阻燃及防火处理是个相当重要的问题。对木材进行阻燃处理,是通过抑制热分解、热传递、隔断可燃气体和空气的接触等途径,从而达到阻滞木材的固相燃烧和气相燃烧的目的。木材的防火处理是对木材表面进行涂刷或浸注防火涂料,在高温或火中产生膨胀,或者形成海绵状的隔热层,或者形成大量灭火性气体、阻燃气体,以达到防火的目的。

常用的阻燃剂和防火剂有磷酸铵、硼酸、氯化铵、溴化铵、氢氧化镁、含水氧化铝、CT-01-03 微珠防火涂料、A60-1 型改性氨基膨胀防火涂料、B60-1 膨胀型丙烯酸水性防火涂料等。

5. 木材的分等和人造木材

1）木材的分等

建筑用木材根据材种(按制材规定可提供的木材商品种类及加工程度)可分为原木和锯材两种。原木是指去除根、皮、梢,并按一定尺寸规格和直径要求锯切和分类的圆木段,可分为加工用原木、直接用原木和特级原木。锯材是指原木经纵向锯解加工而成的材种,分为普通锯材和特等锯材。

根据现行标准规定:加工用原木与普通锯材根据各种缺陷的容许限度分为一、二、三等。

建筑上承重结构用木材,按受力要求分成Ⅰ级、Ⅱ级、Ⅲ级三级。Ⅰ级用于受拉或受弯构件,Ⅱ级用于受弯或受压弯的构件,Ⅲ级用于受压构件及次要受弯构件。

木材在建筑上可用于结构工程中作桁架、屋顶、梁、柱、门窗、楼梯、地板及施工中所用的模板等。

2）人造木材

天然木材的生长受到自然条件的制约,木材的物理力学性能也受到很多因素的影响。与天然木材相比,人造木材具有很多特点:可以节约优质木材,消除木材各向异性的缺点,能

消除木材疵病对木材性能的影响,不易变形,小直径原木可制得宽幅板材等。因此,人造木材在建筑工程中(尤其是装饰工程中)得到广泛的应用。

(1) 胶合板。

胶合板是将原木蒸煮软化后经旋切机切成薄木单片,经干燥、上胶、按纹理互相垂直叠加再经热压而成。层数由 3~13 层(均为单数)不等。其特点是面积大、可弯曲、轻而薄、变形小、纹理美丽、强度高、不易翘曲等。依胶合质量和使用胶料不同,分为四类。其名称、特性和用途见表 11.2。

表 11.2 胶合板分类、特性及适用范围

种类	分类	名 称	胶 种	特 性	适用范围
阔叶材普通胶合板	Ⅰ类	NFQ(耐气候、耐沸水胶合板)	酚醛树脂胶或其他性能相当的胶	耐久、耐煮沸或蒸汽处理、耐干热、抗菌	室外工程
	Ⅱ类	NS(耐水胶合板)	脲醛树脂或其他性能相当的胶	耐冷水浸泡及短时间热水浸泡、抗菌、不耐煮沸	室外工程
	Ⅲ类	NC(耐潮胶合板)	血胶、带有多量填料的脲醛树脂胶或其他性能相当的胶	耐短期冷水浸泡	室内工程(一般常态下使用)
	Ⅳ类	BNS(不耐水胶合板)	豆胶或其他性能相当的胶	有一定胶合强度但不耐水	室内工程(一般常态下使用)
松木普通胶合板	Ⅰ类	Ⅰ类胶合板	酚醛树脂胶或其他性能相当的合成树脂胶	耐水、耐热、抗真菌	室外工程
	Ⅱ类	Ⅱ类胶合板	脱水脲醛树脂胶,改性脲醛树脂胶或其他性能相当的胶	耐水、抗真菌	潮湿环境下使用的工程
	Ⅲ类	Ⅲ类胶合板	血胶和加少量填料的脲醛树脂胶	耐湿	室外工程
	Ⅳ类	Ⅳ类胶合板	豆胶和加多量填料的脲醛树脂胶	不耐水湿	室内工程(干燥环境下使用)

胶合板的厚度:阔叶树材胶合板的厚度为 2.5,2.7,3.0,3.5,4,5,6,…,24 mm,自 4 mm 起,按 1 mm 递增;针叶树材胶合板的厚度为 3,3.5,4,5,6 mm,…,自 4 mm 起,按 1 mm 递增。宽度有 915,1220,1525 mm 三种规格。长度有 915,1525,1830,2135,2440 mm 五种规格。常用的规格为:1220 mm×2440 mm×(3~3.5) mm。

(2) 纤维板。

纤维板是将树皮、刨花、树枝干及边角料等经破碎浸泡、研磨成木浆,使其植物纤维重新交织,再经湿压成型、干燥处理而成。根据成型时温度与压力不同,可分为硬质纤维板、半硬质纤维板和软质纤维板三种。

纤维板具有构造均匀,含水率低,不易翘曲变形,力学性质均匀,隔声、隔热、电绝缘性能较好,无疵病,加工性能好等特点。常用规格见表 11.3。

表 11.3 纤维板常用规格 （单位:mm）

	硬质纤维板	软质纤维板
长	1830,2000,2135,2440,3050,5490	1220,1835,2130,2330
宽	610,915,1000,1220	610,915
厚	3,4,5,8,10,12,16,20	10、12、13、15、19、25

硬质纤维板密度大、强度高,可用于建筑物的室内装修、车船装修和制作家具,也可用于制造活动房屋及包装箱。半硬质纤维板可作为其他复合板材的基材及复合地板。软质纤维板密度低、吸湿性大,但其保温、吸声、绝缘性能好,故可用于建筑物的吸声、保温及装修。

（3）细木工板。

细木工板是上下两层为夹板、中间为小块木条挤压连接作芯材复合而成的一种板材。

细木工板按制作方法可分为热压和冷压两种。冷压是芯材和夹板胶合,只经过重压,所以表面夹板易翘起;热压是芯材和夹板经过高温、重压、胶合等工序制作而成,板材不易脱胶,比较牢固。

细木工板按面板材质和加工工艺质量,分为一级、二级、三级等三个等级,其常用尺寸为 2440 mm×1220 mm×16 mm。

细木工板具有较大的硬度和强度,质轻,耐久且易加工,适用于制作家具底材或饰面板,也是装修木作工程的主要材料。但若采用质量较差的细木工板,则空隙太大,费工较多,容易变形。因此,使用时应谨慎选用。

（4）刨花板。

刨花板是将木材加工后的剩余物、木屑等,经切碎、筛选后拌入胶料、硬化剂、防水剂等经成型、热压而成的一种人造板材。

刨花板具有板面平整挺实、强度高、板幅大、质轻、保温、较经济、加工性能好等特点,如经过特殊处理后,还可制得防火、防霉、隔声等不同性能的板材。

刨花板常用规格为 2440 mm×1220 mm×(6,8,10,13,16,19,22,25,30,…) mm 等。

刨花板适用于制作各种木器或家具,制作时不宜用钉子钉,因刨花板中木屑、木片、木块结合疏松,易使钉孔松动。因此,在通常情况下,应采用木螺丝或小螺栓固定。

（5）木丝板。

木丝板是将木材碎料刨锯成木丝,经化学处理,用水泥、水玻璃胶结压制而成,表面木丝纤维清晰,有凹凸,呈灰色。

木丝板具有质轻,隔热,吸声,隔音,韧性强,美观,可任意粉刷、喷漆、调配色彩,耐用度高,不易变质腐烂,防火性能好,施工简便,价低等特点。

木丝板规格尺寸为:长 1800～3600 mm,宽 600～1200 mm,厚 4,6,8,10,12,16,… mm 自 12 mm 起,按 4 mm 递增。

木丝板主要用于天花板、壁板、隔断、门板内材、家具装饰侧板、广告或浮雕底板等。

（6）中密度纤维板（MDF）。

中密度纤维板是以木质粒片在高温蒸汽热力下研化为木纤维,再加入合成树脂,经加压、表面砂光而制得的一种人造板材。

中密度纤维板具有密度均匀、结构强、耐水性高等特点。规格有:2440 mm×1220 mm, 1830 mm×1220 mm,2135 mm×1220 mm,2135 mm×915 mm,1830 mm×915 mm 等;厚度

有 3.6、6、9、10、12、15、16、18、19、25 mm。

中密度纤维板主要用于隔断、天花板、门扇、浮雕板、踢脚板、家具、壁板等,还可用作复合木地板的基材。

11.2　建筑木材检测

11.2.1　木材含水率、干缩性和气干密度的测定

1. 目的

测定木材的含水率、干缩性和气干密度。

2. 试验设备及要求

(1) 天平精度应达到 0.001 g。

(2) 烘箱,温度应能保持在(103±2)℃。

(3) 玻璃干燥器和称量瓶。

(4) 游标卡尺。

3. 试样

试样通常在需要测定含水率的试材、试条上,或在物理力学试验后试样上,按照所对应标准试验方法规定的部位截取。试样尺寸约为 20 mm×20 mm×20 mm,并且应清除干净附在试样上的木屑、碎片。

4. 试验步骤

(1) 取到的试样先编号,在试样各相对面的中心位置,用卡尺分别测出弦向、径向和顺纹方向的尺寸,准确至 0.01 mm,并称量,精确至 0.001 g。

(2) 将同批试验取得的含水率试样,一并放入烘箱内,在(103±2)℃的温度下烘 8 h后,从中选择定 2~3 个试样进行一次试称,以后每隔 2 h 称量所选择试样一次,至最后两次称量之差不超过试样质量的 0.5% 时,即认为试样达到全干。

(3) 用干燥的镊子将试件从烘箱中取出,放入装有干燥剂的玻璃干燥器内的称量瓶中。试样冷却至室温后,用干燥的镊子取出并称量。在试样各相对面的中心位置,用卡尺分别测出弦向、径向和顺纹方向的尺寸,准确至 0.01 mm。

(4) 如试样为含有较多挥发物质的木材时,为避免用烘干法测定的含水率产生过大误差,宜改为真空干燥法测定。

5. 结果计算

(1) 试样的含水率按式(11-3)计算,精确至 0.1%。

$$W = \frac{m_1 - m_0}{m_0} \times 100 \tag{11-3}$$

式中　W——试样含水率,%;

　　　m_1——试样试验时的质量,g;

　　　m_0——试样全干时的质量,g。

(2) 试样弦向或径向的干缩率(β_L),均按式(11-4)计算,以百分率计,准确至 0.1%。

$$\beta_L = \frac{L_W - L_0}{L_0} \times 100\% \tag{11-4}$$

式中　L_w——气干试样弦向或径向的尺寸,cm;

　　　L_0——烘干后试样弦向或径向的尺寸,cm。

（3）体积干缩率（β_V）,均按式（11-5）计算,以百分率计,准确至 0.1%。

$$\beta_V = \frac{V_w - V_0}{V_w} \times 100\% \tag{11-5}$$

式中　V_w——气干试样体积,cm³;

　　　V_0——烘干后试样体积,cm³。

（4）气干密度（ρ_w）,按式（11-6）计算,以 g/cm³,准确至 0.001 g/cm³。

$$\rho_w = \frac{m_w}{V_w} \tag{11-6}$$

式中　m_w——气干试样的重量,g;

　　　V_w——气干试样的体积,cm³。

（5）全干密度（ρ_0）,按式（11-7）计算,准确至 0.001 g/cm³。

$$\rho_0 = \frac{m_w}{V_w} \tag{11-7}$$

11.2.2　木材顺纹抗压强度检测

1. 试验目的

熟悉与掌握国家标准《木材顺纹抗压强度试验方法》（GB 1935—2009）木材顺纹抗压强度试验方法。

2. 试验仪器与设备

四吨木材力学试验机,游标卡尺,天平,烘箱,干燥器,手锯。

3. 试验材料

试验树种:根据当时条件,试验前确定。

试样尺寸为 30 mm×20 mm×20 mm,长度为顺纹方向。

供制作试样的试条,从试材树皮向内南北方向连续截取,并按试样尺寸留足干缩和加工余量。

4. 试验方法

1）试验步骤

（1）试验前用游标卡尺在试样长度中央测量厚度及宽度,准确至 0.1 mm。

（2）将试样放在试验机球面活动支座的中心位置,以均匀速度加荷,在 1.5～2.0 min 内使试样破坏,即试验机的指针明显地退回为止。准确至 100 N。

（3）试样破坏后,对整个试样参照《木材含水率测定方法》（GB/T1931—2009）测定试样含水率。

2）结果计算

（1）试样含水率为 W 时的顺纹抗压强度,应按式（11-8）计算,准确至 0.1 MPa。

$$\sigma_{Wy} = \frac{P_{max}}{b \times t} \tag{11-8}$$

式中　σ_{Wy}——试样含水率为 W 时的顺纹抗压强度,MPa;

　　　P_{max}——破坏荷载,N;

　　　b——试样宽度,mm;

t——试样厚度,mm。

(2)试样含水率为12%时的顺纹抗压强度,应按式(11-9)计算,准确至 0.1 MPa。

$$\sigma_{12y} = \sigma_{Wy}[1 + 0.05(W - 12)] \qquad (11\text{-}9)$$

式中　σ_{12y}——试样含水率为12%时的顺纹抗压强度,MPa

　　　σ_{Wy}——试样含水率为 W 时的顺纹抗压强度,MPa;

　　　W——试样含水率,%。

试样含水率在9%～15%范围内,按式(11-9)计算有效。

11.2.3　木材抗弯强度的测定

1. 目的与要求

通过本实验熟悉并掌握《木材抗弯强度试验方法》(GB/T 1936.1—2009)、《木材抗弯弹性模量试验方法》(GB/T 1936.2—2009)。

2. 试验仪器设备

木材力学试验机、游标卡尺、天平、百分表、手锯、记录表。

3. 试验材料

试验树种:根据当时条件,实验前确定。

试样尺寸:试样尺寸为 300 mm×20 mm×20 mm,长度为顺纹方向。抗弯强性模量和抗弯强度试验只作弦向试验,并允许使用同一试样。每试样先作抗弯弹性模量,然后进行抗弯强度试验。

4. 试验方法

(1)抗弯强度只做弦向试验,在试样中央测量径向尺寸为宽度,弦向为高度,准确至 0.1 mm。

(2)采用中央加荷,将试样放在试验装置的两支座上,在支座间试样中部的径面以均匀速度加荷,在1～2 min 内使试样破坏(或将加荷速度设定为 5～10 mm/min),准确至 10 N。

(3)两点加荷,用百分数或其他能测量线性位移的仪表测量试样变形,试验装置如图 11.2 所示。

(4)测量试样变形的下、上限荷载一般取 300～700 N,试验机以均匀速度先加荷至下限荷载,立即读百分表指示值,读至 0.005 mm,然后经 15～20 s 加荷至上限荷载,随即去掉荷载,如此反复三次,每次去除荷载应稍低于下限,然后再加荷至下限荷载。对于数显电控试验机,可将加荷速度设定为 1～3 mm/min。

(5)对于甚软木材的下、上限荷载一般取 200～400 N,为保证加荷范围不超过试样的比例极限应力,试验前可在每批试样中选 2～3 个试样进行观察试验,绘制荷载-变形图,在其直线范围内确定上、下限荷载。

(6)试验后立即在试样靠近破坏处截取 20 mm 长的木块一个,按《木材含水率测定方法》(GB/T1931—2009)测定试样含水率。

5. 结果计算

1)抗弯强度

(1)试样含水率为 W(试验时)的抗弯强度,应按式(11-10)计算,准确至 0.1 MPa。

$$\sigma_{Wb} = \frac{3P_{max} \times l}{2bh^2} \qquad (11\text{-}10)$$

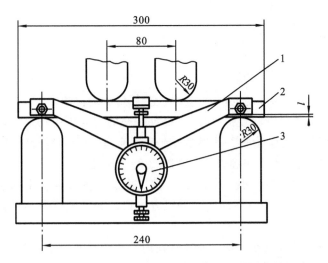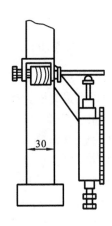

图 11.2　抗弯弹性模量试验装置

1—百分表架;2—试样;3—百分表

式中　σ_{bW}——试样含水率为 W 时的抗弯强度,MPa;

$P_{\max}$——破坏荷载,N;

l——两支座间跨距,mm;

b——试样宽度,mm;

h——试样高度,mm。

（2）试样含水率为 12% 时的抗弯强度,应按式(11-11)计算,准确至 0.1 MPa。

$$\sigma_{12b} = \sigma_{Wb}[1 + 0.04(W - 12)] \tag{11-11}$$

式中　σ_{12b}——试样含水率为 12% 时的抗弯强度,MPa。

W——试样含水率,%。

试样含水率在 9%~15% 范围内按式(11-9)计算有效。

2）抗弯弹性模量

（1）根据后三次测得的试样变形值,分别计算出上、下限荷载的试样变形平均值。上、下限荷载的试样变形平均值之差,即为上、下限荷载间的试样变形值。

（2）试样含水率为 W（试验时）的抗弯弹性模量,应按式(11-12)计算,准确至 10 MPa。

$$E_W = \frac{23 \times P_{\max} l^3}{108 \times bh^3 \times f} \tag{11-12}$$

式中　E_W——试样含水率为 W 时的抗弯弹性模量,MPa;

$P_{\max}$——上、下限荷载之差,N;

l——两支座间跨距,240 mm;

b——试样宽度,mm;

h——试样高度,mm。

f——上、下限荷载间的试样变形值,mm。

（3）试样含水率为 12% 时的抗弯弹性模量,应按式(11-13)计算,准确至 10 MPa。

$$E_{12} = E_W[1 + 0.015(W - 12)] \tag{11-13}$$

式中　E_{12}——试样含水率为 12% 的抗弯弹性模量,MPa;

E_W——试样含水率为 W% 的抗弯弹性模量,MPa;

W——试样含水率,%。

试样含水率在 9%~15%范围内按式(11-13)计算有效。

11.2.4　胶合板的验收规则、包装和号印

(1)生产厂应保证其成品符合本标准规定,并由技术检验部门负责检验。

(2)成批拨交胶合板时,为简化复查验收手续,可在每批拨交的胶合板中任意抽取不少于 3%(不得少于 20 张)的样板进行逐张检验。其等级误差率不得超过 5%,超过时,应在该批胶合板中加倍取样复验。如等级误差率仍超过 5%,则应另行计算处理。

(3)如需方要求进行胶合板的物理机械性能检验时,供方应从每批胶合板中抽取一定数量的胶合板进行检验,检验承担单位和费用均由供需双方协议。如检验结果不符合本标准规定时,则应加倍取样,复验一次。

(4)胶合板的材积按立方米计算,允许公差不得计算在内。测算单张胶合板时,可精确到 0.00001 m³,计算成批胶合板时,可精确到 0.0001 m³。

(5)胶合板出厂时,应具有生产厂技术检验部门的质量鉴定证明书,其中注明:胶合板的类别、等级、胶合强度和含水率指标等。

(6)胶合板的类别、等级、生产年月、生产厂代号和检验员代号等号印,应加盖在每张胶合板背面右下角的纵边。

(7)胶合板须按不同类别、树种、规格、等级、批号分别捆包。为了防止板面污损,各等级胶合板的面板应朝向包里,胶合板包的边角,应用草织品或其他物品遮护。每包胶合板须附有标签,其上注明:生产厂名称、品名、树种、规格、类别、等级、张数和批号等。

(8)胶合板在运输和保管过程中不得受潮。

【思考题】

1.木材的纤维饱和点、平衡含水率有什么实用意义?

2.木材从宏观构造由哪几部分组成?

3.影响木材强度的因素有哪些? 如何影响?

4.简述木材综合利用的方式有哪些?

5.简述木材腐蚀的原因和防止对策。

第12章 建筑玻璃

12.1 建筑玻璃概述

玻璃包括玻璃态、玻璃材料和玻璃制品。玻璃态是指物质的一种结构;玻璃材料指用作结构材料、功能材料或新材料的玻璃,如建筑玻璃等;玻璃制品指玻璃器皿、玻璃瓶罐等。玻璃的定义包括玻璃态、玻璃材料与玻璃制品的内涵和特征。随着人们认识的深化,玻璃的定义也在不断地修改和补充,有狭义和广义的玻璃定义类型。

狭义的定义:玻璃是采用无机矿物为原料,经熔融、冷却、固化,具有无规则结构的非晶态固体。

广义的定义:玻璃是呈现玻璃转变现象的非晶态固体。玻璃转变现象是指当物质由固体加热或由熔体冷却时,在相当于晶态物质熔点绝对温度的 $2/3\sim1/2$ 温度附近出现热膨胀、比热等性能的突变,这一温度称为玻璃转变温度。

现在建筑领域常用的玻璃品种如下。

1. 普通平板玻璃

普通平板玻璃亦称窗玻璃。平板玻璃具有透光、隔热、隔声、耐磨、耐气候变化的性能,有的还有保温、吸热、防辐射等特征,因而广泛应用于镶嵌建筑物的门窗、墙面、室内装饰等。

1) 分类

按厚度分:2、3、4、5 mm 四类。

按等级分:优等品、一等品、合格品三类。

2) 尺寸

玻璃板应为矩形,尺寸一般不小于 600 mm×400 mm。

3) 技术要求

(1) 厚度偏差应符合表 12.1 规定。

表 12.1 厚度偏差　　　　(单位:mm)

厚　　度	允 许 偏 差
2	±0.20
3	±0.20
4	±0.20
5	±0.25

(2) 尺寸偏差,长 1500 mm 以内(含 1500 mm)不得超过±3 mm,长超过 1500 mm 不得超过±4 mm。

(3) 尺寸偏斜,长 1000 mm,不得超过±2 mm。

(4) 弯曲度不得超过 0.3%。

(5) 边部凸出残缺部分不得超过 3 mm,一片玻璃只许有一个缺角,沿原角等分线测量不得超过 5 mm。

(6) 可见光总透过率不得低于表 12.2 规定。

表 12.2　可见光总透过率

厚度/mm	可见光透射比/(%)
2	88
3	87
4	86
5	84

(7) 外观质量应符合表 12.3 的要求。

表 12.3　外观质量要求

缺陷种类	说　明	优等品	一等品	合格品
波筋(包括波纹辊子花)	不产生变形的最大入射角	60°	45° 50 mm 边部，30°	30° 100 mm 边部，0°
气泡	长度 1 mm 以下	集中的不许有	集中的不许有	不限
	长度大于 1 mm 的每平方米允许个数	≤6 mm,6	≤8 mm,8 >8～10 mm,2	≤10 mm,12 >10～20 mm,2 >20～25 mm,1
划伤	宽≤0.1 mm 每平方米允许条数	长≤50 mm 3	长≤100 mm 5	不限
	宽>0.1 mm 每平方米允许条数	不许有	宽≤0.4 mm 长>100 mm 1	宽≤0.8 mm 长>100 mm 3
砂粒	非破坏性的,直径 0.5～2 mm,每平方米允许个数	不许有	3	8
疙瘩	非破坏性的疙瘩波及范围直径不大于 3 mm,每平方米允许个数	不许有	1	3
线道	正面可以看到的每片玻璃允许条数	不许有	30 mm 边部 宽≤0.5 mm,1	宽≤0.52 mm 2
麻点	表现呈现的集中麻点	不许有	不许有	每 m² 不超过 3 处
	稀疏的麻点	10	15	30

(8) 玻璃 15 mm 边部,一等品、合格品允许有任何非破坏性缺陷。

(9) 玻璃不允许有裂口存在。

(10) 标准无规定的技术要求,由供需双方协商。

2. 装饰玻璃

1) 彩色平板玻璃

彩色平板玻璃又称有色玻璃或饰面玻璃。彩色玻璃分为透明和不透明的两种。彩色平板玻璃也可以采用在无色玻璃表面上喷涂高分子涂料或粘贴有机膜制得。颜色有茶色、黄色、桃红色、宝石蓝色、绿色等。可以拼成各种图案,并有耐腐蚀、抗冲刷、易清洗等特点,主要用于建筑物的内外墙、门窗装饰及对光线有特殊要求的部位。

2）釉面玻璃

釉面玻璃图案精美,不褪色,不掉色,易于清洗,可按用户的要求或艺术设计图案制作。具有良好的化学稳定性和装饰性,广泛用于室内饰面层、一般建筑物门厅和楼梯间的饰面层及建筑物外饰面层。

3）压花玻璃

压花玻璃又称花纹玻璃或滚花玻璃,有无色、有色、彩色数种。这种玻璃表面(一面或两面)压有深浅不同的各种花纹图案。由于表面凹凸不平,所以当光线通过时即产生漫射,因此从玻璃的一面看另一面的物体时,物像就模糊不清,造成了这种玻璃的透光不明的特点。另外,压花玻璃表面有各种压花图案,所以具有一定的装饰效果。这种玻璃多用于办公室、会议室、浴室、厕所、卫生间等公共场所分隔室的门窗和隔断处。

4）镀膜反光平板玻璃

该玻璃是在蓝色或紫色吸热玻璃表面经特殊工艺,使玻璃表面形成金属氧化膜,能像镜面一样反光。该玻璃有单向透视性,即在强光处看不见位于玻璃背面弱光处的物体。该玻璃主要用于宾馆、饭店、商场、影剧院等建筑的外立面、门面、门窗等处。也可用于室内隔断墙、造型面、屏风等处。

5）磨砂玻璃

磨砂玻璃又叫毛玻璃、暗玻璃。是用普通平板玻璃经机械喷砂、手工研磨或氢氟酸溶蚀等方法将表面处理成均匀表面制成。由于表面粗糙,使光线产生漫反射,透光而不透视,它可以使室内光线柔和而不刺目。常用于需要隐蔽的浴室、卫生间、办公室的门窗及隔断。使用时应将毛面向窗外。

6）特厚玻璃

特厚玻璃具有无色、透明度高,内部质量好,加工精细、耐冲击,机械强度高等特点,适于高级宾馆、影剧院、展览馆、酒楼、商场、银行的门面、大门、玻璃墙、隔断墙的使用。也可用于橱窗、柜台、展台大型玻璃展架,是一种高级装饰玻璃。

7）印刷玻璃

印刷玻璃是用特殊材料在普通平板玻璃上印刷出各种彩色图案花纹的玻璃。是一种新型的装饰玻璃。这种印刷玻璃图案有线条形,花纹形多种。该玻璃印刷图案处不透光,空格处透光,因此而形成了特有的装饰效果。印刷玻璃可用于宾馆、酒楼、商场、酒吧厅、咖啡厅、美发厅等公共场所、娱乐场所的门窗、隔断墙屏风等处。

8）刻花玻璃

刻花玻璃是在普通平板玻璃上用机械加工方法或化学腐蚀的方法制出图案或花纹的玻璃。该玻璃刻花图案透光不透明,有明显的立体层次感,装饰效果高雅。多用于商场、宾馆、酒楼等商业性场所和娱乐性场所。刻花图案有通用形和来图样加工形。

9）装饰玻璃镜

装饰玻璃镜是采用高质量平板玻璃、茶色平板玻璃为基材,在其表面经镀银工艺,再覆盖一层镀银,加之一层涂底漆,最后涂上灰色面漆而制成。装饰玻璃镜与手工镀银镜、真空镀铝镜相比,具有镜面尺寸大,成像清晰逼真,抗盐雾、抗温热性能好,使用寿命长的特点。特别适合各种商业性场所和娱乐性的墙面、柱面、天花面、造形面的装饰,以及洗手间、美发厅、家具上用于整衣装的穿戴镜。装饰玻璃镜分白镜和茶镜两种。

10）冰花玻璃

冰花玻璃是一种用平板玻璃经特殊处理形成自然的冰花纹理。它具有立体感强，花纹自然，质感柔和，透光不透明，视感舒适的特点。冰花玻璃可以用无色平板玻璃制造，也可用茶色、蓝色、绿色等彩色平板玻璃制造。冰花玻璃装饰效果优于压花玻璃，给人以典雅清新之感，是一种新型的室内装饰玻璃。冰花玻璃可用于宾馆、酒楼、饭店、酒吧厅、娱乐场等场所的门窗、隔屏、隔断、家庭等场所，还可以用于灯具上当作柔光玻璃。

11）彩绘玻璃

彩绘玻璃是目前家居装修中较多运用的一种装饰玻璃。彩绘玻璃图案丰富亮丽，居室中彩绘玻璃的恰当运用，能较自如地创造出一种赏心悦目的和谐氛围，增添浪漫迷人的现代情调。

目前市场上的彩绘玻璃有两种，一种是经过现代数码科技输出在胶片或 PP 纸上的彩色图案画的艺术品和平板玻璃经过工业粘胶粘合而成，相映生辉，在达到美观的同时起到强化防爆等功能，并广泛用于居家移门（推拉门）等，同样有透明，半透，不透之效果，图案可即时订制，尺寸、色彩、图案可随意搭配，安全而更显个性不易雷同同时又制作迅速。其优点是简单操作，价格便宜；缺点是容易掉色，时间保持不长久。

还有一种比较传统的工艺是纯手绘彩绘玻璃工艺，彩绘玻璃和彩色玻璃最大的区别就在一个"绘"字上。凡是带"绘"字，意指"绘画"的意思。指作画。用毛笔或者其他绘画工具，按照设计的图纸或效果图描绘在玻璃上。它可以在有色的玻璃上绘画，也可以在无色的玻璃上绘画。以玻璃为画布，以特殊材料为颜料。经 3 至 5 次高温或低温烧制，便诞生了彩绘玻璃这种奇妙的产品，特殊的制作工艺，使彩绘玻璃上的图案永不掉色，不怕酸碱的腐蚀，并易于清洁。

12）镭射玻璃

镭射玻璃亦称全息玻璃或镭射全息玻璃，是一种应用最新全息技术开发而成的创新装饰玻璃产品。镭射玻璃是一款夹层玻璃，应用镭射全息膜技术。把预制之镭射全息膜。尺寸可达 1000 mm×3000 mm。

夹层在两层玻璃中间，形成表面透明。但在光线的折射线，各种不同角度上看可呈现不同的颜色。图案和视觉效果的特种玻璃，镭射全息玻璃的问世。为装潢材料、家具业的设计师们提供全新的选择。镭射全息膜分为个性化设计之图案/LOGO/文字版及普通无图版两种。镭射全息玻璃现广泛应用与商业及民用装潢装修行业，家具玻璃行业及各类需求装饰玻璃的相关引用行业。

镭射玻璃大体可分为两类：一类是以普通平板玻璃为基材制成的，主要用于墙面和顶棚等部位的装饰；另一类是以钢化玻璃为基材制成的，主要用于地面装饰。此外还有专门用于柱面装饰的曲面镭射玻璃，专门用于大面积幕墙的夹层镭射玻璃以及镭射玻璃转等产品。目前国内生产的最大尺寸为 1000 mm×3000 mm，在此范围内有多种规格可供选择。镭射玻璃有数百种图案可选，镭射玻璃最早由宝创科技股份有限公司研发并量产。

镭射玻璃目前多用于酒吧、酒店、商场、电影院等商业性和娱乐性场所，在家庭装修中也可以把它用于吧台、视听室等空间。如果追求很现代的效果也可以将其用于客厅、卧室等空间的墙面、柱面。

13）压花玻璃

一般压花玻璃的表面凹凸不平,有透光而不透视的特点,具有私密性。表面的立体花纹图案,具有良好的装饰性。安装时可将其花纹面朝向室内,以加强装饰感;作为浴室、卫生间门窗玻璃时,则应注意将其花纹面朝外,以防表面浸水而透视。

3. 安全玻璃

1）钢化玻璃

钢化玻璃就是将普通退火玻璃先切割成要求尺寸,然后加热到接近软化点的 700 ℃左右,再进行快速均匀的冷却而得到。钢化处理后玻璃表面形成均匀压应力,而内部则形成张应力,使玻璃的抗弯和抗冲击强度得以提高,其强度约为普通退火玻璃的四倍以上。

钢化玻璃机械强度高,抗冲击性也很高,弹性比普通玻璃大得多,热稳定性好,在受急冷急热作用时,不易发生炸裂,碎后不易伤人。钢化玻璃常用作建筑物的门窗、隔墙、幕墙及橱窗、家具等。但钢化玻璃使用时不能切割、磨削,边角亦不能碰击挤压,按设计加工定制。用于大面积玻璃幕墙的钢化玻璃要采取必要技术措施,以避免受风荷载引起振动而自爆。

2）夹丝玻璃

夹丝玻璃也称防碎玻璃和钢丝玻璃。在压延生产工艺过程中是将丝网压入半液态玻璃带中而成型的一种特殊玻璃。优点是较普通玻璃强度高,玻璃遭受冲击或温度剧变时,使其破而不缺,裂而不散,避免棱角的小块碎片飞出伤人,如火灾蔓延,夹丝玻璃受热炸裂时,仍能保持固定状态,起到隔绝火势的作用,故又称防火玻璃。缺点是在生产过程中,丝网受高温辐射容易氧化,玻璃表面有可能出现"锈斑"一样的黄色和气泡。夹丝玻璃常用于天窗、天棚顶盖,以及易受震动的门窗上。

3）夹层玻璃

夹层玻璃就是在两块玻璃之间夹进一层以聚乙烯醇缩丁醛为主要成分的 PVB 中间膜。玻璃即使碎裂,碎片也会被粘在薄膜上,破碎的玻璃表面仍保持整洁光滑。这就有效防止了碎片扎伤和穿透坠落事件的发生,确保了人身安全。

在欧美,大部分建筑玻璃都采用夹层玻璃,这不仅为了避免伤害事故,还因为夹层玻璃有极好的抗震入侵能力。中间膜能抵御锤子、劈柴刀等凶器的连续攻击,还能在相当长时间内抵御子弹穿透,其安全防范程度可谓极高。

4. 节能玻璃

1）着色玻璃

着色玻璃可有效吸收太阳的辐射热,产生"冷室效应",达到蔽热节能的效果。对可见光有一定的吸收,使透过的阳光变得柔和,避免眩光。具有一定的透明度,能清晰地观察室外景物。能较强地吸收太阳的紫外线,有效地防止对室内物品的褪色和变质作用。色泽鲜丽、经久不变,能增加建筑物的外形美观。广泛应用于既需采光又需隔热之处,合理利用太阳光,调节室内温度,节省空调费用;对建筑物的外形有很好的装饰效果。一般多用作建筑物的门窗或玻璃幕墙。

2）镀膜玻璃

镀膜玻璃分为阳光控制镀膜玻璃和低辐射镀膜玻璃,是一种既能保证可见光良好透过,又可有效反射热射线的节能装饰型玻璃。

（1）阳光控制镀膜玻璃。

阳光控制镀膜玻璃是对太阳光中的热射线具有一定控制作用的镀膜玻璃。其具有良好的隔热性能。在保证室内采光柔和的条件下,可有效地屏蔽进入室内的太阳辐射能,可以避免暖房效应,节约能源消耗。具有单向透视性,又称为单反玻璃。可用作建筑门窗玻璃、幕墙玻璃,还可用于制作高性能中空玻璃。具有良好的节能和装饰效果。单面镀膜玻璃在安装时,应将膜层面向室内,以提高膜层的使用寿命和取得节能的最大效果。

（2）低辐射镀膜玻璃。

低辐射镀膜玻璃又称"Low-E"玻璃,是一种对远红外热射线有较强阻挡作用的镀膜玻璃。低辐射镀膜玻璃还可以复合阳光控制功能,称为阳光控制低辐射玻璃。低辐射镀膜玻璃对于可见光有较高的透过率,有利于自然采光,可节省照明费用。但玻璃的镀膜对阳光中的和室内物体所辐射的热射线均可有效阻挡,因而可使夏季室内凉爽而冬季则有良好的保温效果,总体节能效果明显。低辐射镀膜玻璃还具有阻止紫外线透射的功能,可以有效地改善室内物品、家具等受阳光中紫外线照射产生老化、褪色等现象。低辐射镀膜玻璃一般不单独使用,往往与普通平板玻璃、浮法玻璃、钢化玻璃等配合,制成高性能的中空玻璃。

（3）中空玻璃。

由两片或多片玻璃以有效支撑均匀隔开并周边黏结密封,使玻璃层间形成干燥气体的封闭空间,达到保温隔热效果的节能玻璃制品。中空玻璃按玻璃有双层和多层之分,一般是双层结构。可采用无色透明玻璃、热反射玻璃、吸热玻璃或钢化玻璃等作为中空玻璃的基片。性能特点为光学性能良好,采用不同的玻璃原片,其光学性能可在很大范围内变化,从而满足设计和工程的不同要求;玻璃层间干燥气体导热系数极小,故起着良好的隔热作用,有效保温隔热、降低能耗;露点很低,在露点满足的前提下,不会结露;具有良好的隔声性能。中空玻璃主要用于保温隔热、隔声等功能要求较高的建筑物和车船等交通工具。

12.2　建筑玻璃的检测

1. 玻璃热稳定性的测定

玻璃的热稳定性又称耐急冷急热性,也称耐热温差等,是玻璃抵抗冷热急变的能力,它在玻璃的热加工方面和日常使用中特别重要。

1）实验目的

（1）了解测定玻璃热稳定性的实际意义;

（2）掌握淬冷法测定玻璃热稳定性的原理和测定方法。

2）实验原理

决定玻璃热稳定性的基本因素是玻璃的热膨胀系数,热膨胀系数大的玻璃热稳定性差;膨胀系数小的玻璃,热稳定性好。而玻璃的膨胀系数,主要取决于它的化学组成。其次,玻璃的退火质量,亦将影响耐急冷急热性。另外玻璃表面的擦伤或裂纹以及各种缺陷,都能使其热稳定性降低。玻璃的导热性能很低,由于热胀冷缩,在温度突然发生变化的过程中,玻璃中产生分布不均匀的应力,如果应力超过了它的抗张强度,玻璃即行破裂。

因为应力值随温差的大小而变化,故可以用温差来表示热稳定性。我们把玻璃不开裂所能承受的最低温度差,称为耐热温差。测定玻璃热稳定性的基本方法是骤冷法。可以用试样加热骤冷,也可以用制品加热骤冷。用制品直接作为试样具有实际的代表意义。而在实验室中,通常采用试样加热骤冷。

骤冷法测定玻璃热稳定性的原理是:当玻璃被加热到一定温度后,如予以急冷,则表面温度很快降低,产生强烈的收缩,但此时内部温度仍较高,处于相对膨胀状态,阻碍了表面层的收缩,使表面产生较大的张应力,如张应力超过其极限强度时,试样(制品)即破坏。

骤冷法需把玻璃制成一定大小的试样,加热使试样内外的温度均匀,然后使之骤冷,观察它是否碎裂。但是同样的玻璃,由于各种原因,其质量也往往是不完全相同的。因而所能承受的不开裂温差也不相同,所以要测定一种玻璃的热稳定性。必须取若干块样品,将它们加热到一定温度后,进行骤冷,观察并记录其中碎裂的样品的块数,把碎裂的样品拣出后,将剩余未碎裂的样品继续加热至较高的温度,待样品热至均匀后,重复进行第二次骤冷,按同样步骤拣出碎裂的样品,记下碎裂的块数,重复以上步骤,直至加入的样品全部碎裂为止。

玻璃的耐热温度可由下式计算:

$$\Delta T = \left(\frac{n_1 \Delta t_1 + n_2 \Delta t_2 + \cdots + n_i \Delta t_i}{n_1 + n_2 + \cdots + n_i} \right) \qquad (12\text{-}1)$$

式中　ΔT——玻璃的耐热温度;

　　　$\Delta t_1, \Delta t_2, \cdots, \Delta t_i$——骤冷加热温度和冷水温度之差;

　　　$n_1, n_2, \cdots, n_i$——在相应温度下碎裂的块数。

3) 实验仪器及用品

立式管状电炉(1 kW);电流表(5~10 A);调压器(2 kV·A);温度计(250 ℃,50 ℃各一支);放大镜(10 倍);烧杯(500 mL);酒精灯。

4) 实验步骤

(1) 将直径为 3~5 mm 无缺陷的玻璃棒,长度为 20~25 mm 的玻璃小段,每小段的两端在喷灯上烧圆。

(2) 放在电炉中退火,经应力仪检查没有应力,待试验用。

(3) 将滑架悬挂在支架上,调整水银温度计位置,使水银球正处在小篓中。

(4) 下滑架,将准备好的试样十根装入小篓,再将滑架挂在支架顶上。接通电源作第一次测定。以 3~5 ℃/min 的升温速度,将炉温升高到低于预估耐热温度为 40~50 ℃,保温 10 min。

(5) 测量并记录冷水温度。开启炉底活门,使试样与小篓落入冷水中。30 s 后取出试样,擦干,用放大镜检查,记录已破裂试样数。

(6) 将未破裂试样重新放入小篓中,做第二次测定,炉温比前一次升高 10 ℃,继续实验直至试样全部破裂为止。

计算试样的耐热温度平均值。

5) 实验记录与数据处理

将实验结果记录于表 12.4 中。

表 12.4　玻璃热稳定性测定记录表

试样名称	试样直径	试样长度	室温	冷水温度	炉温	破裂块数	破裂温度差

根据以上数据计算结果。

2. 玻璃透射光谱曲线的测定

玻璃是透明或半透明材料。其透光性对于光学玻璃、颜色玻璃和平板玻璃等来说是很重要的性质。测定这些玻璃的透光性对于玻璃的生产和应用都有较重要的意义。

1) 实验目的

(1) 明确透光率和光密度的概念；

(2) 掌握玻璃透光率的测定方法。

2) 实验原理

光线射入玻璃时,一部分光线通过玻璃,一部分则被玻璃吸收和反射,不同性质的玻璃对光线的反应是不相同的,无色玻璃(如平板玻璃)能大量通过可见光,有色玻璃则只让一种波长的光线透过,而其他波长的光线则被吸收掉,因此对玻璃光学性能的研究,尤其对颜色玻璃来说是很重要的。

玻璃的透光性能用透光率或光密度来表示,透光率是通过玻璃的光流强度和投射在玻璃的光流强度的比值来表示(以百分比表示)即

$$T = I/I_0 \times 100\% \tag{12-2}$$

式中　T——透光率%；

　　　I——透过玻璃的光流强度；

　　　I_0——投射在玻璃上的光流强度。

玻璃透光率与玻璃的厚度 d 有关系,对于 2 mm 的平板玻璃,透光率一般在 87%,3 mm 的平板玻璃为 85%,玻璃的透光率除了与厚度有关外,还与着色剂的浓度 C 及该着色剂的吸收系数 K 有关,它们之间的关系可用下式表示。

$$I = I_0 T \tag{12-3}$$

$$I = I_0 e^{-Kd} \tag{12-4}$$

式中　I、I_0、d 同前；

　　　K——吸收系数；

　　　e——自然对数之底。

对着色玻璃应将不互相作用的分子着色剂的浓度 c 引入上式得

$$I = I_0 e^{-Kcd} \tag{12-5}$$

$$-\ln T = Kcd \tag{12-6}$$

式中　c——着色剂浓度。

上式仅适用单色光,即一定波长的光线。

通常 $-\ln T$ 称为光学密度 D,即 $D = -\ln T = Kcd$,即光学密度只与着色剂的浓度 c、玻璃层的厚度 d 和着色剂的吸收系数 K 成正比,即 $D = Kcd$。

若用光密度为纵坐标,以波长为横坐标,作出玻璃的光谱曲线,就可以大致确定该玻璃的光学特性。

本实验利用 721 型分光光度计,测定不同厚度平板玻璃透光率的变化和颜色玻璃的光谱曲线。

3) 仪器装置

本实验采用 721 型分光光度计,它采用自准式光路单光束方法,波长范围为 360~800 nm,其光学系统如图 12.1 所示。

由光源灯 1 发出的连续辐射光谱,射到聚光镜 2 上会聚后再通过平面反射镜 7 转角

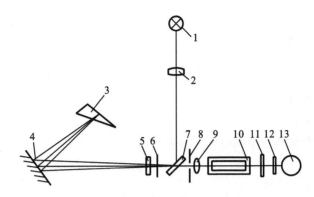

图 12.1　721 型分光光度计光路图

1—光源灯；2—聚光透镜；3—色散棱镜；4—准直镜；5—保护玻璃；6—狭缝；
7—反射镜；8—光栏；9—聚光透镜；10—比色皿；11—光门；12—保护玻璃；13—光电管

90°，反射到入射狭缝 6 及单色器内，狭缝 6 正好位于球面准直镜 4 的焦点平面上，当入射光经准直镜 4 反射后，以一束平行光射向棱镜 3（棱镜的背面镀铝），光在棱镜中色散，棱镜角处于最小偏向角，色散后的单色光在铝面上反射，依原路至准直镜，再反射会聚在狭缝上，经光栏 8 调节光量，射到聚光透镜 9，聚光后进入比色皿 10 中，透过试样到光电管 13，所产生的光电流大小表示试样对相应波长光的透过率。转动分光光度计棱镜 3 的角度，可调节射入狭缝的光的波长，以此来选择单色光。

4）实验步骤

（1）试样制备。

选择无缺陷的玻璃，试样切裁、研磨抛光后成 50 mm×14 mm×2 mm 片状试样，平板状玻璃直接切裁成 50 mm×14 mm 即可使用，用酒精擦洗，并用镜头纸擦净。

（2）测试步骤。

① 手持试样边缘，将其嵌入弹性夹内，并放入比色器座内靠单色器一侧，用定位夹固定弹性夹，使其紧靠比色器座壁。

② 在仪器尚未接通电源时，用电表校正螺丝调节电表指针，使其在"0"刻度线上。

③ 接通稳压电源，打开仪器开关，打开比色器暗盒盖，将仪器灵敏度放在"1"位。调节"0"电位器使电流表指针在"0"刻度线上，仪表预热 20 min 后，旋转"A"旋钮选择需用的波长，用"0"电位器使电表指针准确处于"0"刻度线上。

④ 使比色器座处于空气空白校正位置，轻轻地将比色器暗箱盖合上，这时暗箱盖将光门挡板打开，光电管受光，调节"100％"电位器，使电表指针准确处于 100％处。

⑤ 放大器灵敏度有三档，是逐步增加的，其选择原则是保证在校正时能良好地调节"100％"电位器。在能使指针至满度线的情况下，尽可能地采用灵敏度较低的档，这样仪器将有更高的稳定性。所以使用时一般置于"1"档，只有当灵敏度不够时再逐级升高，但改变灵敏度后需重新校正"0"位及"100％"。

⑥ 按③、④步骤连续几次调"0"和"100"后无变动，即可以进行测定。

⑦ 将待测试样推入光路，电流表指针所指示值即为某波长光下的透过率 T，或光密度 D，其中 $D=-\lg T$。

⑧ 在单色光的波长为 360～800 nm 范围内，每隔 20 nm 测定颜色玻璃试样光密度 D。对平板玻璃测定其在波长为 560 nm 处的透过率 T。

5) 实验结果与分析

实验结果与分析内容如下。

(1) 原始记录。

① 平板玻璃的透光率。

试样的平均厚度;透光率。

② 颜色玻璃的光密度。

试样的厚度;各种试样在不同波长下的光密度。

(2) 绘制颜色玻璃的光谱曲线。

(3) 讨论、评定测试结果。

【思考题】

1. 测定玻璃的化学稳定性有何意义?

2. 玻璃的化学稳定性与哪些因素有关?

3. 单色透过率和总透过率有何异同点? 并说明它们之间有无联系?

4. 试样厚度为什么会对避光率产生影响?

参 考 文 献

[1] 魏鸿汉.建筑材料[M].北京:中国建筑工业出版社,2012.

[2] 宋岩丽.建筑与装饰材料[M].北京:中国建筑工业出版社,2010.

[3] 严捍东.新型建筑材料教程[M].北京:中国建材工业出版社,2006.

[4] 管学茂,杨雷.混凝土材料学[M].北京:化学工业出版社,2011.

[5] 何廷树.混凝土外加剂[M].西安:陕西科学技术出版社,2003.

参考相关标准规程如下。

《通用硅酸盐水泥》GB175—2007

《建筑用砂》GB/T14684—2011

《建筑用卵石、碎石》GB/T14685—2011

《普通混凝土配合比设计规程》JGJ55—2011

《砌筑砂浆配合比设计规程》JGJ98—2000

《建筑砂浆基本性能试验方法》JGJ70—2009

《普通混凝土拌和物性能试验方法标准》GB/T 50080—2002

《普通混凝土力学性能试验方法标准》GB/T 50081—2002

《烧结普通砖》GB5101—2003

《砌墙砖试验方法》GB/T2542—2003

《普通混凝土长期性能和耐久性能试验方法》GB/T50082—2009

《钢筋混凝土用钢》第一部分热轧光圆钢筋 GB1499.1—2008

《钢筋混凝土用钢》第二部分热轧带肋钢筋 GB1499.2—2007

《公路沥青及沥青混合料实验规程》JTG E20—2011

《陶瓷砖试验方法》GB/T3810—2006